高等职业教育智能制造精品教材

传感器应用技术

主编　刘湘冬

参编　陈 丹　罗 竹　曾茂林
　　　王明远　何金星

中南大学出版社
www.csupress.com.cn
·长沙·

图书在版编目（CIP）数据

传感器应用技术 / 刘湘东主编. —长沙：中南大学出版社，2020.1
ISBN 978 - 7 - 5487 - 3799 - 5

Ⅰ. ①传… Ⅱ. ①刘… Ⅲ. ①传感器－高等职业教育－教材 Ⅳ. ①TP212

中国版本图书馆 CIP 数据核字（2019）第 237874 号

传感器应用技术
CHUANGANQI YINGYONG JISHU

主编　刘湘东

□责任编辑	周兴武
□责任印制	易红卫
□出版发行	中南大学出版社
	社址：长沙市麓山南路　　　　邮编：410083
	发行科电话：0731 - 88876770　　传真：0731 - 88710482
□印　　装	长沙雅鑫印务有限公司

□开　　本	787 mm×1092 mm 1/16	□印张 13.75	□字数 355 千字
□版　　次	2020 年 1 月第 1 版	□2020 年 1 月第 1 次印刷	
□书　　号	ISBN 978 - 7 - 5487 - 3799 - 5		
□定　　价	39.00 元		

前言 PREFACE

　　本书是作者在多年教学经验的基础上结合教学改革与实践的成果编写而成，体现了"以能力为本位，以职业实践为主线，以工作过程为导向"的项目化课程设计思路。

　　项目课程"传感器应用技术"是电气专业的一门重要专业核心课，具有很强的实践性。通过本课程的学习，使学生具备高等职业应用型人才所必需的传感器检测及电子基本理论知识和相关技能。全书设有两大篇章共计40余个项目，基本涵盖了传感器检测及电子应用技术的主要内容。

　　本书完全打破传统的学科体系，充分体现了项目课程的特点，以项目为载体，提供真实的职业场景。学生通过本书的学习与实践，可了解传感器系统检测、维修及开发制作的基本流程，学习项目所包含的知识与技能，找到完成项目所需的方法和条件，找到获取更多知识与技能的途径。

　　本书项目设置严谨，按完成项目的顺序设定工作任务。项目中用到的知识由易到难，包含的任务由简单到复杂，做到由浅入深、循序渐进。本书注重工作的设置，学生完成各任务的过程就是真实产品的制作与调试过程。

　　本书由湖南三一工业职业技术学院刘湘冬老师担任主编，全书由刘湘冬统稿修正。第一篇中项目一、项目二、项目三、项目四由刘湘冬编写，项目五、项目六、由湖南三一工业职业技术学院陈丹老师编写；第二篇中项目一、由湖南三一工业职业技术学院何金星老师编写，项目七由湖南三一工业技术学院曾茂林编写，项目四、项目五、项目六由湖南三一工业职业技术学院罗竹老师编写，项目二、三由湖南三一工业技术学院王明远编写。本书在编写过程中参阅了大量同类教材，在此对这些教材的作者表示衷心的感谢！

　　由于项目化课程是一种全新的教学形式，各高职院校都在学习和摸索中，加之作者水平有限，书中难免有不妥和错误之处，请本书的读者批评指正，也希望大家多提宝贵建议。

编　者

2020 年 1 月

目 录 CONTENTS

第一篇　传感器原理及应用

第二篇 电子制作 DIY

第一篇

传感器原理及应用

项目一
认识传感器

【项目描述】

本项目要学习传感器的基本知识、特点、作用和组成，传感器在机电设备和其他设备的主要应用，传感器的发展方向以及有关仪表和测量误差的知识。

【技能要点】

认识机电设备及其他设备中最常见的传感器。

【知识要点】

了解什么是传感器，掌握传感器的作用和基本构成，了解传感器的分类、主要性能指标和发展趋势。熟悉测量误差的基本概念和相关计算。

单元一 认识机电及电气设备中的传感器

单元目标：了解传感器的概念；掌握传感器的分类、主要结构；了解传感器系统的组成及发展趋势。

图 1-1-1 为常用传感器。

超声波放大器　　　接近开关　　　压电插座传感器　　　霍尔传感器

温度传感器　　　气敏传感器　　　磁敏传感器

图 1-1-1 常见传感器

一、认识传感器

随着科技的日新月异，传感器技术已遍布各行各业、各个领域，如工业生产、科学研究、现代医学领域、现代农业生产、国防科技、家用电器，甚至儿童玩具也少不了传感器。传感器技术运用在自动检测和控制系统中，对系统运行的各项功能起到重要作用。系统的自动化程度越高，对传感器的依赖性就越强。传感器从外界获取信息，可以说是人类五官的延长。人体与传感器系统对比，如图1-1-2所示。

信息技术的三大支柱产业传感技术：五官通信技术——神经计算机技术——大脑传感技术的先行官作用。

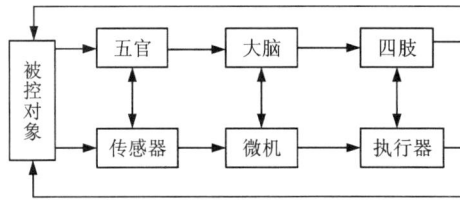

图1-1-2　人体与传感器系统对比

二、传感器的基本组成及各组成部分的重要作用

准确地测量、精确地控制监视和传递生产参数是现代生产技术的基础，传感器是指能感受规定的被测量，并按一定规律组成可用输出信号的器件或装置。现代传感器控制系统框图，如图1-1-3所示。

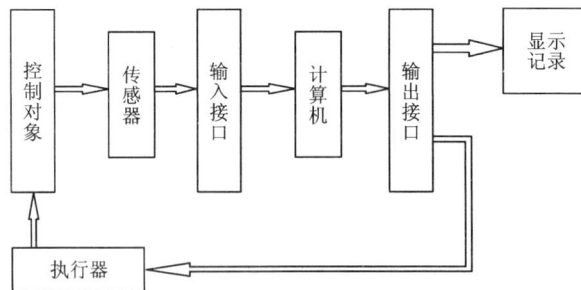

图1-1-3　传感器控制系统框图

1. 传感器组成

（1）敏感元件：直接感受被测非电信号并按一定规律转换成与被测量有确定关系的电信号的元件。

（2）信号调节与转换电路：能把传感元件输出的电信号转换为便于显示、记录、处理和控制的有用电信号的电路（常用的电路有电桥、放大器、变阻器、振荡器等）。辅助电路通常包括电源等。

2. 典型实例——液位传感器

液位传感器的外形和工作原理图如图 1－1－4 与图 1－1－5 所示。

图 1－1－4 液位传感器

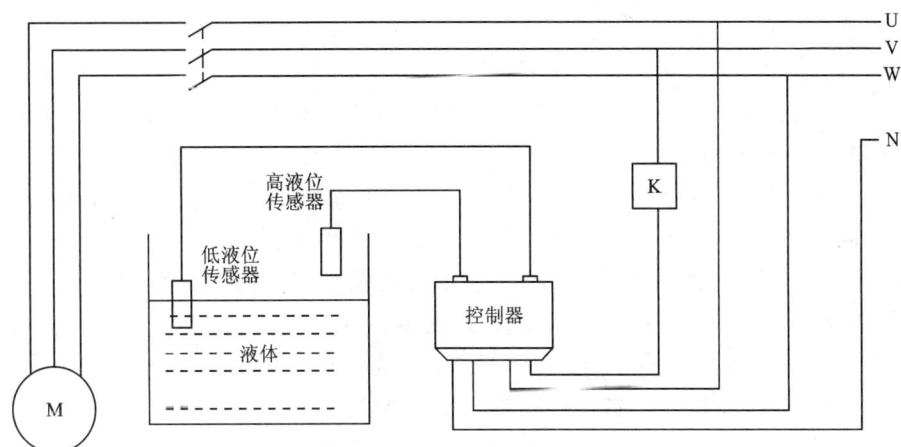

图 1－1－5 液位传感器工作原理图

三、传感器的分类

1. 按工作机理分类

根据物理和化学等学科的原理、规律和效应进行分类。

2. 按被测量分类

根据输入物理量的性质进行分类。

3. 按敏感材料分类

根据制造传感器所使用的材料进行分类，可分为半导体传感器和陶瓷传感器等。

4. 按能量的关系分类

根据能量的关系进行分类，可将传感器分为有源传感器和无源传感器两大类。

有源传感器是将非电能量转换为电能量，称之为能量转换型传感器，也称换能器。通常配合有电压测量电路和放大器。如：压电式、热电式、电磁式等。

无源传感器又称为能量控制型传感器。被测非电量仅对传感器中的能量起控制或调节作用，因此必须具有辅助能源(电能)。如:电阻式、电容式和电感式等。

5. 其他

按用途、学科、功能和输出信号的性质等进行分类。

四、传感器的发展趋势

传感器技术的主要发展动向，一是深入开展基础和应用研究，探索新现象、研发新型传感器；二是研究和开发新材料、新工艺，实现传感器的集成化、微型化与智能化。

1. 探索新现象，研发新型传感器

利用物理现象、化学反应和生物效应是各种传感器工作的基本原理，因而探索和发现新现象与新效应是研制新型传感器的最重要的工作，亦是研制新型传感器的前提与技术基础。

2. 采用新技术、新工艺、新材料，提高现有传感器的性能

采用新型的半导体氧化物可以制造各种气体传感器；采用特种陶瓷材料制作的压电加速度传感器，其工作温度可远高于半导体晶体传感器。而传感器制造新工艺的发明与应用往往将催生出新型传感器，或相对原有同类传感器可大幅度提高某些指标。

3. 研究和开发集成化、微型化与智能化传感器

(1)把同一功能敏感器件微型化、多敏感器件阵列化，排成一维的构成线型阵列传感器，排成二维的构成面型阵列传感器。

(2)把传感器功能延伸至信号放大、滤波、线性化、电压/电流信号转换电路等；把不同功能敏感器件微型化再组合构成能检测两个以上参量的集成传感器。

(3)微型化:应用微米/纳米技术和微机械加工技术，制造微米级敏感元件。

(4)智能化:制作带微处理器、可双向通信的传感器，除被测参量检测、转换和信息处理功能外，还具有存储、记忆、自补偿、自诊断和双向通信功能。

4. 不断拓展测量范围，努力提高检测精度和可靠性

突破超高温、超低温度、混相流量、脉动流量的实时检测、微差压、超高压在线检测、高温高压下物质成分的实时检测等难题。

5. 重视非接触式检测技术研究

加快光电式传感器、电涡流式传感器、超声波检测仪表、核辐射检测仪表、红外检测与红外成像仪器等非接触检测技术的研究。

6. 检测系统智能化

具有系统故障自测、自诊断、自调零、自校准、自选量程、自动测试、自动分选、数据处理、远距离数据通信等功能，可方便接入不同规模的自动检测、控制与管理信息网络系统。

项目二
温度与环境量的检测

【项目描述】

温度是一个基本的物理量，自然界中的一切过程无不与温度密切相关。各种工程实践及科学研究中，经常遇到必须精确控制温度的情况。从工业炉温、机械加工温度、环境气温到人体温度，从海洋、太空到家用电器，各技术领域都离不开温度的测控。另外湿度和气体成分等环境量的检测，也是对工业生产和家庭生活而言十分重要的一类技术。温度及环境的测量技术已成为当今发展最快、应用最广的技术之一。

本项目介绍常用的温度和湿度检测元件。通过实训，制作温度、湿度测控装置，学习和了解工业生产中温度及环境的检测方法，了解家用电器中的一些温度检测实例。

【技能要点】

通过本项目，学会识别一般温度、湿度检测元件和测温仪表，掌握选择测温仪表的基本原则。学会使用热电偶、热电阻及常见的气敏元件和湿敏元件，利用手册查阅测温元件的技术参数。能解决简单的温度检测问题。

【知识要点】

了解常用测温元件和环境监测元件的基本结构，熟知热电阻和热电偶的基本特征与工作原理。了解常用的湿度和气体检测元件。学习温度和湿度测控在相关领域的应用。

单元一　金属热电阻测量温度

单元目标：掌握工业常用的温度检测方法；熟悉常用热电阻温度检测组件的外形和基本原理；掌握热电阻与显示仪表的连接方法；能够判断热电阻温度检测系统的简单故障。

任务一　认识热电阻传感器

活动1：研究金属的热特性

按图1-2-1连接电路并测量电流，可以发现金属丝被加热后指示灯变暗（电流减小）。可以得到：导体的电阻与温度有关，温度越高，金属电阻越大。

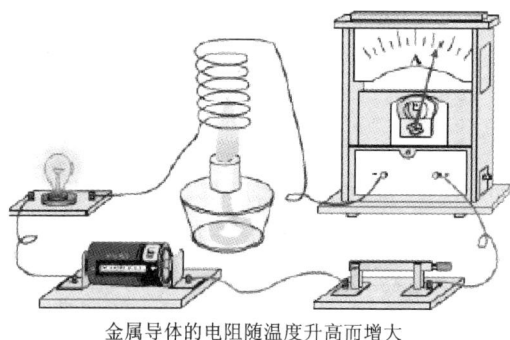

金属导体的电阻随温度升高而增大

图1-2-1　金属热特性研究装置

使用万用表，在不同温度环境下测量一段细铜导线的电阻值，可以得到金属导体的温度特征，将温度与阻值填入表1-2-1。

表1-2-1　热电阻温度与阻值变化

温度/(℃)	10	20	30	40	50
阻值/Ω					

任务二　热电阻应用训练

活动2：热电阻与温度显示仪表的连接

热电阻传感器的测量电桥为消除引线电阻的影响，实际热电阻与仪表连接多采用三线制或四线制，如图1-2-2与图1-2-3所示。将热电阻传感器加入测量电桥，重复活动1的实验，观察温度变化对电阻的影响。将温度与阻值填入表1-2-2。

表1-2-2　热电阻温度与阻值变化

温度/(℃)	10	20	30	40	50
阻值/Ω					

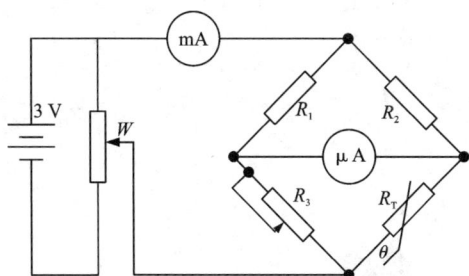

图1-2-2 测量电路原理

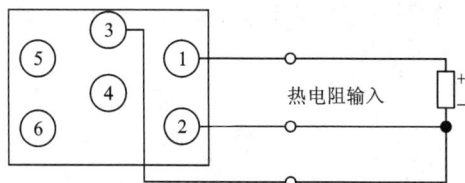

图1-2-3 三相四线制接线端子

单元二 半导体热敏电阻测量温度

单元目标: 了解热敏电阻的主要特性;掌握热敏电阻的应用;掌握热敏电阻用于温度检测的方法。

任务一 认识热敏电阻

活动1:了解热敏电阻的温度特性

(1)准备器材:电子实训基本工具(尖嘴钳、螺丝刀等),万用表,电烙铁(20~35 W),热敏电阻(50 kΩ、负温度系数型),饮料吸管。

(2)实验方法:万用表使用20 kΩ(200 kΩ)档,在室温下测量热敏电阻的阻值,并做记录。将内置热敏电阻的吸管封口端放入口舌下,1 min后测定其阻值并记录数据(设人体体温为37℃)。将内置热敏电阻的吸管封口端放入沸水,过30 s左右测定其阻值并记录数据(沸水温度为100℃)。

(3)数据处理:根据实验,将三组数据(温度、阻值)做成表格,将数据记入表格,并形成特性曲线如图1-2-4所示。根据数据画出热敏电阻与电阻温度特性曲线。

状态	温度/℃	阻值/Ω
室温		
体温	37	
沸水	100	

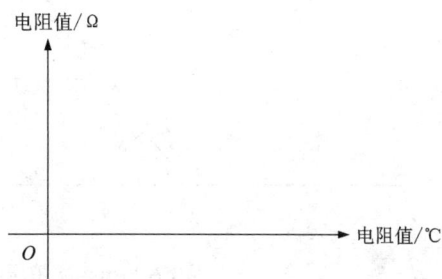

图1-2-4 实验数据及特性曲线

活动 2：进一步了解热敏电阻

1. 认识各类热敏电阻

常见热敏电阻外观如图 1 - 2 - 5 所示。

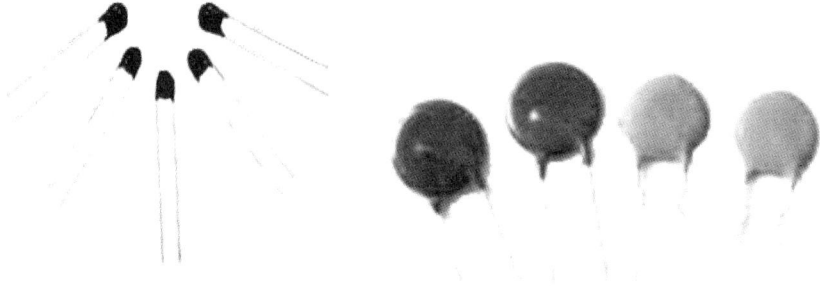

图 1 - 2 - 5　常见热敏电阻外观

热敏电阻一般由金属氧化物陶瓷半导体材料或碳化硅材料制造而成，粉状材料经过成形、烧结等工艺制成热敏电阻。按照电阻值与温度变化的规律，热敏电阻分成两大类：负温度系数型(NTC)和正温度系数型(PTC)。

2. 热敏电阻分类

(1)负温度系数型：缓变型、开关型；

(2)正温度系数型：缓变型、突变型。

任务二　了解家用电器中的热敏电阻

活动 1：热敏电阻在电冰箱中的应用

PTC 热敏电阻用于电冰箱启动电路中，冰箱压缩机 PTC 启动模式图如图 1 - 2 - 6 所示，控制启动绕组的工作状态，使电冰箱压缩机正常启动。

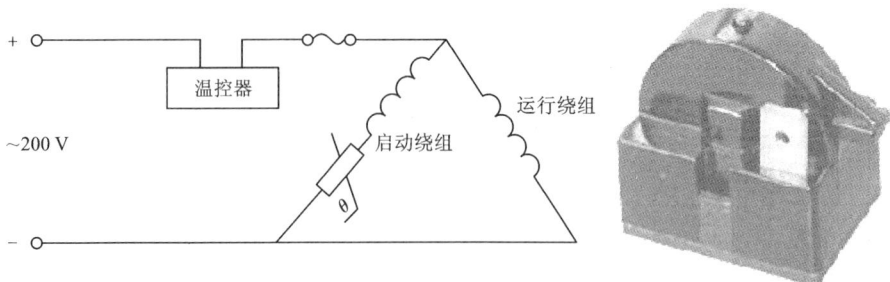

图 1 - 2 - 6　冰箱压缩机 PTC 起动器

活动2：热敏电阻在电视机上的应用

PTC 热敏电阻器常用于彩色电视机的消磁作用。彩色电视机开机通电后，消磁回路产生一个很大的电流，同时产生一个很强的交变磁场。由于电路中 PTC 热敏电阻的作用，这一强交变磁场可在相当短的时间内衰减到极弱的程度。随着回路电流由大变小，磁场则由强变弱，从而自动将彩色显像管阴罩、防爆带等铁制件上的剩磁消掉，保证了彩色显像管的色纯度(图1-2-7)。

图1-2-7 热敏电阻在电视机中的应用

活动3：汽车中的热敏电阻

在汽车电路中，比较常用的是负温度系数(NTC)热敏电阻器。

如：电喷车发动机控制用的冷却液温度传感器、空气温度传感器、自动变速箱中的油温传感器(图1-2-8)等。

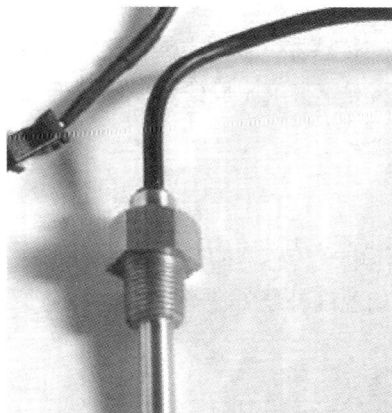

图1-2-8 汽车油温传感器

项目三
力与压力的检测

【项目描述】

力普遍存在于日常生活中。在科学研究和工、农业生产中,力更是起着重要的作用。

在生产过程中,压力检测与调节控制系统的应用非常广泛,例如锅炉蒸汽和水的压力监控;炼油厂减压蒸馏需要的低于大气的真空压力检测;在航空发动机试验研究中,为了研究发动机性能,必须测量过渡态的压力变化;电力系统中油路压力的测量和控制等。对压力进行监控是保证工艺要求、生产设备和人身安全,实现经济运行所必须的。

检测力的传感器主要有:电阻应变式传感器、压电式传感器、电容式传感器、压阻式传感器、电感式传感器等,本项目主要介绍电阻应变式传感器和压电式测力传感器。

【技能要点】

学会识别一般的电阻应变式传感器、压电式传感器,了解电阻应变式传感器和压电式传感器的基本结构和材料,通过实验掌握电阻应变式传感器的使用方法,掌握电阻应变式传感器测量电路的调试方法。

【知识要点】

了解电阻应变式传感器、压电式传感器的基本结构、材料,掌握直流电桥的平衡条件及电压灵敏度,熟悉电阻应变片的温度补偿方法。学习电阻应变式、压电式传感器在相关领域的应用。

单元一　电阻应变片测力

单元目标:熟悉电阻应变片的结构和种类;掌握应变片测量力的工作原理,掌握直流电桥的工作原理和有关特性;熟悉电阻应变式传感器测量电路的工作调零和调节灵敏度的方法。

任务一 认识应变片及弹性敏感元件

电阻应变片(也称应变计或应变片)是电阻应变式传感器的核心元件,它是一种电阻传感器,主要由弹性敏感元件或试件、电阻应变片和测量转换电路组成。它是把应变转换为电阻变化,再用相应的测量电路将电阻转换成电压输出的传感器。利用电阻应变式传感器可以直接测量力,也可以间接测量位移、形变、加速度等参数。常用的电阻应变片有电阻丝应变片和半导体应变片两种。

一、应变效应

电阻应变片的工作原理是基于应变效应,即导体或半导体材料在外界力的作用下产生机械形变时,其电阻值相应发生变化,这种现象称为"应变效应"。由电工学可知,金属丝电阻 R 可用式(1-3-1)表示:

$$R = \rho \frac{l}{A} = \rho \times \frac{l}{\pi r^2} \tag{1-3-1}$$

式中:ρ——电阻率,$\Omega \cdot m$;

l——电阻丝长度,m;

A——电阻丝截面积,m^2。

当沿金属丝的长度方向施加均匀力时,式(1-3-1)中 ρ、r、l 都将发生变化,导致电阻值发生变化。即得到以下结论:当金属丝受外力作用而伸长时,长度增加而截面积减少,电阻值会增大;当金属丝受外力作用而压缩时,长度减小而截面积增加,电阻值会减小。阻值变化通常较小。

活动 1:理解、验证应变效应

如图 1-3-1 所示为应变效应验证实验过程图,实验证明,利用万用表测量一段电阻丝的阻值,实验开始后,拉伸电阻丝,当电阻丝被拉长后,发现电阻丝的阻值增大了。

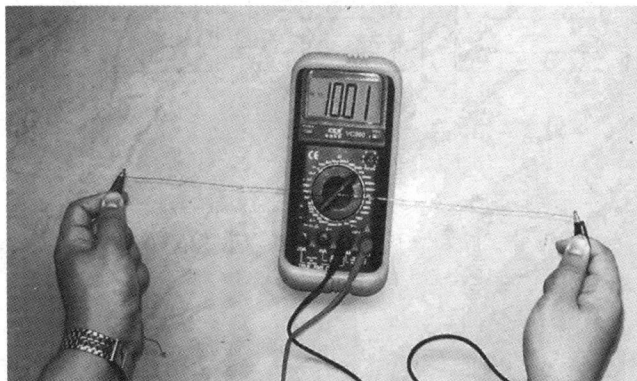

图 1-3-1 应变效应验证

二、电阻应变片的结构、材料

电阻应变片的典型结构如图1-3-2所示，由敏感栅、基底、覆盖层和引线等部分组成。

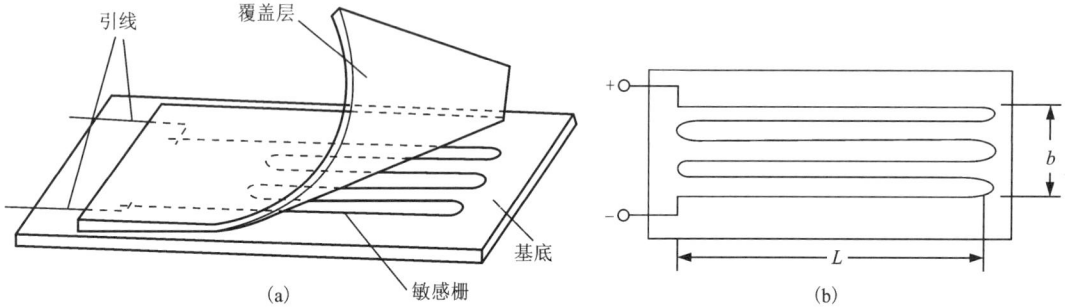

图1-3-2 电阻应变片的典型结构

无论哪种形式的金属应变片，对敏感栅的金属材料都有以下基本要求：

(1)灵敏系数要大，且在所测应变范围内保持不变；

(2)ρ要大而稳定，以便于缩短敏感栅长度；

(3)抗氧化、耐腐蚀性好，具有良好的焊接性能；

(4)电阻温度系数要小；

(5)机械强度高，具有优良的机械加工性能。

三、电阻应变片的分类

按电阻应变片敏感栅材料不同，可分为金属应变片和半导体应变片两大类。如图1-3-3所示为几种不同类型的电阻应变片。

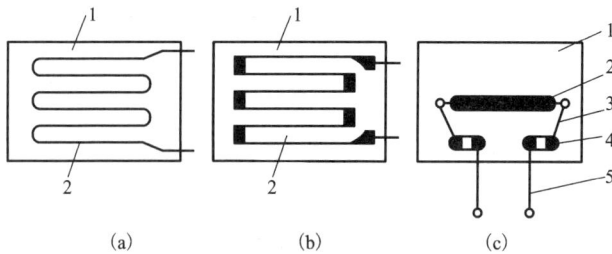

图1-3-3 电阻丝应变片结构形式

(a)丝式应变片；(b)箔式应变片；(c)半导体应变片
1—基底；2—应变丝或半导体；3—引出线；4—焊接电极；5—外引线

四、电阻应变片的测量电路

1. 直流电桥平衡条件(图 1 – 3 – 4)

$$U_0 = E\left(\frac{R_1}{R_1 + R_2} - \frac{R_3}{R_3 + R_4}\right) \qquad (1-3-2)$$

当电桥平衡时，$U_0 = 0$，则有

$$R_1 R_4 = R_2 R_3$$

或

$$\frac{R_1}{R_2} = \frac{R_3}{R_4} \qquad (1-3-3)$$

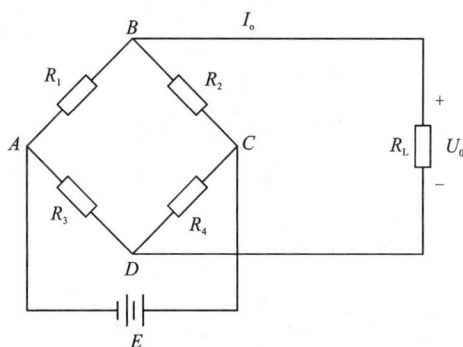

图 1 – 3 – 4　直流电桥

2. 单臂电桥

R_1 为电阻应变片，R_2、R_3、R_4 为电桥固定电阻，这就构成了单臂电桥。

$$U_0 = \frac{E}{4}\frac{\Delta R_1}{R_1} \qquad (1-3-4)$$

3. 半桥电路

半桥电路如图 1 – 3 – 5(a)所示。

$$U_0 = \frac{E}{2}\frac{\Delta R_1}{R_1} \qquad (1-3-5)$$

4. 全桥差动电路

全桥差动电路如图 1 – 3 – 5(b)所示。

$$U_0 = E\frac{\Delta R_1}{R_1} \qquad (3-6)$$

五、弹性敏感元件的基本特性

物体因外力作用而改变原来的尺寸或形状称为变形，如果在外力去掉后能完全恢复其原来的尺寸和形状，那么这种变形称为弹性变形，具有这种特性的物体称为弹性元件。在传感器中用于测量的弹性元件称为弹性敏感元件。

弹性敏感元件的输入量与输出量之间的关系称为弹性敏感元件的基本特性。弹性敏感元件的基本特性包括：刚度、灵敏度、弹性滞后和弹性后效等。

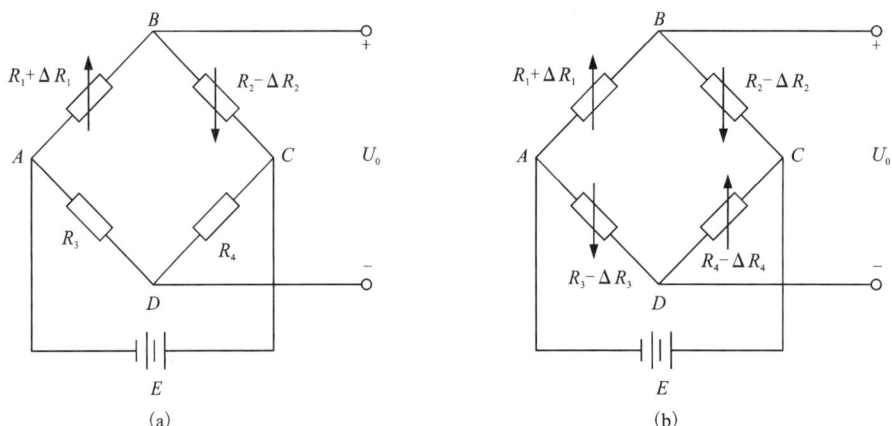

图 1 - 3 - 5 差动电桥

(a)半桥电路;(b)全桥电路

常见的弹性敏感元件的类型有:

(1)弹簧管(图 1 - 3 - 6)。

常见的压力弹簧管有单圈弹簧管(又称包端管、波登管或 C 形管)、多圈(螺旋)弹簧管和 S 形弹簧管。

弹簧管的结构通常是一种弯成圆弧形的空心扁管,其横截面为椭圆形或扁圆形,其开口端与接口焊接在一起,其自由端封闭。当被测压力的介质进入弹簧管内腔时,其自由端产生位移,此位移通过传动放大机构带动指针,从而指示出压力。

螺旋弹簧管能产生特别大的位移,故多用于压力记录式仪表,而 S 形弹簧管的端部能产生直线位移,故多用于较高压力的测量。

(2)膜片及膜盒(图 1 - 3 - 7)。

膜片:是一种沿外缘固定的片形测压弹性敏感元件,按剖面形状分为平膜片和波纹膜片。

平膜片:是具有一定厚度的扁平面圆形薄片,多用于测量变动压力,在远传压力表和差压变送器上常见到这种位移很小的膜片。

波纹膜片:是一种压有环状同心波纹的圆形薄膜,其波纹的数目、形状、尺寸及分布视膜片用途与测量范围而定。

膜盒:是将两个金属膜片对合,并将其外缘焊接而成的测压弹性敏感元件。膜盒按内腔与大气是否连通分为开口、闭口两类,并可根据不同需要,以不同方式将多个膜盒串联在一起,组成膜盒组。

(3)波纹管(图 1 - 3 - 8)

波纹管是一种具有轴对称、圆筒形、等间距环状波纹,能沿轴向伸缩的测压弹性敏感元件。它在轴向力、横向力和弯矩作用下都能产生相应的位移,因此在许多技术领域中都能得到应用。

活动2：认识几个弹性敏感元件

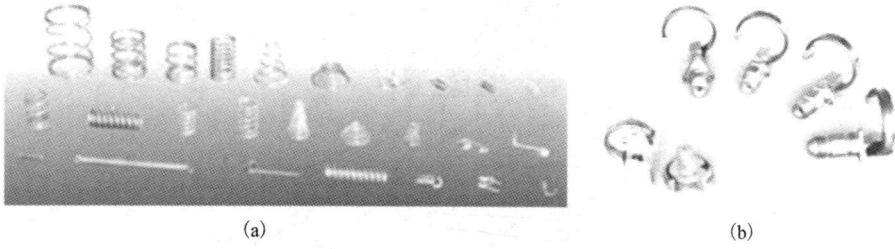

(a)

(b)

图 1 - 3 - 6 弹管

(a)

(b)

图 1 - 3 - 7 膜片及膜盒

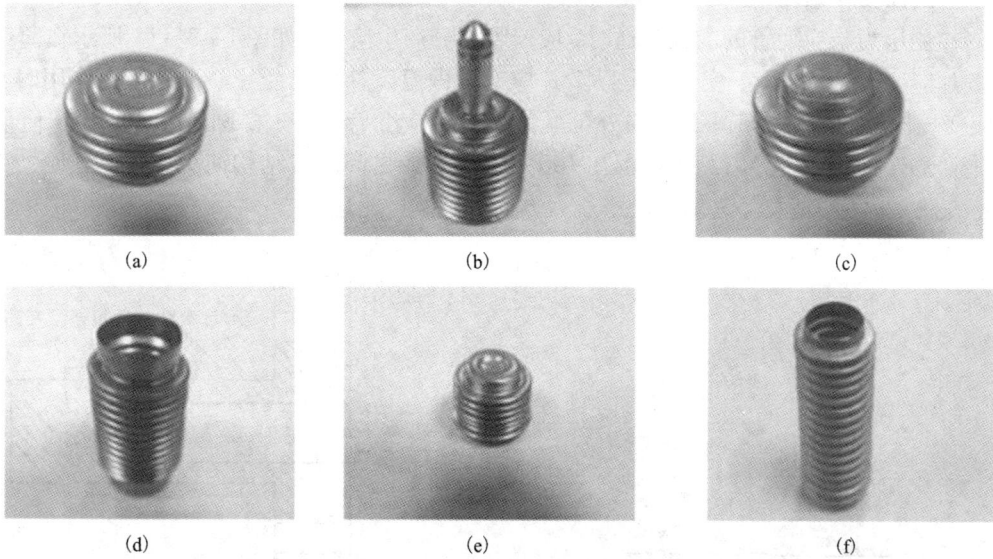

(a)

(b)

(c)

(d)

(e)

(f)

图 1 - 3 - 8 金属波纹管

活动3：认识减压阀(图1-3-9)

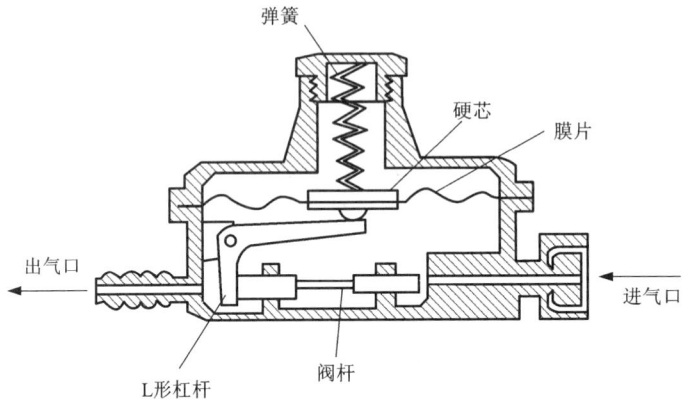

图1-3-9　减压阀结构图

六、电阻应变式传感器的应用

1.电阻应变式纱线张力测量(图1-3-10)

在纱线加工过程中，随着纱线张力变化，悬臂梁相应地产生与张力成比例的应变，而使电阻应变片产生相应的变形，并输出相应的$\Delta R/R$，因而破坏了电桥平衡，由此输出放大的电压信号。此电压信号再经动态电阻应变仪放大、检波、滤波后，输出一个放大的并与应变成比例的电压信号，最终由函数记录仪在感光纸上描绘成脉冲图形。

2.筒式压力传感器(图1-3-11)

当被测压力与应变管的内腔相通时，应变管部分产生应变，如图1-3-11所示在薄壁筒上贴2片应变计做工作片，实心部分贴2片应变计做温度补偿应变片。没有压力作用时，这4片应变片构成的全桥处于平衡；当外部压力作用于应变管内腔时，圆管发生形变，使全桥失去平衡。这种压力传感器测量范围在106~107 Pa或更高。其结构简单，制作方便，使用面宽，在测量火炮、炮弹、火箭的动态压力方面得到了广泛应用。

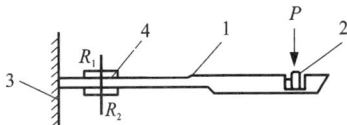

图1-3-10　电阻应变式纱线张力测试装置

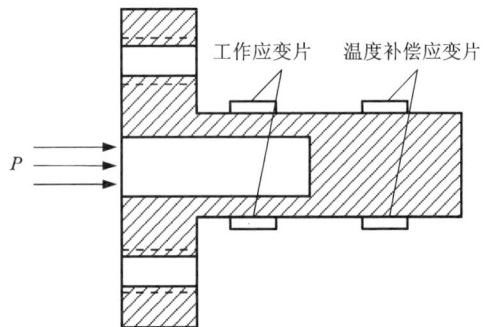

图1-3-11　筒式压力传感器

3. 膜片压力式传感器

测量气体或液体压力的膜片式压力传感器如图 1 - 3 - 12 所示。

圆形膜片的固定方式,可采用如图 1 - 3 - 12 所示嵌固形式,也可以采用与外壳做成一体的形式。膜片压力传感器的工作原理是:当气体或液体压力作用在弹性元件膜片的承压面上时,膜片变形,使粘贴在膜片另一面的电阻应变片随之发生形变,并改变阻值。这时测量电路中的电桥失去平衡,产生输出电压。图 1 - 3 - 12 中贴在圆筒内壁上的应变片为温度补偿应变片。

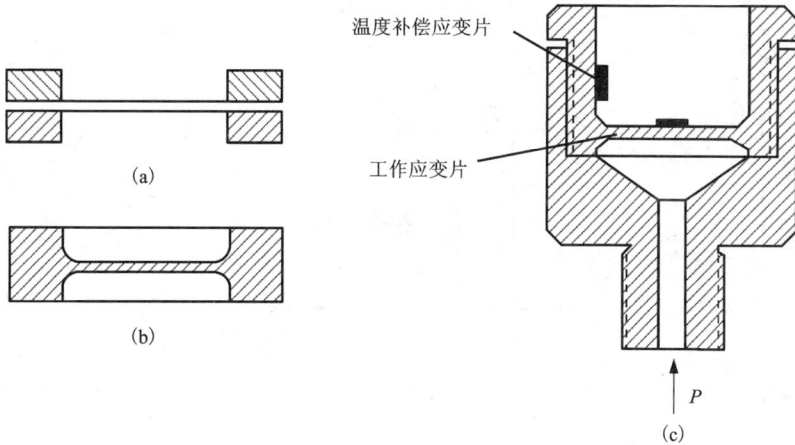

图 1 - 3 - 12　温度补偿应变片安装示意图

4. 组合式压力传感

组合式压力传感器用于测量小压力,结构图如图 1 - 3 - 13 所示,由波纹膜片、膜盒、波纹管等弹性敏感元件构成。电阻应变计粘贴在梁的根部感受应变。当元件感受压力后,推动推杆使梁变形,从而使电阻应变片随之变形,并改变阻值。悬臂梁的刚性较大,用于组合式压力传感器,可以提高测量的稳定性,减小机械滞后。

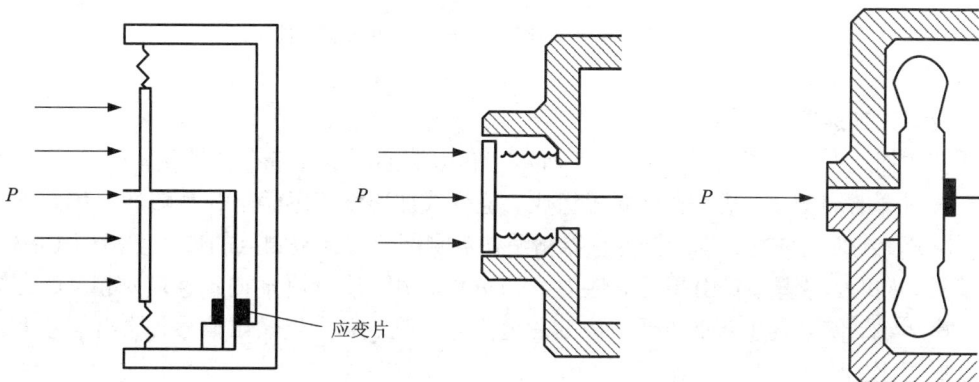

图 1 - 3 - 13　组合式压力式传感器

5. 力和扭矩传感器

如图 1 – 3 – 14 所示列出了几种力和扭矩传感器的弹性敏感元件。拉伸应力作用下的细长杆和压缩应力作用下的短粗圆柱体如图 1 – 3 – 14(a)(b)(c)所示。测量时都可以在轴向布置一个或几个应变片，在圆周方向上布置同样数目的应变片。后者只取符号相反的横向应变，从而构成差动式。

弯曲梁和扭转轴上的应变片也均可构成差分式，如图 1 – 3 – 14(d)(e)所示。另外用环状弹性敏感元件测拉(压)力也是较普遍的，如图 1 – 3 – 14 所示。

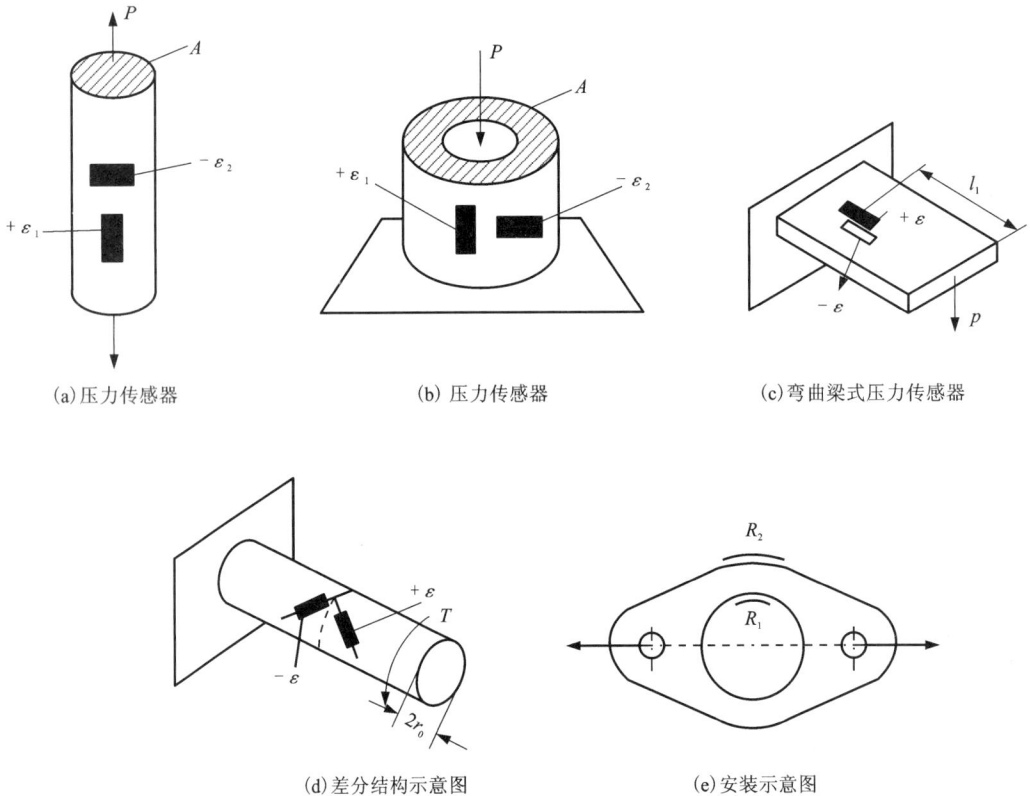

(a)压力传感器   (b) 压力传感器   (c)弯曲梁式压力传感器

(d)差分结构示意图   (e)安装示意图

图 1 – 3 – 14　几种力和扭矩的弹性敏感元件

6. 应变式加速度传感器

应变式加速度传感器如图 1 – 3 – 15 所示。它由端部固定并带有惯性质量块 m 的悬臂梁及贴在梁根部的应变片、基座及外壳等组成。应变式加速度传感器是一种惯性式传感器。测量时，根据所测振动体的方向，将传感器粘贴在被测部位。当被测点的加速度沿图 1 – 3 – 15 所示箭头方向时，悬臂梁自由端受惯性力 $F = ma$ 的作用，质量块 m 向加速度 a 相反的方向相对于基座运动，使梁发生弯曲变形，应变片电阻发生变化，产生输出信号，输出信号大小与加速度成正比。

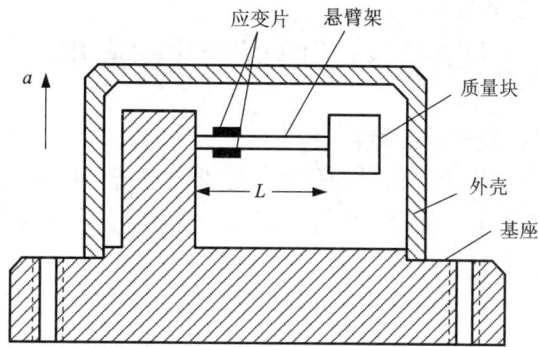

图 1 - 3 - 15 应变式加速度传感器

活动 4: 认识几种应变式传感器(图 1 - 3 - 16)

压力传感器	位移传感器	压力传感器
箱式称重传感器	荷重传感器	扩散硅压力变送器
方S形拉力传感器	压力传感器	拉力传感器
定滑轮式传感器	张力传感器	扭矩传感器

图 1 - 3 - 16 常见的应变式传感器

任务二　了解应变片的应用

活动1：物体质量模拟电子秤实验电路

电子秤是将被称质量转换成电信号的称重传感器。电子台秤不仅能快速、准确地称出商品的质量，并用数码显示出来，而且还具有计算器的功能，使用起来更方便。下面的实验为模拟电子秤实验。

一、实验目的

(1)了解电阻应变式传感器的基本结构。

(2)掌握电阻应变式传感器的使用方法。

(3)掌握电阻应变式传感器测量电路的调试方法。

二、实验器材

表1-3-1为实验器材清单。

表1-3-1　实验器材清单

铁架台、砝码	烧瓶夹、塑料杯	剃须刀片
502胶水	细塑料套管	棉纱线
3 V和6 V直流电源	150 Ω电阻1只	100 Ω电阻2只
电位器1.5 K　1只	电位器100 Ω　1只	导线若干
金属箔式应变片(如图1-3-17所示)，标称电阻值为120 Ω　2只		
检测面板表PA(量程199.9 μA)		47 Ω电阻　1只

三、实验原理及电路

(1)金属应变片传感器如图1-3-17所示。

(2)测量电路如图1-3-18所示。

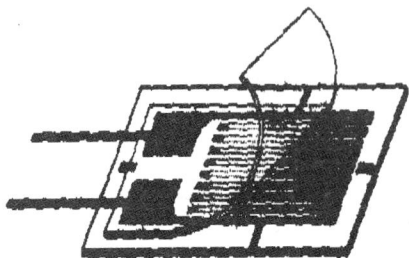

图1-3-17　金属箔式应变片传感器的结构图

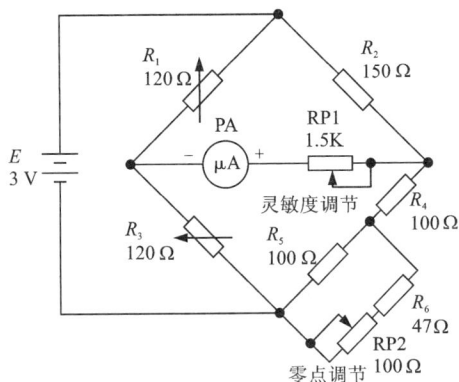

图1-3-18　金属应变片传感器实验电路

四、实验步骤

(1)金属箔式应变片的 2 条金属引出线分别套上细塑料套管后,用 502 胶水把 2 片应变片分别粘贴在刮胡刀片(1/2 片)正反中心位置上,敏感栅的纵轴与刀片纵向一致。

(2)用铁架台上的烧瓶夹固定住刮胡刀片传感头根部及上面的引线,另一端悬空,吊挂好棉纱线的"吊斗"。

(3)按图 1 – 3 – 18 连接好电路。

(4)接通电源 E 稳定一段时间后,先将灵敏度调节电位器 RP1 的电阻值调至最小,此时电桥检测灵敏度最高。

(5)再仔细调节零点电位器 RP2,使检测面板表 PA 的读数恰好为 0,电桥平衡。

(6)在"吊斗"中轻轻放入 20 g 砝码,调节灵敏度调节电位器 RP1,使检测面板表读数为一个整数值,例如 2.0 μA,灵敏度标定为 0.1 μA/g。

(7)最后,检测电子秤称量的线性。在"吊斗"内继续放入多个 20 g 砝码,检测面板表分别显示 4.0 μA、6.0 μA、8.0 μA,说明传感器测力线性好。

(8)如果电子秤实验电路灵敏度达不到 0.1 μA/g,可将电桥供电电压提升到 6 V,灵敏度将倍增。

五、实验数据分析

砝码质量/g				
电流/μA				

单元二　压电传感器测力

单元目标: 了解压电元件的材料;熟悉压电元件的基本工作原理;掌握压电元件的连接方法;掌握压电元件的应用。

任务一　压电传感器测力应用训练

压电传感器的工作原理是基于某些电介质材料的压电效应,是典型的无源传感器。当介质材料受力作用而变形时,其表面会产生电荷,由此而实现非电量测量。压电传感器体积小,质量轻,工作频带宽,是一种力敏感器件,它可测量各种动态力,也可测量最终能变换为力的那些非电物理量,如压力、加速度、机械冲击与振动等。本任务除了介绍晶体的压电效应与压电材料、压电传感器测量电路外,重点介绍了压电传感器的应用。

一、基本工作原理

1. 压电效应

压电现象是100多年前居里兄弟研究石英时发现的。某些电介质,当沿着一定方向对其施加力而使其变形时,内部就产生极化现象,同时在它的两个表面上会产生异号电荷,当外力消失后,又重新恢复到不带电状态,这种现象称为压电效应。当作用力的方向改变时,电荷极性也随之改变,这种现象称为正压电效应。当在电介质极化方向施加电场,这些电介质也会发生变形,这种现象称为逆压电效应(或电致伸缩效应)。压电式力传感器都是利用压电材料的正压电效应制成的。

2. 压电材料

自然界中的大多数晶体都具有压电效应,但压电效应十分明显的并不多。如天然形成的石英晶体。

3. 压电材料分类

压电材料基本上可分为压电晶体、压电陶瓷和有机压电材料三大类。压电晶体是一种单晶体,例如:石英晶体、酒石酸钾钠等;压电陶瓷是一种人工制造的多晶体,例如:锆钛酸铅、钛酸钡、铌酸锶等;有机压电材料属于新一代的压电材料,其中较为重要的有半导体和高分子压电材料。压电半导体有氧化锌(ZnO)、硫化锌(ZnS)、碲化镉(CdTe)、硫化镉(CdS)、碲化锌(ZnTe)和砷化镓(GaAs)等。

(1)石英晶体。

天然石英(SiO_2)晶体如图1-3-19所示。它是一个正六面体,在它上面有三个坐标轴。石英晶体中间棱柱断面的下半部分,其断面为正六边形。Z轴是晶体的对称轴,称它为光轴,在该轴方向没有压电效应;X轴称为电轴,垂直于X轴晶面上的压电效应最显著;Y轴称为机械轴,在电场的作用下,沿此轴方向的机械变形最显著。如果从石英晶体上切割出一个平行六面体,如图1-3-19(b)所示,称为压电晶片,在垂直于光轴的力(F_y或F_x)作用下,晶体会发生极化现象,并且其极化矢量是沿着电轴方向的。即电荷出现在垂直于电轴的平面上。

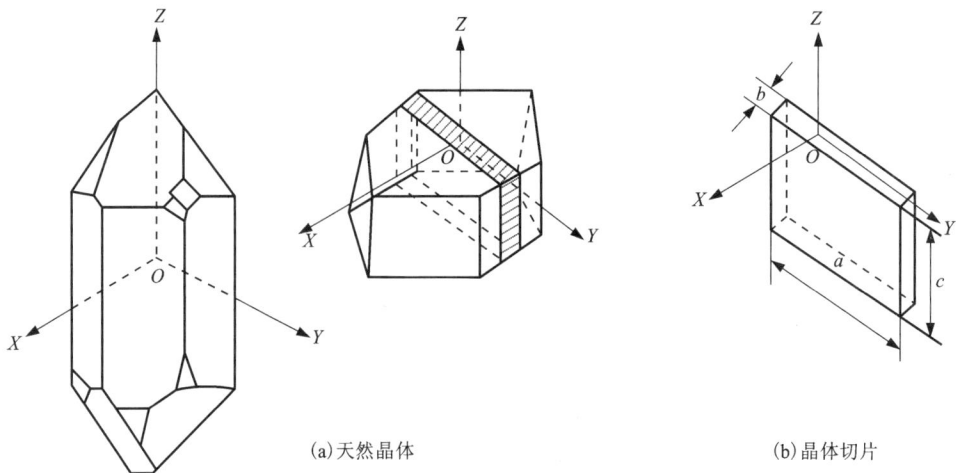

(a)天然晶体　　　　　　　　　　(b)晶体切片

图1-3-19　天然石英晶体

在沿着电轴 X 方向力的作用下,产生电荷的现象称为纵向压电效应;沿机械轴 Y 方向力的作用下,产生电荷的现象称为横向压电效应。当沿光轴 Z 方向受力时,晶体不会产生压电效应。在压电晶片上,产生电荷的极性与受力的方向有关系。图 1 - 3 - 20 给出了电荷极性与受力方向的关系。若沿晶片的 X 轴施加压力 F_x,则在加压的两个表面上分别出现正、负电荷,如图 1 - 3 - 20(a)所示。若沿晶片的 Y 轴施加压力 F_y 时,则在加压的表面上不出现电荷,电荷仍出现在垂直 X 轴的表面上,只是电荷的极性相反,如图 1 - 3 - 20(c)所示。若将 X、Y 轴方向施加的压力改为拉力,则产生电荷的位置不变,只是电荷的极性相反,如图 1 - 3 - 20(b)、图 1 - 3 - 20(d)所示。值得注意的是纵向压电效应与元件尺寸无关,而横向压电效应与元件尺寸有关。

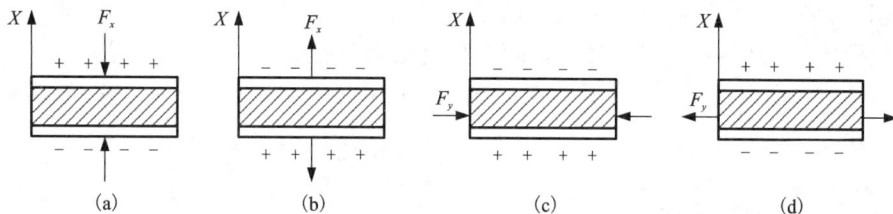

图 1 - 3 - 20　晶片电荷极性与受力方向的关系

(2)压电陶瓷。

与石英晶体不同,压电陶瓷是人工制造的多晶体压电材料,属于铁电体一类的物质。压电陶瓷内部的晶体有一定的极化方向,从而存在一定电场。在无外电场作用时,原始的压电陶瓷内极化强度为零,呈电中性,不具有压电特性。钛酸钡压电陶瓷的电畴结构如图 1 - 3 - 21 所示。

在陶瓷上施加外电场时,材料得到极化。外电场越强,就有更多的电畴更完全地转向外电场方向。当外电场去掉时,剩余极化强度很大,这时的材料才具有压电特性,极化处理后陶瓷材料内部存在有很强的剩余极化,当陶瓷材料受到外力作用时,电畴的界限发生移动,电畴发生偏转,从而引起剩余极化强度的变化,因而在垂直于极化方向的平面上将出现极化电荷的变化。如图 1 - 3 - 22 所示,即极化面上将出现极化电荷的变化。这种因受力而产生的由机械效应转变为电效应、由机械能转变为电能的现象,就是压电陶瓷的正压电效应。电荷量的大小与外力成正比关系。

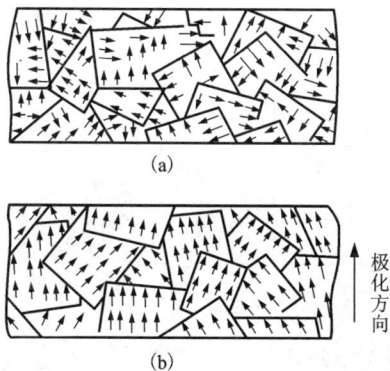

图 1 - 3 - 21　钛酸钡压电陶瓷的电畴结构

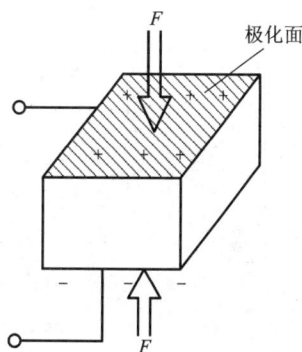

图 1 - 3 - 22　压电陶瓷压电原理图

4. 压电材料的主要特性指标

（1）压电系数 d：表示压电材料产生电荷与作用力的关系。它是衡量材料压电效应强弱的参数，直接关系到压电元件的输出灵敏度。一般用单位作用力产生电荷的多少来表示，单位为 C/N（库仑/牛顿）。

（2）弹性常数：压电材料的弹性常数、刚度是决定其固有频率和动态的重要参数。

（3）介电常数：决定压电晶体固有电容的主要参数，而固有电容影响传感器工作频率的下限值。

（4）机械耦合系数：衡量压电材料机电能量转换效率的重要参数，其值等于转换输出能量（如电能）与输入能量（如机械能）之比的平方根。

（5）电阻 R：是压电晶体的内阻，它的大小决定其泄露电流。

（6）居里点：压电材料的温度达到某一值时，便开始失去压电特性，这一温度称为居里点或居里温度。

二、压电式传感器的测量电路

1. 压电式传感器的等效电路

由压电元件的工作原理可知，压电式传感器可以看作一个电荷发生器。同时，它也是一个电容器，晶体上聚集正负的电荷的两个表面相当于电容的两个极板，极板间物质等效于一种介质，则其电容量为：

$$C_a = \frac{\varepsilon_r \varepsilon_0 A}{d} \qquad (1-3-7)$$

式中：A——压电片的面积；

$\quad\quad d$——压电片的厚度；

$\quad\quad \varepsilon_r$——压电材料的相对介电常数；

$\quad\quad \varepsilon_0$——真空的介电常数。

因此，压电传感器可以等效为一个与电容器 C_a 串联的电压源 U_a，如图 1-3-23（a）所示；也可以等效为一个与电容器并联的电荷源 q，如图 1-3-23（b）所示。电压 U_a，电荷量 q 和电容量 C_a 这三者的关系为

$$U_a = \frac{q}{C_a} \qquad (1-3-8)$$

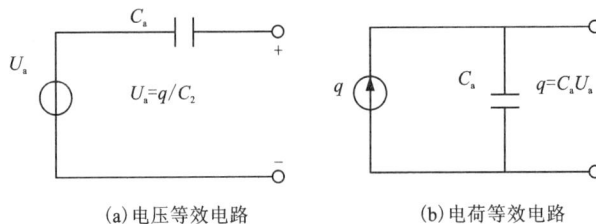

(a)电压等效电路   (b)电荷等效电路

图 1-3-23 压电传感器等效电路图

2. 压电式传感器的测量电路

常用的前置放大器主要有电压放大器和电荷放大器两种类型。

（1）电压放大器。

一般情况下，电压源要求前置放大器的电压灵敏度不随工作频率降低，将 R_a 与 R_i，C_a 与 C_i 并联，得出

$$R = \frac{R_a R_i}{R_a + R_i} \quad C = C_a + C_i \qquad (1-3-19)$$

压电传感器的开路 U 与其产生的电荷 q 和其本身的电容量 C 有关，即 $U = \frac{q}{C_a}$。理想情况下，传感器的绝缘电阻 R_a 与前置放大器的输入 R_i 为无穷大，即 $\omega R(C_a + C_c + C_i) \gg 1$ 时，放大器输入电压幅值为 $U_i m = \frac{dF_m}{C_a + C_c + C_i}$。式中，$U_{im}$ 为输入电压的最大值；F_m 为作用力的最大值。

（2）电荷放大器。

在如图 1-3-24 所示的电荷放大器等效电路中，电荷放大器实际上是一个具有反馈 C_f 的高增益运算放大器电路。当放大器的电压放大倍数 A 远远大于 1 时，电荷放大器的输出电压仅与输入电荷量和反馈电容有关，电缆电容等其他因素可忽略不计，这是电荷放大器的特点。

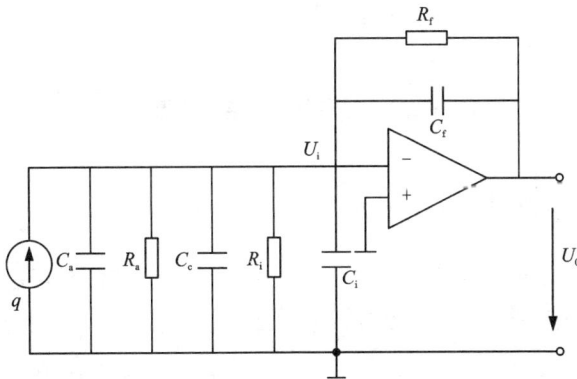

图 1-3-24　电荷放大器等效电路

三、压电式传感器压电元件结构及组合形式

压电传感器中，为了提高灵敏度，压电材料通常采用两片或两片以上黏合在一起的形式。因为电荷的极性关系，电元件有串联和并联两种接法，如图 1-3-25 所示，图 1-3-25 (a) 为并联，适用于测量缓慢变化的信号，并以电荷为输出量；图 1-3-25 (b) 为串联，适用于测量电路有高输入阻抗的情况，并以电压为输出量。

图 1-3-26 给出了压电元件的结构与组合形式。按压电元件形状分，有圆形、长方形、片状形、柱形和球壳形；按元件数量分，有单晶片、双晶片和多晶片；按极性连接方式分，有串联[如图 1-3-26 (a) 所示]和并联[如图 1-3-26 (f) 至图 1-3-26 (i) 所示]。

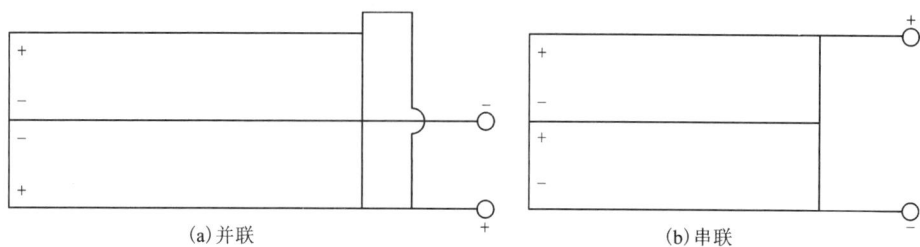

(a)并联　　　　　　　　　　　　　　　　　(b)串联

图 1 - 3 - 25　压电元件的两种接法

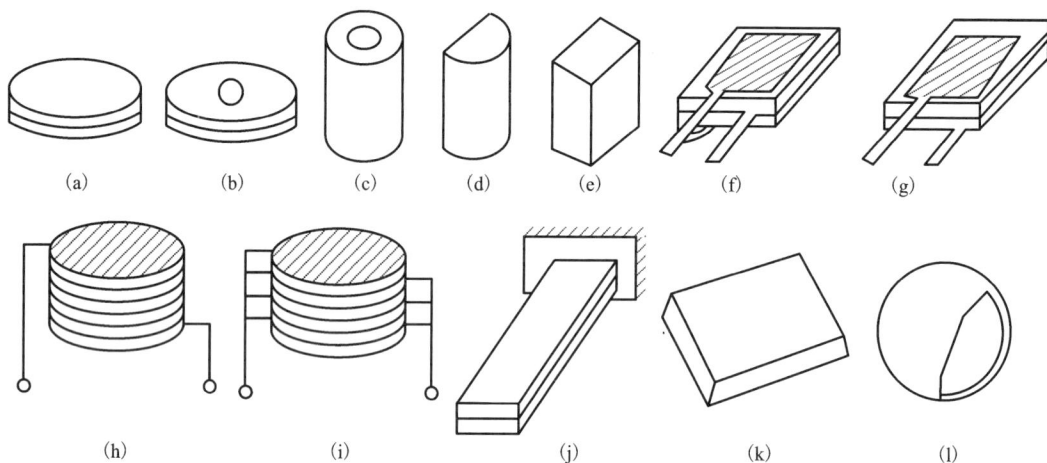

(a)　　　(b)　　　(c)　　　(d)　　　(e)　　　(f)　　　(g)

(h)　　　　(i)　　　　(j)　　　　(k)　　　　(l)

图 1 - 3 - 26　压电元件的结构与组合形式

四、压电式传感器主要应用类型

表 1 - 3 - 2 中列出了压电传感器的主要应用类型。目前它们已经在工业、民用和军事方面得到广泛应用,但其中用得最多的是力敏类型。

表 1 - 3 - 2　压电传感器主要类型

传感器类型	转换方式	压电材料	用途
力敏	力→电	石英、罗思盐、ZnO、$BaTiO_3$、PZT、PMS、电致伸缩材料	微拾音器、声呐、应变仪、气体点火器、血压计、压电陀螺、压力和加速度传感器
声敏	声→电	石英、压电陶瓷	振动器、微音器、超声波探测器、助听器
	声→光	$PbMoO_4$、$PbYiO_3$、$LiNbO_3$	声光效应器件
光敏	光→单	$LitaO_3$、$PbTiO_3$	热电红外线探测器
热敏	热→电	$BaTiO_3$、$LiTaO_3$、$PbTiO_3$、TGS、PZO	温度计

五、压电式传感器应用

压电效应是某些介质在力的作用下产生形变时，在介质表面出现异种电荷的现象。实验表明，这种束缚电荷的电量与作用力成正比，而电量越多，相对的两表面电势差（电压）也越大。例如用压电陶瓷将外力转换成电能的特性，可以生产出不用火石的压电打火机、煤气灶打火开关、炮弹触发引线等。此外，压电陶瓷还可以作为敏感材料，应用于扩音器、电唱头等电声器件；用于压电地震仪，可以对人类不能感知的细微振动进行监测，并精确测出震源方位和强度，从而预测地震，减少损失。利用压电效应制作的压电驱动器具有精确控制的功能，是精密机械、微电子和生物工程等领域的重要器件。

1. 压电式传感器

压电式传感器是以压电元件为转换元件，输出电荷与作用力成正比的力 - 电转换装置。常用的形式为荷重垫圈式，它由基座、盖板、石英晶片、电极以及引出插座等组成。如图 1 - 3 - 27 所示的是 YDS -78 型压电式单向力传感器的结构，它主要用于频率变化不太高的动态力的测量。

被测力通过传力上盖使压电元件受压力作用而产生电荷。由于传力上盖的弹性形变部分的厚度很薄，只有 0.1 ~ 0.5 mm，因此灵敏度很高。

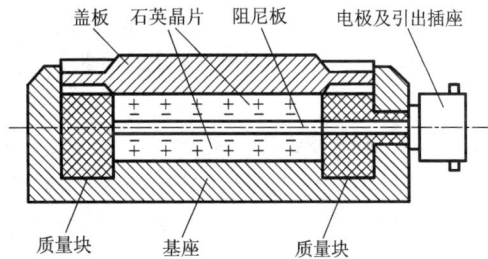

图 1 - 3 - 27　压电式传感器结构

2. 压电式加速度传感器

图 1 - 3 - 28 是一种压电式加速度传感器的结构图，它主要由压电元件、质量块、预压弹簧、基座及外壳组成。整个部件装在外壳内，并由螺栓加以固定。

当加速度传感器和被测物一起受到冲击振动时，压电元件受质量块惯性力的作用，根据牛顿第二定律，此惯性力是加速度的函数，

$$F = ma$$

式中：F——质量块产生的惯性力；

m——质量块的质量；

a——加速度。

此惯性力 F 作用于压电元件上，因而产生电荷 q，当传感器选定后，m 为常数，则传感器输出电荷为 $q = d_{11}F = d_{11}ma$。

3. 压电式金属加工切削力测量传感器

图 1 - 3 - 29 所示是利用压电陶瓷传感器测量刀具切削力的示意图。由于压电陶瓷元件的自振动频率高，特别适合测量变化剧烈的载荷。图 1 - 3 - 29 中压电传感器位于车刀前部的下方，当进行切削加工时，切削力通过刀具传给压电传感器，压电传感器将切削力转换为电信号输出，记录下电信号的变化即可测得切削力的变化。

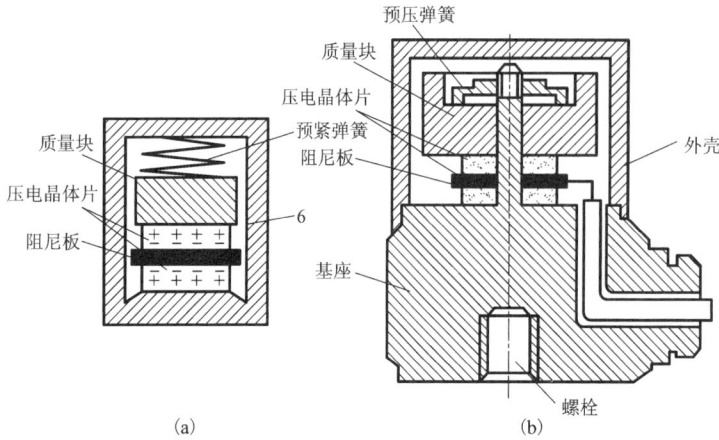

图 1 - 3 - 28 压电式加速度传感器

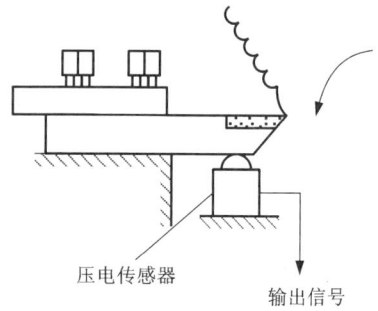

图 1 - 3 - 29 压电陶瓷传感器测量刀具切削力

4. 压电式玻璃破碎报警器

BS - D2 压电式传感器是专门用于检测玻璃破碎的一种传感器，它利用压电元件对振动敏感的特性来感知玻璃受撞击和破碎时产生的振动波。传感器把振动波转换成电压输出，输出电压经过放大、滤波、比较等处理后提供给报警系统。BS - D2 压电式玻璃破碎传感器的外形及内部电路如图 1 - 3 - 30 所示。传感器的最小输出电压为 100 mV，最大输出电压为 100 V，内阻抗为 15 ~ 20 kW。玻璃破碎报警可广泛用于文物保管、贵重商品保管及其他商品柜台保管等场所。

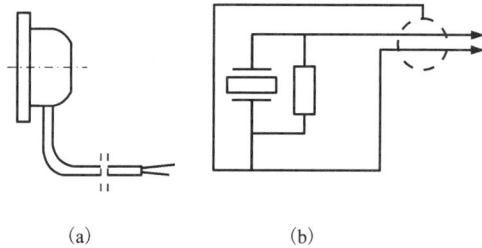

(a) (b)

图 1 - 3 - 30 BS - D2 压电式玻璃破碎传感器

5. 雨滴传感器

雨滴传感器由振动板、压电元件、放大电器、壳体及阻尼橡胶构成，如图 1 - 3 - 31 所示。振动板的功用是接收雨滴冲击的能量，压电元件把从振动板传递来的变形转换成电压。当压电元件上出现机械变形时，在两侧的电极上就会产生电压，如图 1 - 3 - 32 所示。所以，当雨滴落到振动板上时，压电元件产生的电压大小与加到振动板上的雨滴能量成正比，一般为 5 ~ 300 mV。

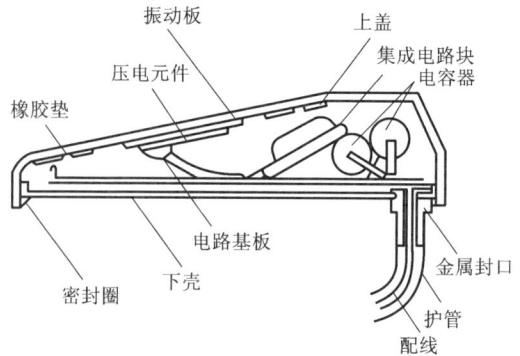

图 1 - 3 - 31 雨滴传感器结构图

30

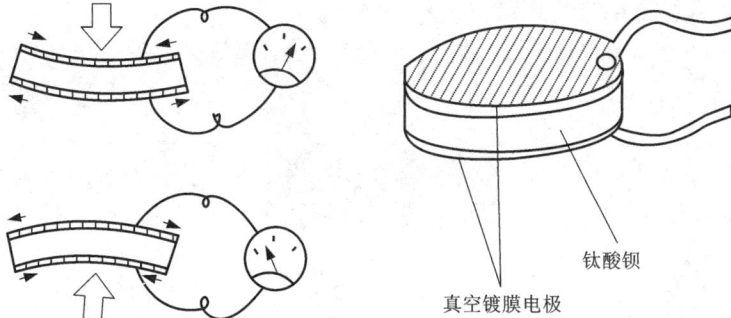

钛酸钡

真空镀膜电极

图 1 - 3 - 32　雨滴传感器检测示意

6. 血压计传感器

电子血压计通过在捆扎布内部安装的传感元件，把血液流过血管中产生的"克隆脱克波"音变换成电信号。血液的流速与捆扎布的气压有关。输出电压随着血液流速的变化而变化，既可以反映血压值，也可以测量脉搏数。图 1 - 3 - 33(a)所示为电子血压计的构造，图 1 - 3 - 33(b)所示为其检测波形。

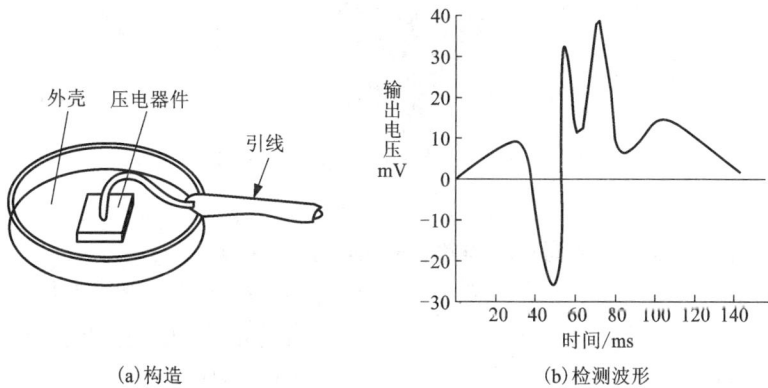

外壳　压电器件

引线

输出电压 mV

40
30
20
10
0
-10
-20
-30

20　40　60　80　100　120　140
时间/ms

(a)构造　　　　　　　　(b)检测波形

图 1 - 3 - 33　血压计传感器

7. 乐器传感器

乐器传感器如图 1 - 3 - 34 所示。把压电元件用特殊的阻尼材料夹住，放在一个外壳中。由于压电元件的衰减时间快，固有共振频率低，因此能够得到清楚而柔和的回授音。传感器安装在乐器的躯体部位时能够检测到弦振动引起的躯体的共振，经放大后从扬声器中传播出演奏的乐音。

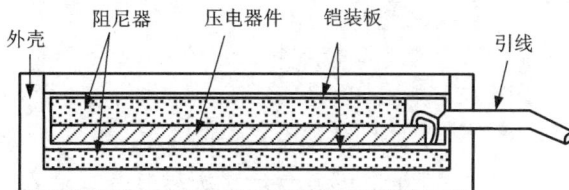

外壳　阻尼器　压电器件　铠装板　引线

图 1 - 3 - 34　乐器传感器

活动 1：认识几种压电式传感器(1 – 3 – 35)

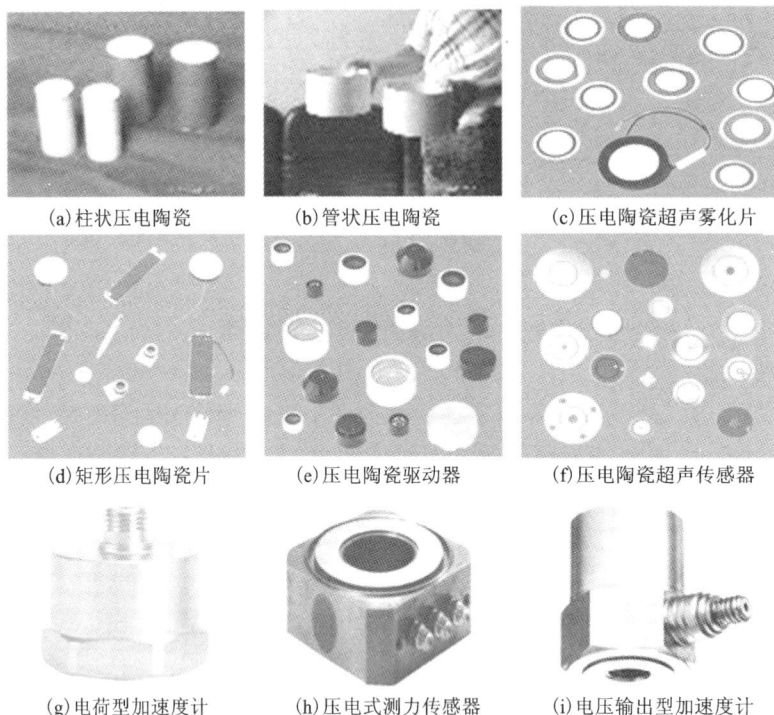

(a)柱状压电陶瓷 (b)管状压电陶瓷 (c)压电陶瓷超声雾化片

(d)矩形压电陶瓷片 (e)压电陶瓷驱动器 (f)压电陶瓷超声传感器

(g)电荷型加速度计 (h)压电式测力传感器 (i)电压输出型加速度计

图 1 – 3 – 35 常见的压电式传感器

＊活动 2：压电式压力传感器实验电路(分析电路，并填空)

在图示的传感开关实验电路中，接通电源时，电容器 C 极板两端电压为零，与之相连的场效应管控制栅极板 G 的偏压为零，这时 VT(　　　　)，其漏源电流把红色发光二极管(　　　　)。当用小的物体，例如火柴杆从 10 cm 高度自由下落砸到压电陶瓷片上时，SP 产生负向脉冲电压，通过二极管 VD1 向电容器 C 充电，VT 的控制栅极加上负偏压，并超过 3DJ6H 所需要的夹断电压 –9 V，这时 VT(　　　　)，红色发光二极管(　　　　)。二极管 VD_2 旁路 SP 在碰撞结束后，随着电容器 C 上的电压由于元器件漏电而逐渐降低，小于夹断电压(绝对值)，VT 处于(　　　　)状态，产生漏源电流，红色发光二极管逐渐(　　　　)，最终电路恢复到初始状态。

知识链接

1880 年著名物理学家比埃尔·居里发现了晶体的压电效应，但压电效应的定量数据的获得，是中国科学家严济慈深入研究并精确测量给出的。严济慈的导师是物理学家夏尔·法布里，他是居里夫妇的好朋友。玛丽·居里夫人对严济慈的研究非常支持，并把 40 年前居里用过的石英晶体样品借给了严济慈。著名的物理学家朗之万对严济慈也非常赏识，给予了许多指导和帮助。严济慈在大量实验基础上，总结出了石英晶体的压电效应及其反效应具有各向异性、饱和现象以及瞬时性等特性，扩充发展了居里的理论。1927 年法布里当选为法国科学院院士，在就职仪式上他宣读了他的得意弟子——严济慈的博士论文。1931 年严济慈回国。1935 年与著名物理学家 F. 约里奥—居里及卡皮察同时当选为法国物理学会理事。

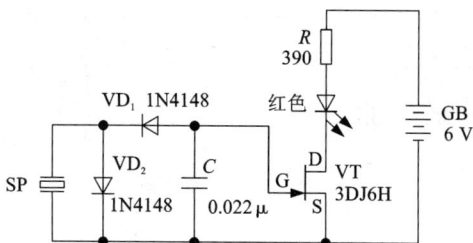

课堂活动3：用打火机演示压电效应

1. 实验目的

(1)通过用打火机演示压电效应深入理解压电效应；

(2)培养学生动脑动手能力。

2. 实验器材

(1)采用压电陶瓷器件来打火的一次性塑料打火机；

(2)指针式万用表；

(3)数字显示万用表；

(4)学生用示波器；

(5)若干导线；

(6)鳄鱼夹。

3. 实验步骤

(1)按动点火元件的黑色塑料压杆，用普通指针式万用表直流高压挡测量压电元件两个电极的电压，观察现象并分析原因，填入下列表中。

现象	
原因	

(2)按动点火元件的黑色塑料压杆，用数字显示万用表直流高压挡测量压电元件两个电极的电压，观察现象并分析原因，填入下列表中。

现象	
原因	

输入接线柱上的两根导线的鳄鱼夹分别接在压电打火机压电元件的两个电极上，迅速按下其黑色塑料压杆，可以看到原来位于中央高度的水平亮线向上(或向下)跳动会恢复原位。由于荧光屏的余晖作用，注意观察水平亮线在示波器上显现的是一条高度达几个格的亮带，这表明该脉冲的电压幅值在多少伏以上？并画出波形，描述观察到的波形特点。

提示：观察这个电压脉冲的波形，可以在每次按动压杆的同时，细心调节示波器"扫描微调"旋钮(事先将扫描范围换到"10～100 Hz"挡)。

(3)脉冲持续时间的估测。

将示波器的衰减挡置于1000挡，扫描范围置于"10～100 Hz"挡，"扫描微调"旋钮左旋到底，即扫描频率为10 Hz，调节"X增益"和"X移位"旋钮，使X轴扫描线充满10格，那么每一格代表1/10×1/10 s，即0.01。按下压电元件的黑色塑料压杆，可以看到压电脉冲持续几个格，脉冲持续时间为多少秒？并绘出图形。

项目四
液位和流量的检测

【项目描述】

　　液位、流量连同温度、压力，被称为自动化生产过程中的"四大参数"。液体液位和流量的检测，被广泛地应用在工农业生产、国防建设和科学研究等领域中。目前，国内外采用的电子化和数字化等自动化检测技术和手段，进一步提高了液体液位和流量检测的准确性。当今，它在各个领域中发挥着越来越重要的作用。随着科学技术的不断发展，新的检测技术不断涌现，目前，液体液位和流量的检测技术趋向智能化。本项目介绍常用液位与流量传感器系统的有关知识，训练工业生产中液位和流量传感器安装、调试和维修的基本技能。

【技能要点】

　　学会识别液位、流量传感器的转换元件、测量电路和显示仪表，能熟练地查阅其技术参数。掌握液位和流量传感器的选择、安装、调试和维修的基本技能。能够解决相应检测中出现的一般问题。

【知识要点】

　　熟悉常用液位、流量传感器的转换元件基本结构，学会电容式液位传感器和超声波式传感器的工作原理，熟知其转换元件的参数，了解液位和流量传感器检测系统在相关领域中的应用。

单元一　电容式传感器测量液位

　　单元目标：了解常用电容式传感器检测组件外形和基本原理；熟悉工业常用的液位检测方法；掌握电容传感器与测量电路和显示仪表的连接方法；学会电容式液位传感器检测系统的安装、调试和维修方法。

任务一 认识电容式传感器

1. 认识电容式传感器的转换元件

电容式传感器转换元件的工作原理可以用来说明，当忽略边缘效应时，其电容量为：

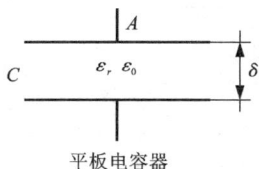

$$C_a = \frac{\varepsilon_r \varepsilon_0 A}{d}$$

平板电容器

2. 认识电容式传感器的测量电路及仪表

电容式传感器转换元件将被测非电量的变化转换为电容量变化后，必须采用测量电路将其转换为电压、电流或频率的电信号，然后用电压、电流和频率仪表或数字电路、计算机和记录仪来显示或记录被测非电量的变化。

电容式传感器转换元件、被测电路和显示仪表三者构成了电容式传感器检测系统。电容式传感器的测量电路种类很多，一般有交流桥式电路、调频电路、脉冲宽度调制电路和运算式电路等。

（1）交流桥式测量电路。

①单臂桥式电路。图1-4-1所示为交流单臂桥式电路。电容 C_1、C_2、C_3、C_x 构成交流单臂桥式电路。由高频电源经变压器接到电容桥的一个对角线上，另一个对角线上接有交流电压表。

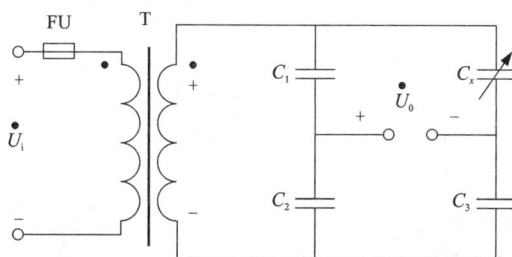

图1-4-1 交流单臂桥式电路

②差分式桥式电路。图1-4-2所示为交流差动桥式电路。电容 C_{x1} 和 C_{x2} 为差分式电容式传感元件。由高频电源经变压器副边接到差分式电容式传感元件上。输出电压端接有交流电压表。输出电压为：$U_0 = \pm \Delta C U_i / 2 C_0$

式中：C_0——传感原件的初始电容值；

Δ——传感元件的电容变化值。

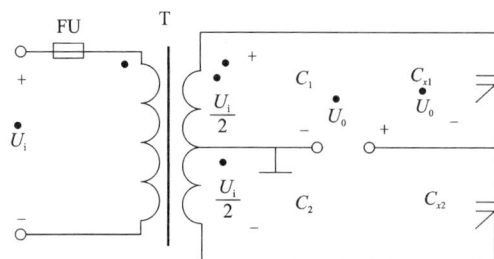

图 1 - 4 - 2 交流差动桥式电路

（2）调频测量电路。

图 1 - 4 - 3 所示为 LC 振荡器调频电路框图，它由调谐、振荡、限幅、鉴频、放大等电路组成。电容式传感元件作为 LC 振荡器谐振回路的一部分，当电容传感器工作时，电容 C_x 发生变化，使振荡器的频率 f 发生相应的变化。由于振荡器的频率受电容式传感器的电容调制，实现了电容 C_x 的变化转换成相应频率 f 的变化，故称为调频电路。调频振荡器的频率为

$$f = \frac{1}{2\pi\ \sqrt{LC}}$$

式中：L——振荡回路电感；

C——振荡回路总电容。

C 包括传感元件电容 C_x、谐振回路中的微调电容 C_1 和传感器电缆分布电容 C_c，即 $C = C_x + C_1 + C_c$。振荡器输出的高频电压是一个由电容 C_x 控制的调频波，其频率的变化在鉴频器中转换成电压幅度变化的输出。将放大电路放大后，可用电压表指示电容 C_x 的变化数值。

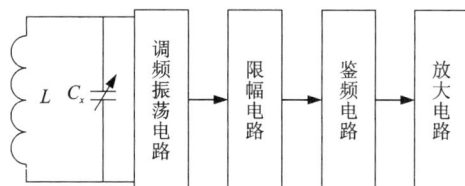

图 1 - 4 - 3 LC 振荡器调频电路框图

（3）脉冲宽度调制测量电路。

脉冲宽度调制测量电路（图 1 - 4 - 4）的原理是利用传感元件电容 C_1、C_2 的慢充电和快放电的过程，使输出脉冲的宽度随电容传感元件的电容量变化而改变，通过低通滤波器得到对应于被测量的变化。

（4）运算式测量电路。

运算式测量电路（图 1 - 4 - 5）的原理是当放大器的开环增益 A_v 和输入阻抗 Z_i 足够大时，输出电压与传感元件的电容变化成线性关系，即 $U_0 = -U_i \cdot C_x/C_0$。

36

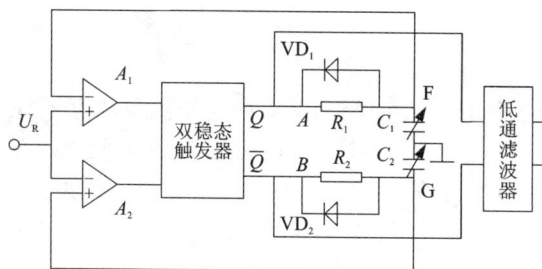

图1-4-4 脉冲宽度调制电路

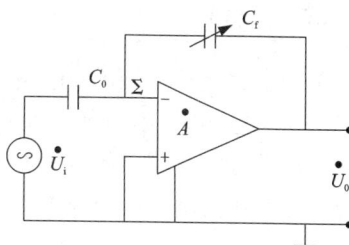

图1-4-5 运算式测量电路

任务二 电容式传感器的液位检测应用训练

观察和了解如图1-4-6所示的电容式液位传感器，系统探头（转换元件）的两个极（也可以探头是一个极，金属液体罐壁是另一个极）之间有空气间隙，且液体相互绝缘安装于液体罐顶。当液体进入空气隙后，探头的电容值因介电常数改变而发生变化。传感器的测量电路将液位改变引起电容量的变化转换为电量的变化，送到显示仪表显示出来，由此实现液位的连续测量。

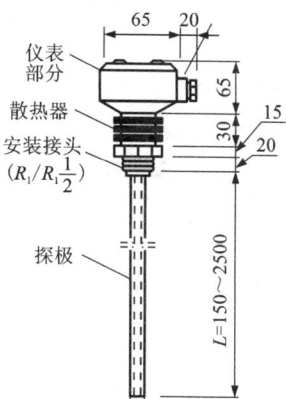

图1-4-6 电容式液位传感器

实践操作 电容式液（物）位传感器实训

一、实训目的

紧密结合生产实际进行电容式传感器检测系统实训，可以理论联系实际，提高学生现场的分析判断能力、动手能力和操作技能，掌握电容式液位传感器系统的安装工艺和调试方法。

二、实训原理

我们选择水的液位检测(图1-4-7),其电容传感元件(探头)是有一定距离且相互绝缘的同轴式探头。检测时,探头的上部隔着空气($\varepsilon_r=1$),下部充满水($\varepsilon_r=80$),它将水位 h 变化引起的介电常数的变化转换成对应的电容量变化。测量电路(变送器)是集成转换电路,它将电容量的变化再转换成对应的4~20 mA输出电信号,可以远距离用电流表显示出水位。

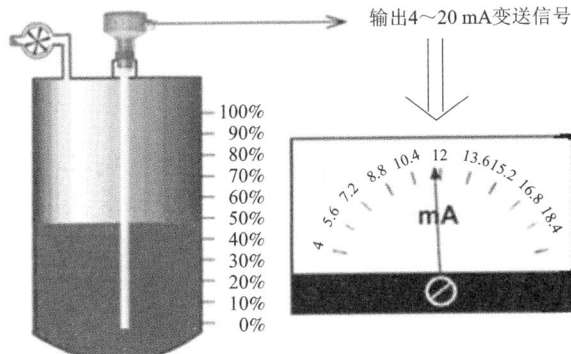

图1-4-7 液位检测系统示意图

三、准备工具、仪表和器材

(1)实训工具:尖嘴钳、螺丝刀和电烙铁(20~35 W)等电工工具一套;

(2)实训仪表:万用表、兆欧表、电流毫安表等各一台;

(3)实训器材:选定的CTS-DLQ型电容式液位传感器系统一套。

四、主要技术指标

(1)工作电源:AC220 V±10% 或 DC24 V;

(2)功耗:<3 W;

(3)响应延时:< 2~3 s。

(4)仪表工作环境温度:-20~45℃。

(5)探极工作(介质)温度:(普通型 D:-20~60℃),(中温型 Z:-40~200℃),(高温型 H:-40~800℃),(常温型 P:-20~60℃);

(6)介质压力:压力型 Y≤3 MPa(其余型号为常压);

(7)输出方式:4~20 mA 变送信号;

(8)负载能力:≤600 Ω;

(9)检测范围:≤11000 p;

(10)传感器防护等级:IP65;

(11)精度:±1% F.S.

五、根据使用要求选型

(1)根据现场液位罐的材料和高度来选择传感器的探头长度。我们选用非金属液位罐,测量液位高度不超过 0.5 m,故选用同轴探头。超过 2.5 m 应选用轻型缆式探头。其探头长度应稍短于料仓高度。

(2)本次训练的使用要求:介质常温 P、常压、标准安装 B(图 1 – 4 – 4)、电源 D(DC 24 V)、同轴式探头 T(长 0.5 m),故选用对应型号为 CTS – DLQ – P – B – D – T – 500。

六、安装与调试方法

1. 机械和电气安装

(1)严格按使用说明书进行正确的机械安装;

(2)严格按使用说明书进行正确的电气安装。

2. 操作盘的功能

(1)满仓键(MH);

(2)空仓键(ML);

(3)运行/标定状态指示灯(DY、绿色);

(4)电源指示灯(DE、红色);

(5)接线端子(图 1 – 4 – 8);

(6)空仓标定指示灯(DL、绿色);

(7)满仓标定指示灯(DH、绿色);

(8)清除键(MO),与空仓、满仓键配合使用。

图 1 – 4 – 8 为传感器接线端子示意图。

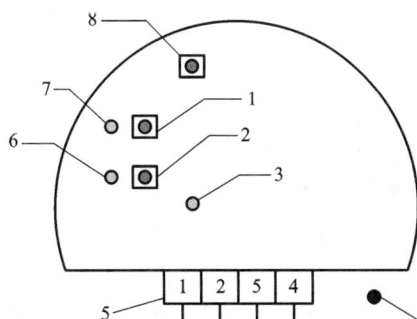

图 1 – 4 – 8　传感器接线端子示意图

单元二　超声波传感器

单元目标:熟悉常用超声波传感器检测组件的外形和基本原理;掌握工业常用测距的检测方法;学会超波测距传感器检测系统安装和调试。

任务一　认识超声波传感器

一、认识超声波(图1-4-9)

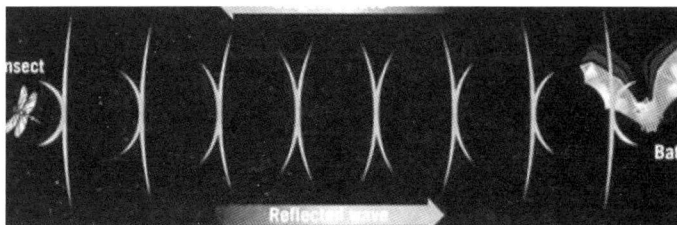

图1-4-9　超声波检测示意图

16 Hz ~ 2 kHz。当声波的频率低于 16 Hz 时就叫做次声波,高于 2 kHz 则称为超声波。一般把频率为 2 kHz ~ 25 MHz 范围的声波叫做超声波。超声波传感器产生的波频率超过 20 kHz,是一种机械波。超声波的频率越高,声场的方向性越好,能量越集中,声波越接近光波的某些特性(如反射、折射定律)。如图 1-4-10 所示,当超声波向两个不同的介质传播时,入射波以 α 角从第一种界面传播到第二种介质时,在介质分界面会有部分能量反射回原介质中的波,我们称为反射波;剩余的能量透过介质分界面在第二种介质内继续传播,我们称为折射波。

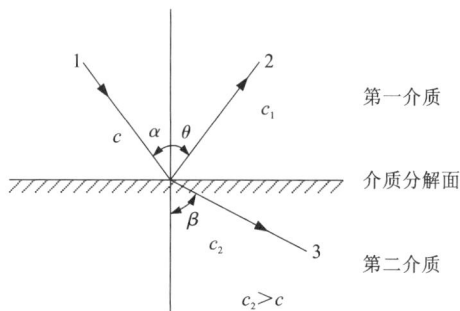

图1-4-10　超声波传输示意图

(1)超声波反射定律:入射角 α 的正弦与反射角 θ 的正弦之比等于入射波所处介质的波速 c 与反射波所处介质的波速 c_1 之比。

(2)超声波反射定律:入射角 α 的正弦与折射角 β 的正弦之比等于入射波所处介质的波速 c 与反射波所处介质的波速 c_2 之比。

(3)超声波投射率:当超声波从第一介质垂直入射到第二介质传播时,透射声压与入射声压之比。

(4)超声波反射率:反射声压与入射声压之比。

当入射波和反射波的波形、波速一样时,入射角等于反射角。当超声波从密度小的介质入射到密度大的介质时,透射率和反射率都较大。

超声波形主要分为纵波、横波、表面波和兰姆波:

(1)纵波:波源质点振动方向与波的传播方向一致的波。

（2）横波：波源质点振动方向垂直于波的传播方向的波。

（3）表面波：波源的质点的振动介于纵波和横波之间且沿着表面传播，随深度的增加而振幅迅速衰减的波。

（4）兰姆波：波源的质点将以纵波分量或横波分量形式振动，以特定频率被封闭在特定有限空间时产生的制导波。

横波、表面波和兰姆波只能在固体中传播，纵波可以在固体、液体和气体中传播。纵波、横波、表面波及兰姆波的传播速度取决于介质的弹性常数和介质密度，同种介质不同波形或同一波形不同介质，其传播速度都是不相同的。

二、认识超声波转换元件

超声波的工作原理：超声波是由换能器（交变电能和机械能相互转换）产生的。换能器分为压电式、磁致伸缩式、电磁式等几种类型。我们仅以压电式换能器为例说明其工作原理。

压电式换能器是利用压电晶体的谐振来工作的，超声波发生器内部结构有并联的两个压电晶片和一个共振板，当压电晶片的两个极外加脉冲信号，其频率等于压电晶片的固有振荡频率时，压电晶片将会发生共振，并带动共振板振动，便产生超声波。反之，如果两电极间未外加电压，当共振板接收到超声波时，将压迫压电晶片做振动，将机械能转换为电信号，这时它就成为超声波接收器了。

三、超声波传感器测距的工作原理

超声波发射器向某一方向发射超声波，在发射时刻的同时开始计时，超声波在空气中传播，途中碰到障碍物就立即返回来，超声波接收器接收到反射波就立即停止计时。超声波在空气中的传播速度一般约为 340 m/s。根据计时器记录的时间 t，就可以计算出发射点距障碍物的距离 s。其测距原理示意图如图 1-4-11 所示。

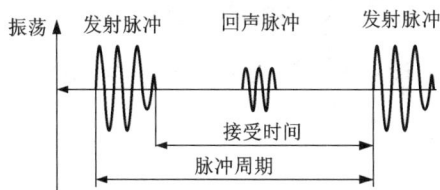

图 1-4-11　超声波测距原理示意图

四、电容式传感器的测量电路及显示仪表

超声波传感器系统：由换能器和处理单元、输出、显示电路组成。其原理示意图如图 1-4-12所示。

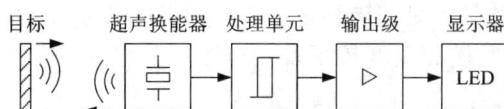

图 1-4-12　测量电路原理示意图

41

1.超声波传感器的测量电路

超声波传感器的测量电路一般由处理单元和输出电路组成。处理单元控制超声波信号的发送和接收、串行数据发送、计算出测距的数值和温度校正。输出电路对物体反射超声波回波信号进行放大、整形和输出数据。

2.超声波传感器的显示仪表

一般由 LED 数字电路组成，LED 上直接显示被测距离。

任务二　使用超声波传感器检测距离

一、实践操作：超声波传感器检测距离系统训练

超声波数字显示测距测温控制器，利用了超声波在空气中的传播特性，检测物体距离时可不接触被测物体，因此，可以测量各种物体（包括固体和液体）的距离，实现了测距的自动化控制。它可以校正温度对超声波在空气中的传播速度的影响，还可以显示其环境的温度值，其实物图如图 1-4-13 所示。

图 1-4-13　超声波测距硬件实物图

二、实训目的

紧密结合生产实际，进一步深化理论知识，更好地进行理论联系实际，进行超声波传感器检测距离系统实训，进一步提高现场的分析判断能力、动手能力和操作技能，掌握超声波传感器检测距离系统安装工艺、调试步骤和维修方法。

三、实训原理

电路中所使用的芯片：

（1）IC1（PLCB20）芯片是键盘扫描和显示驱动功能的微处理器，该芯片控制超声波信号的发送和接收、串行数据发送和温度校正及采样频率的输入。并通过运算后转换成温度数据，校正不同温度下的距离误差，再在 LED 上显示检测物体距离的厘米数值。同时和已输入的预置数进行比较，若达到预置值则进行开关量信号的输出。

（2）IC2（7404 反相驱动器）集成电路芯片，在电路中驱动 LED。

（3）IC3（NE555 时基）集成电路芯片，在本电路中作为温控频率振荡器使用。

（4）IC4（CXA20106A 接收电路）集成电路芯片，它的内部包括：前置放大、限幅、整形、输出等功能。它接收物体反射超声波回波信号，提供给 IC1 检测。通过本控制器键盘预置输入开启或关闭的测距控制数值，可输出 1200 BIT 串行数据信号。

硬件电路原理图如图 1 - 4 - 14 所示。

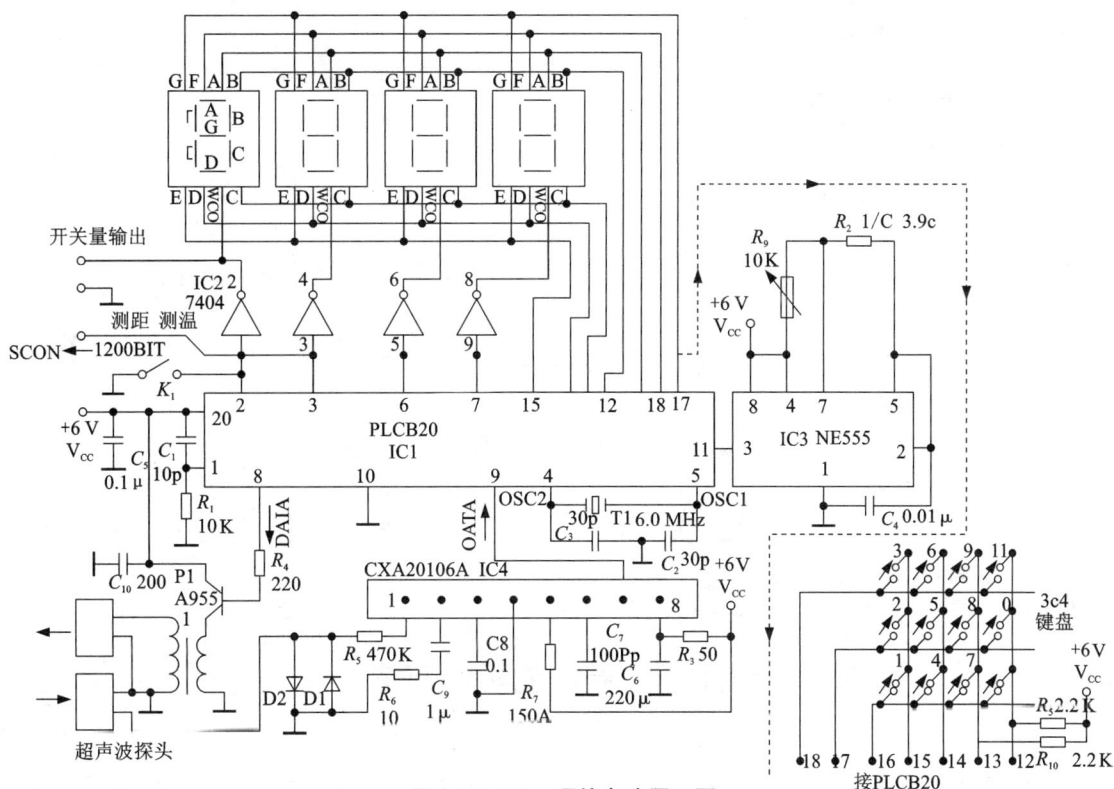

图 1 - 4 - 14　硬件电路原理图

四、准备工具、仪器仪表和器材

（1）实训工具：尖嘴钳、螺丝刀和电烙铁（20 ~ 35 W）等电工工具一套；

（2）实训仪表：万用表、示波器各一台；

（3）实训器材：超声波数字显示测距测温控制器电路一套。

五、主要技术指标

（1）测距量程：30 ~ 1000 cm；测温范围：- 20 ~ + 60℃；

（2）测试精度：空气中测距精度≤0.5%　±1 cm；测温精度≤1%；

（3）数据显示（LED 显示）：距离单位为 cm，温度单位为℃；

（4）键盘输入：开启值和关闭值均为 30 ~ 1000 cm；

（5）工作环境：干电池或可充电池供电，流电压为 12 V，工作电流为 50 mA。

六、根据使用要求选型

（1）根据现场液位罐的材料和高度来选择传感器的探头长度。我们选用非金属液位罐，测量液位高度不超过 0.5 m，故选用同轴探头。超过 2.5 m 应选用轻型缆式探头。其探头长度应稍短于料仓高度。

（2）本次训练的使用要求：介质常温 P、常压、标准安装 B、电源 D（DC 24 V）、同轴式探头 T（长 0.5 m），故选用对应型号为 CTS – DLQ – P – T。

七、安装与调试方法

1. 电气安装

（1）严格按使用说明书进行正确的电气连接，接收电路应用铁皮屏蔽，以增加抗干扰性能；

（2）超声波探头表面严禁用手及其他物体触摸，以免产生信号滞后性及损坏。

2. 调试与检测

（1）在测距中应保证测距仪与被测物体距离为定值，要和被测物体成一条直线，以保证测得距离读数的准确性；

（2）把 K_1 拨到测温挡 LED 应显示温度值，使 LED 显示值与水银温度计一致即可。

3. 记录测量数据

观察 LED 读数与物体距离之间的变化关系，记录数据，绘出关系曲线。并且计算出该传感器检测系统的灵敏度 $K = \Delta L' / \Delta L$。

单元三　流量的检测方法

单元目标：熟悉常用流量传感器检测组件的外形和基本原理；掌握工业常用的流量检测方法；学会超声波流量传感器检测系统的安装和调试。

任务一　了解流量检测的意义及常见方法

一、流量的检测意义

流量的检测对于实现生产过程中的自动化、提高生产效率、保证产品质量、保障安全生产、促进科学技术的进步，都具有十分重要的意义。在工农业生产、军事工程、航天技术和日常生活中，流量检测都占有重要地位。目前，随着科学技术的发展，流量检测引入超声波、激光、电磁、核技术及微计算机等新技术，使得无接触、无活动部件的间接测量技术迅速发展，为流量检测市场开拓了新领域。

二、液体流量的常用检测方法

流量是指流体在单位时间内通过某一截面的体积数或质量数，分别称为体积流量和质量流量。若将瞬时流量对时间进行积分，求出累计体积或阶级质量的总和，称为累计流量，也称之为总量。

(1) 体积流量：$q_V = Av$ 单位：m^3/h

(2) 质量流量：$q_m = \rho Av$ 单位：t/h

(3) 累计流量：$q_总 = qt$ 单位：t/h

影响流量测量有很多外部和内部的因素。因此，要准确地检测流量，就必须研究不同流体在不同条件下的流量检测方法。超声波流量计可以做成非接触式传感器，常用于强腐蚀性、非导电性、放射性及易燃易爆介质的流量测量。

三、超声波流量计检测液体流量的方法

根据检测的方式不同，超声波流量计可分为：传播速度差法、多普勒法、波束偏移法、噪声法和相关法等。按照换能器的配置方法不同，超声波流量计又可分为：Z 法（左透过法）、V 法（中反射法）和 X 法（右交叉法）等（图 1 - 4 - 15）。

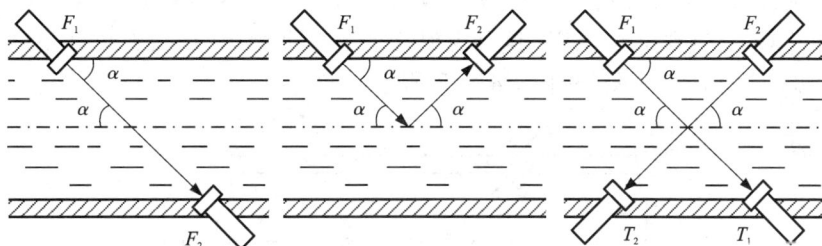

图 1 - 4 - 15   超声波流量计分类示意图

传播速度差法是以超声波在流体顺流和逆流的速度之差反映其流量的，根据两束超声波速度之差，检测出液体的平均速度和流量。它又可以分为时间差、相位差等检测方法，如图 1 - 4 - 16 所示。

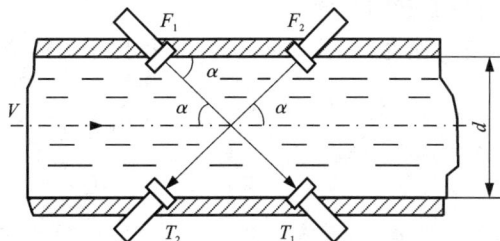

图 1 - 4 - 16   速度差法示意图

(1) 时间差式。

设超声波的传播方向与液体的流动方向的夹角为 α，液体在管道内的平均速度为 v，在静止液体中声速为 c，管道的内径为 d，则超声波的顺流与逆流传播时间差为：

$$\Delta t = t_1 - t_1 = \frac{2dvc\tan\alpha}{c^2 - v^2\cos^2\alpha}, \quad \text{则} \quad v = \frac{c^2\tan\alpha\Delta t}{2d} \quad \text{体积流量约为：} \quad q = \frac{\pi dc^2\tan\alpha\Delta t}{8}$$

当管道条件、换能器安装位置和声速确定以后，c、d、α 即为常数，流体流速和时间差 Δt 成正比，通过测量时间差就可得到流体流速，进而求得流体流速。

（2）相位差式。

相位差式超声波流量计的换能器加正弦波信号电源。超声波的顺流与逆流传播相位差为：$\Delta\phi = \omega\Delta t = \dfrac{2d\omega vc\tan\alpha}{c^2}$

则：$\Delta f = f_1 - f_2 \approx \dfrac{2v\cos\alpha}{c} \times f_1$

体积流量为：$q_v \approx \dfrac{\pi vd^2}{4} = \dfrac{\pi dc^2\tan\alpha}{8\omega} \times \Delta\phi$

当管道条件、换能器安装位置、发射频率和声速确定以后，其 ω、c、d、α 即为常数，流体流速和相位差 $\Delta\varphi$ 成正比，通过测量相位差就可得到流体流速，进而求得流体流量。

四、多普勒式超声波流量传感器

1. 多普勒效应

换能器 F_1 发射频率为 f_1 的超声波，经过管道内液体中的悬浮颗粒或气泡的频率将发生偏移，以 f_2 的频率反射到换能器 F_2，这种现象就是多普勒效应。f_2 与 f_1 的频率之差，即多普勒频差 Δf。多普勒效应示意图如图 1-4-17 所示。

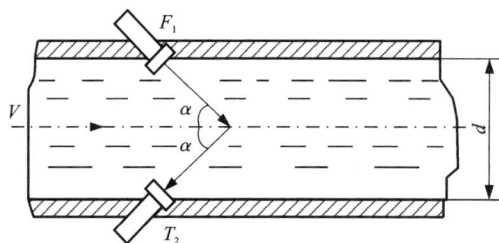

图 1-4-17　多普勒效应示意图

2. 多普勒式超声波流量传感器的原理

设流体流速为 v，超声波声速为 c，多普勒频移 Δf 正比于流体流速 v，即

$$\Delta f = f_1 - f_2 \approx \frac{2v\cos\alpha}{c} \times f_1$$

则：$v = \dfrac{C}{2\cos\alpha} \times \dfrac{\Delta f}{f_1}$

体积流量为：$q_v \approx \dfrac{\pi d^2 v}{4} = \dfrac{c\pi d^2}{8f_1\cos\alpha} \times \Delta f$

当管道条件、超声波换能器安装位置、发射频率和声速确定以后，参数 c、d、f_1、α 即为常数，其流体流速和超声波多普勒频移成正比。通过检测多普勒频移就可得到流体流速，进而求得流体的流量。

＊项目五
总结与自我训练

任务一　思维训练

(1)根据所检测液体高度和电流的变化，能判断出它是什么液体吗？

(2)电容式物位传感器除了检测液位外，还可以检测黏液和粒状、粉末状材料(如仓储的粮食、洗衣粉、砂、水泥和煤粉等物质)的物面吗？

(3)电容式物位传感器检测液位，是否要求被测材料的介电常数保持恒定？

(4)根据检测液体的密度和体积流量的变化，你能计算出它的质量密度变化吗？

(5)超声波传感器除了检测纯净液体的流量外，能否检测混合液体的流量？可以检测气体、粒状和粉末状材料(如有害的气体、仓储的粮食、洗衣粉、砂、水泥和煤粉等物质)的流量吗？

(6)为了消除声超声波速度有关的温度漂移，应选用哪种检测方式的超声波传感器？

任务二　查阅有关物位和液位传感器的技术资料

通过查阅有关物位传感器的技术资料，进一步了解其检测工作方式、工作原理和主要特性参数，拓宽知识面。可以从下面几方面进行查询：

(1)电容式、超声波传感器的其他方面的实际应用；

(2)各种液位、流量传感器的基本原理和使用范围；

(3)各种液位、流量传感器的特性参数；

(4)各种液位、流量传感器在实际中的应用；

(5)有关液位、流量传感器的安装、调试方法；

(6)液位、流量传感器的发展趋势。

项目六
位置检测

【项目描述】

位置检测在航空航天技术、机床以及其他过程工业生产中都有广泛的应用。当前主要是通过使用各种各样的接近开关来实现位置检测。在日常生活中、测量技术中、控制技术中和安全防盗等方面，接近开关都有应用。

常见的接近开关有以下几种：

（1）涡流式接近开关；

（2）电容式接近开关；

（3）霍尔接近开关；

（4）光电式接近开关；

（5）热释电式接近开关；

（6）其他型式的接近开关。

【技能要点】

学会识别位置检测传感器的转换元件、测量电路和显示仪表，能熟练地查阅其技术参数。掌握其选择、安装、调试和维修的基本技能。能够解决相应检测中出现的一般问题。

【知识要点】

通过本项目，了解几种常用的接近开关的工作原理、使用方法等，掌握不同被测对象、不同工作环境下接近开关的选型原则。理解接近开关的主要性能参数指标，能解决实际的位置检测问题。适当了解接近开关和 PLC 以及整个控制系统的联系，其中包括接近开关的输出接线、与 PLC 的连线、在监控软件中监控被测物位置等。

单元一　金属物位置检测

单元目标：熟悉电感（涡流）接近开关的常用专业术语；了解电感接近开关的使用；理解电感接近开关的工作原理；运用电感式接近开关测量近距离内的物体位置；熟练掌握电感式接近开关检测近距离内物体位置的接线方式。

任务一　电感式接近开关

1. 概述

在实际的制造工业流水线上,电感(涡流)式接近开关有着较为广泛的应用。电感式接近开关不与被测物体接触,依靠电磁场变化来检测,大大提高了检测的可靠性,也保证了电感式接近开关的使用寿命。因此该类型的接近开关在制造工业中,比如机床、汽车制造等行业使用频繁。制造工业中常见的接近开关如图1-6-1所示。

图1-6-1　常见接近开关外观

2. 工艺要求

在图1-6-2中,利用电感式接近开关来检测传送带上的工件,当有工件接近时,接近开关上的触点动作,常开触点闭合,常闭触点断开。

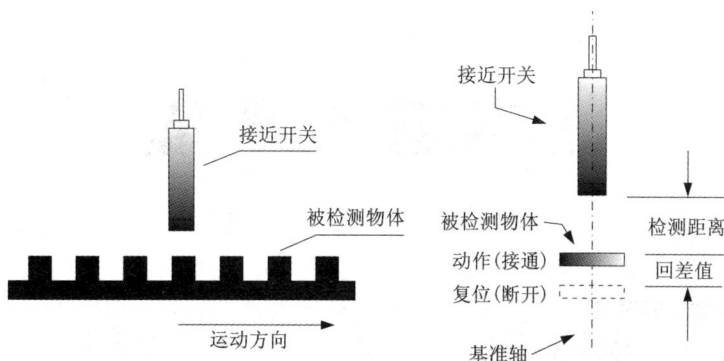

图1-6-2　接近开关检测示意图

3. 检测注意事项

在测量过程中,电感式接近开关对于工作环境、被测物体等都有一定的要求:

（1）如果被测物体不是金属，则应该减小检测距离。同时，很薄的镀层也是很难检测到的。

（2）电感式接近开关最好不要放在有直流磁场的环境中，以免发生错误动作。

（3）避免接近开关接触化学溶剂，特别是在强酸、强碱的生产环境中。

（4）注意对检测探头进行定期清洁，避免有金属粉尘黏附。

3．特别提示

（1）不同的电感式接近开关提供的输出端口数量也是不一样的，有两线、三线、四线，甚至五线的。

（2）使用直流/交流二线型电感式接近开关时，必须连接负载。如不经负载直接连接电源，内部元器件将会烧坏，且无法修复。

（3）当负载电流 5 mA 时，将会造成开关通断不可靠，这时应在负载两端并上 39 K/5 W 的电阻器。

任务二　测近距离物位置

1．系统原理示意图（图 1 - 6 - 3）

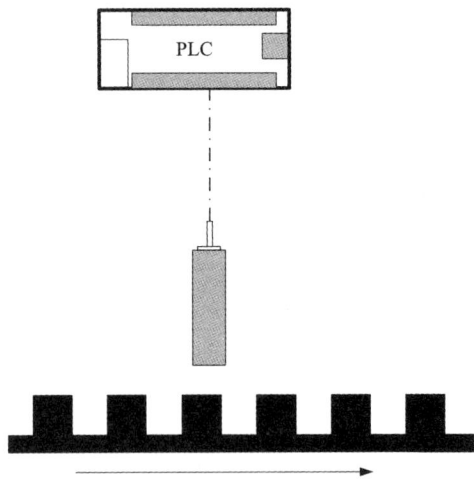

图 1 - 6 - 3　系统检测示意图

2．熟悉电感式接近开关

（1）电感式接近开关的测量原理。

电感式接近开关属于一种有开关量输出的位置传感器，由 LC 高频振荡器和放大处理电路组成。金属物体在接近这个能产生电磁场的振荡感应头时，使物体内部产生涡流。这个涡流反作用于接近开关，使接近开关振荡能力衰减，内部电路的参数发生变化，由此识别出有无金属物体接近，进而控制开关的关断或者导通。

（2）电感式接近开关的工作流程。

图1-6-4为电感式接近开关示意图。

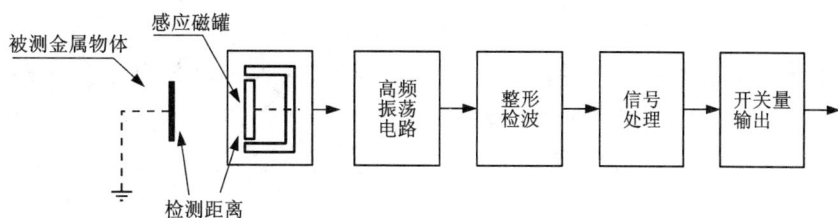

图1-6-4 电感式接近开关示意图

3.连接电感式接近开关和西门子S7-200

4.上电测试，观察现象

按照上面两个步骤完成接线之后，先给24 V直流电源通电，然后再给西门子S7-200CPU通电。观察此时S7-200CPU上输入点指示灯，会看到有一个点的灯被点亮了。若没有灯亮，则应马上关闭S7-200CPU，再关闭24 V直流电源，检查线路，确认无误之后再通电测试。图1-6-5为硬件接线图。

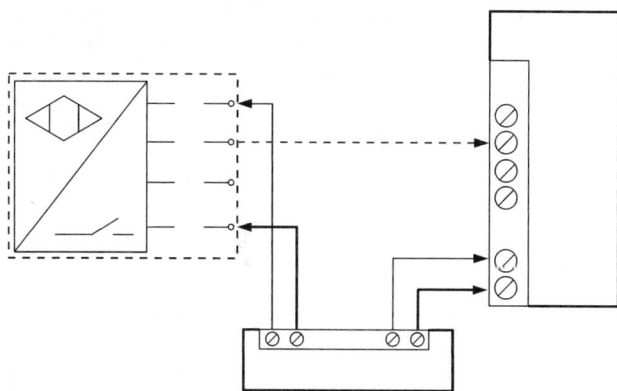

图1-6-5 硬件接线图

5.特别提示

按照步骤完成接线后可能从西门子S7—200CPU上读不到信号，在确定设备和接线完全没问题的情况下，就需考虑信号共地的问题了。

西门子S7-200通过检测24 V的直流电压来判断该点的状态，倘若接近开关和西门子S7—200使用了不同的24 V直流电源来供电，那么这两个24 V就不能保证是共地的。出现这个问题后，只要更改接线，让接近开关和西门子S7-200使用同一个24 V直流电源就可以解决。

单元二　磁性物质的位置检测

单元目标：熟悉霍尔开关的工作原理、常用专业术语；掌握霍尔开关检测磁性物体的应用；了解霍尔开关的应用范围；理解干簧管接近开关的工作原理；了解干簧管接近开关的应用。

任务一　霍尔开关检测磁性物体

霍尔开关是利用半导体的磁电转换的原理，将磁场信息变换成相应的电信息的元器件（图1-6-6）。它可以直接测量磁场及微小位移量，也可以间接测量液位、压力等工业生产过程参数。

一、实践操作：自制霍尔开关

把一块可以导电的物体置于磁场之中，比如磁力线向北，当给它施加从西向东的电流时，根据左手定则，这个电流会受到一个向上的力。这时把电流表的正极接在物体的上面，负极接在物体的下面，电流表中就会有电流通过。通常进入电流表的电流比较微弱，需用放大电路进行放大，放大之后的电流再去控制开关（实际上是一个继电器），这就是霍尔开关。

二、明确工艺要求

霍尔开关传感器具有较高的灵敏度，能感受到很小的磁场变化，因而可对黑色金属零件进行计数检测。如图1-6-7所示为利用霍尔开关传感器来统计钢球在绝缘板上通过磁铁的次数。试分析霍尔计数装置如何实现计数功能？

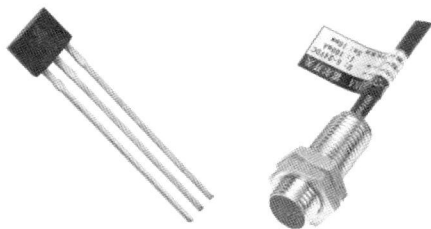

图1-6-6　常见霍尔传感器

三、霍尔效应

霍尔效应是磁电效应的一种，这一现象是美国物理学家霍尔（1855—1938）于1879年在研究金属的导电机构时发现的。当电流垂直于外磁场通过导体时，在导体的垂直于磁场和电流方向的两个端面之间会出现电势差，这一现象便是霍尔效应。这个电势差也被叫做霍尔电势差。

霍尔效应定义了磁场和感应电压之间的关系，这种效应和传统的感应效果完全不同。当电流通过一个位于磁场中的导体时，磁场会对导体中的电子产生一个垂直于电子运动方向上的作用力，从而在导体的两端产生电压差。虽然这个效应多年前就已经被大家知道并理解，但基于霍尔效应的传感器在材料工艺获得重大进展前并不实用，直到出现了高强度的恒定磁体和工作于小电压输出的信号调节电路。根据设计和配置的不同，霍尔效应传感器可以作为开/关传感器或者线性传感器。

如图1-6-8所示，在导体上外加与电流方向垂直的磁场，会使得导线中的电子与空穴受到不同方向的洛伦兹力而往不同方向上聚集，在聚集起来的电子与空穴之间会产生电场，此电场将会使后来的电子空穴受到电力作用而平衡磁场造成的洛伦兹力，使得后来的电子空穴能顺利通过不会偏移，这就是霍尔效应。而产生的内建电压称为霍尔电压。原理图如图1-6-8所示。

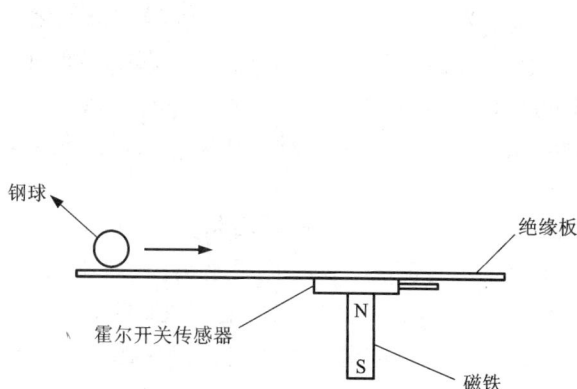

图1-6-7　霍尔传感器检测示意图

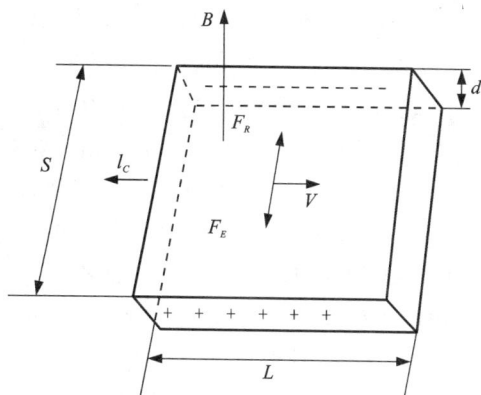

图1-6-8　霍尔效应原理

四、霍尔传感器应用

霍尔效应在应用技术中特别重要。霍尔发现，如果对位于磁场（B）中的导体（d）施加一个电压（Iv），该磁场的方向垂直于所施加电压的方向，那么则在既与磁场垂直又和所施加电流方向垂直的方向上会产生另一个电压（U_h），人们将这个电压叫做霍尔电压，产生这种现象被称为霍尔效应。好比一条路，本来大家是均匀地分布在路面上，往前移动。当有磁场时，大家可能会被推到靠路的右边行走，故路（导体）的两侧就会产生电压差。这个就叫"霍尔效应"。根据霍尔效应做成的霍尔器件，就是以磁场为工作媒体，将物体的运动参量转变为数字电压的形式输出，使之具备传感和开关的功能。

迄今为止，已在现代汽车上广泛应用的霍尔器件有：在分电器上作信号传感器、ABS系统中的速度传感器、汽车速度表和里程表、液体物理量检测器、各种用电负载的电流检测及工作状态诊断、发动机转速及曲轴角度传感器、各种开关等。

例如汽车点火系统，设计者将霍尔传感器放在分电器内取代机械断电器，用作点火脉冲发生器。这种霍尔式点火脉冲发生器随着转速变化的磁场在带电的半导体层内产生脉冲电压，控制电控单元（ECU）的初级电流。相对于机械断电器而言，霍尔式点火脉冲发生器无磨损免维护，能够适应恶劣的工作环境，还能精确地控制点火正时，能够较大幅度提高发动机的性能，具有明显的优势。

用作汽车开关电路上的功率霍尔电路，具有抑制电磁干扰的作用。许多人都知道，轿车的自动化程度越高，微电子电路越多，就越怕电磁干扰。而在汽车上有许多灯具和电器件，尤其是功率较大的前照灯、空调电机和雨刮器电机在开关时会产生浪涌电流，使机械式开关触点产生电弧，同时产生较大的电磁干扰信号。采用功率霍尔开关电路可以减轻这些现象。

霍尔器件通过检测磁场变化,转变为电信号输出,可用于监视和测量汽车各部件运行参数的变化。例如位置、位移、角度、角速度、转速等,并可将这些变量进行二次变换;可测量压力、质量、液位、流速、流量等。霍尔器件输出量直接与电控单元接口相连,可实现自动检测。目前的霍尔器件都可承受一定的振动,可在 − 40 ~ 150℃ 范围内工作,全部密封不受水油污染,完全能够适应汽车的恶劣工作环境。

在霍尔效应发现约 100 年后,德国物理学家克利青(Klaus von Klitzing)等在研究极低温度和强磁场中的半导体时发现了量子霍尔效应,这是当代凝聚态物理学令人惊异的进展之一,克利青为此获得了 1985 年的诺贝尔物理学奖。之后,美籍华裔物理学家崔琦(Daniel Chee Tsui)和美国物理学家劳克林(Robert B. Laughlin)、施特默(Horst L. Strmer)在更强磁场下研究量子霍尔效应时发现了分数量子霍尔效应,这个发现使人们对量子现象的认识更进一步,他们由此获得了 1998 年的诺贝尔物理学奖。

最近,复旦校友、斯坦福教授张首晟与母校合作开展了"量子自旋霍尔效应"的研究。"量子自旋霍尔效应"最先由张首晟教授预言,之后被实验证实。这一成果是美国《科学》杂志评出的 2007 年十大科学进展之一,如果这一效应能在室温下工作,它可能导致新的低功率的"自旋电子学"计算设备的产生。目前工业上应用的高精度的电压型和电流型传感器有很多就是根据霍尔效应制成的,误差精度能达到 0.1% 以下。

五、常见的霍尔检测装置电路图

常见的霍尔检测装置电路图如图 1 − 6 − 9,图 6 − 10 所示。

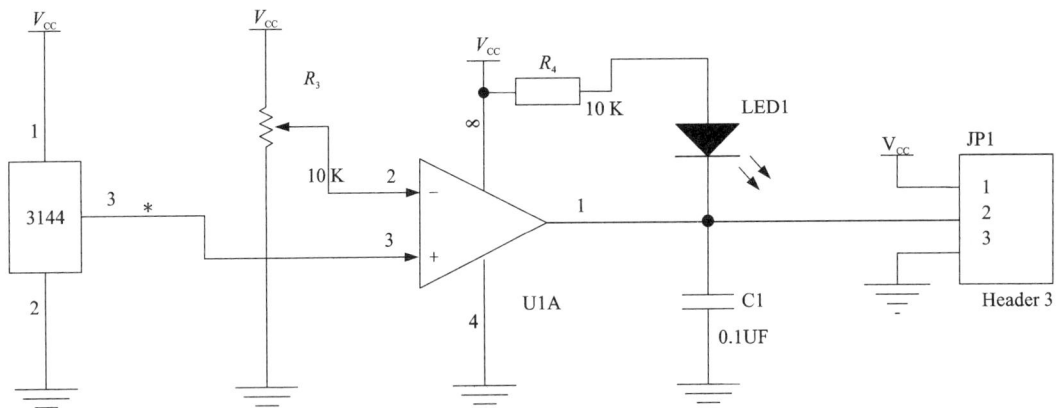

图 1 − 6 − 9　霍尔传感器计数系统原理图

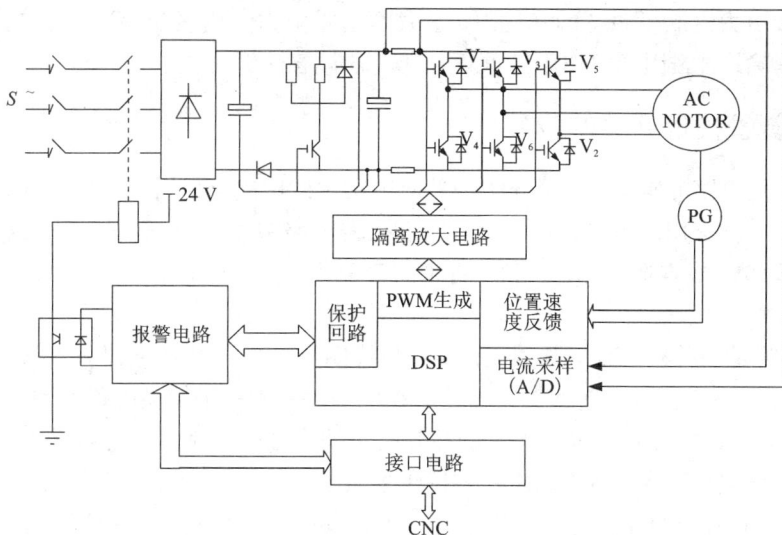

图 1 - 6 - 10　霍尔传感器检测电机转速

六、特别提示

(1)霍尔式传感器按被测量的性质可分成电量型(电流型、电压型)和非电量型(开关型和线性型)两大类。

(2)按照霍尔器件的功能可分为：霍尔线性器件和霍尔开关器件。前者输出模拟量，后者输出数字量。

(3)按被检测对象的性质可将霍尔开关的应用分为直接应用和间接应用。

*任务二　干簧管接近开关检测磁性物体

一、概述

干簧管是一种气密式密封的磁控性机械开关，可以作为磁接近开关或者继电器使用，与电子开关相比，它具有有抗负载冲击能力强的特点，工作可靠性很高。电子电路中只要使用自动开关，基本上都可以使用干簧管。干簧管与永磁体配合可制成磁控开关，用于报警装置及电子玩具；与线圈配合可制成干簧管继电器，用于迅速切换电子设备的电路。干簧管是一种磁敏的特殊开关。它的两个触点由特殊材料制成，被封装在真空的玻璃管里。只要用磁铁接近它，干簧管两个节点就会吸合在一起，使电路导通。因此可以作为传感器用于计数、限位等，如有一种自行车公里计，就是在轮胎上黏上磁铁，在一旁固定上干簧管制成的。装在门上，可作为开门时的报警、问候等。在"断线报警器"的制作中，也会用到干簧管。

二、干簧管接近开关的工作原理

干簧管接近开关在工作时，由恒磁铁或线圈产生的磁场施加于干簧管开关上，使干簧管两个磁簧磁化，使一个磁簧在触点位置上生成 N 极，另一个磁簧在触点位置上生成 S 极。若生成的磁场吸引力克服了磁簧的弹性阻力，磁簧由吸引力作用接触导通，即电路闭合。一旦磁场吸引力消除，磁簧因弹力作用又重新分开，即电路断开。

三、干簧管接近开关的应用

干簧管应用电路非常多，这里介绍一种简单实用的电路，利用干簧管和555集成电路脉冲振荡器制作一款家用防盗报警器。此种防盗报警电路被称为"一种平实不耗电的防盗报警电路"，结构简单，成本造价低，有利于将来的普及化。

1. 项目分析

（1）干簧管是一种有触点的开关元件，它与线圈可制成干簧继电器。干簧管具有结构简单、体积小、便于控制、工作速度快等优点，在电子设备中用于切换电路。

（2）干簧管与永久磁铁配合可组成磁控开关。铁合金簧片常开触点封装在真空中或充有惰性气体的细长玻璃管中，当移动磁铁靠近干簧管时，簧片被磁化，触点闭合。一旦磁铁离开，磁场消失，簧片靠自身的弹性将其断开。干簧管也可以制成常开－常闭的触点形式。

2. 工作原理

（1）动作电路说明

图1－6－11中K为干簧管触点，NS为安装在门户上的永久条形磁铁，夜间门关闭后，永久磁铁靠近干簧管，使干簧管的触点接通，把555集成电路的④脚（振荡复位端）接地，于是③脚为地电位，输出为0，扬声器不发声。当有人撬开门潜入时，由于永久磁铁离开了干簧管，所以干簧管内触点断开，④脚接向3 V电源，555集成电路被启动开始振荡，扬声器发出报警声。平时通过开关断开3 V电源，报警器就停止工作。另外，原理图在音响中接入干簧管，再将干簧管放入两块相吸的磁铁之间，这时干簧管并不闭合，电路不导通。当移动一块磁铁后干簧管立即闭合，电路会导通报警。

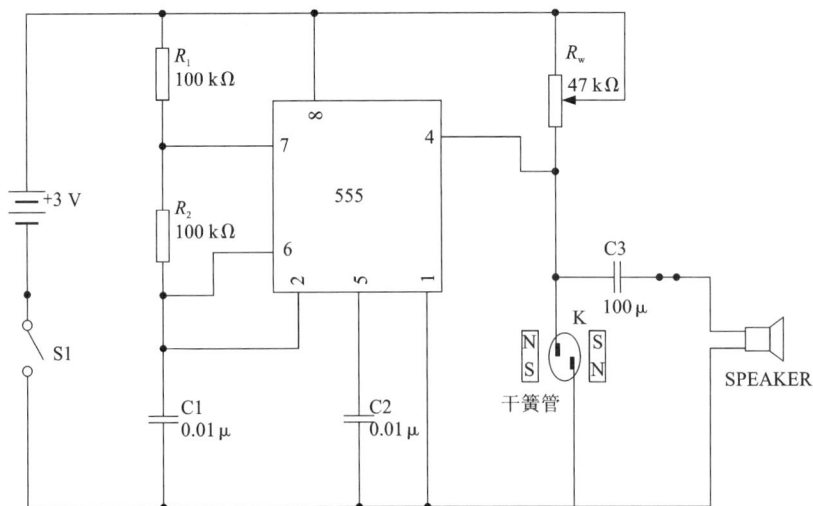

图1－6－11　报警器电气原理图

(2)555 集成电路的内部结构和工作原理的介绍。

1)本实验中所用的 555 为单时基路,图 1 - 6 - 12 为其内部结构,其中 1 脚为 GND 接地端,2 脚为 TR 非触发端,3 是 U_0 输出端,4 是 R 非复位端,6 是阈值 TH,7 脚是放电 DIS 端,8 脚接电源 V_{cc}。555 的无稳态电路就是多谐振荡器,它通过 555 集成电路的自激振荡被启动开始振荡,扬声器发出声音。为什么 555 集成电路的无稳态电路的自激振荡能使扬声器发声呢? 以下通过其内部结构图慢慢分析:

①暂稳态 I ——形成振荡的正半波。干簧管断电后,④脚接向高电平(电源),R - S 触发器内的 G_1 门打开,这时②脚(触发端)为低电平(Ct 尚未充电),使同相比较器 A_2 输出也是低电平,R - S 触发器被置"1",Q_1 非为低电平,经 G_3 反相后,③脚为高电平,输出振荡器电压正半波。

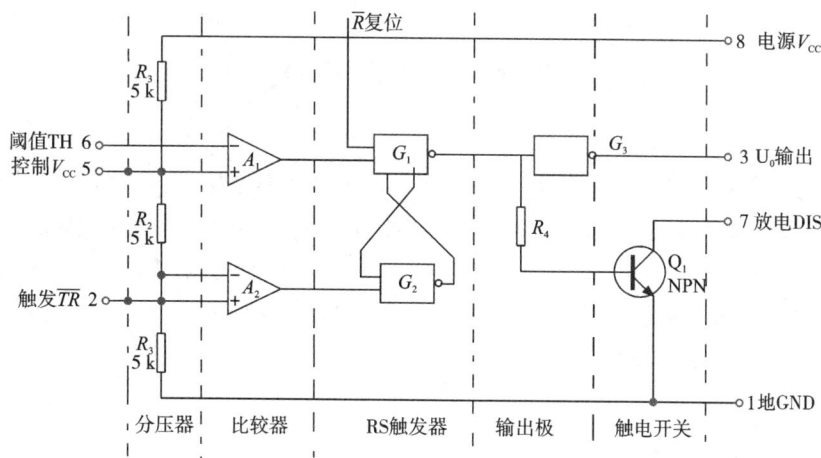

图 1 - 6 - 12　芯片内部电路图

与此同时,放电管 VT 截止,⑦脚开路,C_r 由电源正极 R_1,R_2 充电,于是②脚和⑥脚的电平随 C_t 的充电而上升。

②电路触发器的翻转——输出有正半波转到负半波。当 R_t 上升到阈值电平 $U_{1t} = 2/3\ V_{cc}$ 时,充电结束,反相比较器 A_1 输出低电平,R - S 触发器被置"0",$Q_{1非}$ 为高电平,经 G_3 门反相,3 脚为低电平,输出由正半波转换到负半波。

③暂稳态 II ——形成振荡的负半波。由于 $Q_{1非} = 1$,使放电管 VT 导通,C_t 上端经 R_2 对地放电,⑥脚为低电平,A_1 输出高电平,维持 R—触发器为"0"态,输出保持负半波。

④输出低电平翻回到高电平——完成一个周期的振荡过程。当 C_t 放电时,电压继续下降至触发电压 $U_{2t} = 1/3\ V_{cc}$ 时,②脚为低电平,同相比较器 A_2 输出低电平,R - S 触发器被置"1",Q_1 非为低电平,经 G_3 门反相后,U_0 又为高电平,开始进入第二个周期的振荡过程,如此这样循环下去。

2)无稳态电路的振荡频率 f 与 R_C 充放电参数有关,可安下式估算:$f = 1/0.1(R_1 + 2R_2)G$。

在本实验中,555 还被用作了施密特触发器,用于波形的整形和变换。它的特点就是把变换缓慢的输入波(如遥控器光敏二极管的红外光调制编码波形),整形成适合数字电路需要的矩形脉冲，同时具有回差电压，因此抗干扰能力强。将555集成电路的阈值输入端（⑥脚）连在一起，而无须 R_C 充放电环节，使其构成施密特触发器。该电路输入三角波信号 U_i 时，则从电路的输出端③脚可得到矩形波电压 U_{01}，其⑤脚接控制电压 U_{ic} 的大小可调节回差电压的范围。⑦脚原为放电端，可以不接，现经电阻 R 与另一电源 V_{CC2} 相连，则可作为电平转换输出控制端 U_{02}，从施密特触发器波形分析，可知回差电压 $\Delta U_t = 1/3\ V_{CC}$，它的大小决定了电路的抗干扰能力。

（3）注意事项。

制作时，先把干簧管放在门的木框上，同时把一块磁铁固定在干簧管的上方，把另一块放在门窗对着的干簧管的下方，注意一定要把两块磁铁相吸，这时干簧管不导通，喇叭不发出声响，一旦门窗打开，干簧管被上方的磁铁吸引闭合，发出报警声。

单元三　光电开关

单元目标： 了解光电器件的分类；了解光电器件的基本原理；熟悉光电器件的简单测试方法；了解光电亮通和暗通；熟悉几种典型的亮通和暗通控制电路；能根据控制电路实现接线测试等工作，了解光电接近开关测量物体位置的基本原理；了解光电接近开关的种类；认识色标传感器，了解色标传感器的工作原理和色标传感器的接线与操作；认识热释电传感器，了解热释电传感器的工作原理。

任务一　认识光电器件

光电传感器是通过把光强度的变化转换成电信号的变化来实现控制的。一般情况下光电传感器由三部分构成：发送器、接收器和检测电路。发送器对准目标发射光束，发射的光束一般来源于半导体光源，发光二极管（LED）、激光二极管及红外发射二极管。光束不间断地发射，或者改变脉冲宽度。接收器有光电二极管、光电三极管、光电池组成。在接收器的前面装有光学元件，如透镜和光圈等。在其后面是检测电路，它能滤出有效信号和应用该信号。此外，光电开关的结构元件中还有发射板和光导纤维。三角反射板是结构牢固的发射装置。它由很小的三角锥体反射材料组成，能够使光束准确地从反射板中返回，具有实用意义。它可以在与光轴0°～25°的范围改变发射角，使光束几乎是从一根发射线出发，经过反射后，还是从这根反射线返回。

光电传感器是一种小型电子设备，它可以检测出其接收到的光强的变化。早期用来检测物体有、无的光电传感器是一种小的金属圆柱形设备，发射器带一个校准镜头，将光聚焦射向接收器，接收器出电缆将这套装置接到一个真空管放大器上。在金属圆筒内有一个小的白炽灯作为光源。这些小而坚固的白炽灯传感器就是今天光电传感器的雏形。

LED（发光二极管）最早出现在19世纪60年代，现在我们可以经常在电气和电子设备上看到这些二极管作为指示灯来使用。LED就是一种半导体元件，其电气性能与普通二极管相同，不同之处在于当给LED通电流时，它会发光，由于LED是固态的，所以它能延长传感器的使用寿命,因而使用 LED 的光电传感器能被做得更小,且比白炽灯传感器更可靠。与白炽灯传感器不同的是,LED 抗振动抗冲击,并且没有灯丝。另外,LED 所发出的光能只相当于同尺寸白炽灯所产生光能的一部分(激光二极管除外,它与普通 LED 的原理相同,但能产生几倍的光能,并能达到更远的检测距离)。LED 能发射人眼看不到的红外光,也能发射可见的绿光、黄光、红光、蓝光、蓝绿光或白光。

1970 年,人们发现 LED 还有一个比寿命长更好的优点,就是它能够以非常快的速度来开关,开关速度可达到 1 kHz。将接收器的放大器调制到发射器的调制频率,那么它就只能对此频率振动的光信号进行放大。

我们可以将光波的调制比喻成无线电波的传送和接收。将收音机调到某台,就可以忽略其他的无线电波信号。经过调制的 LED 发射器就类似于无线电波发射器,其接收器就相当于收音机。

人们常常有一个误解:认为由于红外光 LED 发出的红外光是看不到的,那么红外光的能量肯定会很强。经过调制的光电传感器的能量的大小与 LED 光波的波长无太大关系。一个 LED 发出的光能很少,经过调制才使其变得能量很高。一个未经调制的传感器只有通过使用长焦距镜头的机械屏蔽手段,使接收器只能接收到发射器发出的光,才能使其能量变得很高。相比之下,经过调制的接收器能忽略周围的光,只对自己的光或具有相同调制频率的光做出响应。

调制的 LED 改进了光电传感器的设计,增大了检测距离,扩展了光束的角度,人们逐渐接受了这种可靠、易于对准的光束。到 1980 年,非调制的光电传感器逐渐退出了历史舞台。

红外光 LED 是效率最高的光束,同时也是在光谱上与光电三极管最匹配的光束。但是有些传感器需要用来区分颜色(如色标检测),这就需要使用可见光源。

在早期,色标传感器使用白炽灯作光源,使用光电池接收器,直到后来发明了高效的可见光 LED。现在,多数的色标传感器都是使用经调制的各种颜色的可见光 LED 发射器。经调制的传感器往往牺牲了响应速度以获取更长的检测距离,这是因为检测距离是一个非常重要的参数。未经调制的传感器可以用来检测小的物体或动作非常快的物体,这些场合要求响应速度非常快。但是,现在高速的调制传感器也可以提供非常快的响应速度,能满足大多数的检测应用需求。

安装空间非常有限或使用环境非常恶劣的情况下,我们可以考虑使用光纤。光纤与传感器配套使用,是无源元件,另外,光纤不受任何电磁信号的干扰,并且能使传感器的电子元件与其他电子干扰相隔离。

光纤有一根塑料光芯或玻璃光芯,光芯外面包一层金属外皮。这层金属外皮的密度比光芯要低,因而折射率低。光束照在这两种材料的边界处(入射角在一定范围内),被全部反射回来。根据光学原理,所有光束都可以由光纤来传输。

两条入射光束(入射角在接受角以内)沿光纤长度方向经多次反射后,从另一端射出。另一条入射角超出接受角范围的入射光,损失在金属外皮内。这个接受角比两倍的最大入射角略大,这是因为光纤在从空气射入密度较大的光纤材料中时会有轻微的折射。光在光纤内部的传输不受光纤弯曲的影响(弯曲半径要大于最小弯曲半径)。大多数光纤是可弯曲的,很容易安装在狭小的空间。

玻璃光纤由一束非常细(直径约 50 μm)的玻璃纤维丝组成。典型的光缆由几百根单独的带金属外皮玻璃光纤组成,光缆外部有一层护套保护。光缆的端部有各种尺寸和外形,并且浇注了坚固的透明树脂。检测面经过光学打磨，非常平滑。这道精心的打磨工艺能显著提高光纤束之间的光耦合效率。

玻璃光纤内的光纤束可以是紧凑布置的，也可以随意布置。紧凑布置的玻璃光纤通常用在医疗设备或管道镜上。每一根光纤从一端到另一端都需要精心布置，这样才能在另一端得到非常清晰的图像。由于这种光纤费用非常昂贵并且多数的光纤应用场合并不需要得到一个非常清晰的图像，所以多数玻璃光纤的光纤束是随意布置的，这样光纤就非常便宜了，当然其所得到的图像也只是一些光。

玻璃光纤外部的保护层通常是柔性的不锈钢护套，也有的是PVC或其他柔性塑料材料。有些特殊的光纤可用于特殊的空间或环境，其检测头做成不同的形状以适用于不同的检测要求。玻璃光纤坚固并且性能可靠，可使用在高温和有化学成分的环境中，它可以传输可见光和红外光。常见的问题就是由于经常弯曲或弯曲半径过小而导致玻璃丝折断，在这种应用场合，我们推荐使用塑料光纤。

塑料光纤由单根的光纤束(典型光束直径为0.25~1.5 mm)构成，通常有PVC外皮。它能安装在狭小的空间并且能弯成很小的角度。

多数塑料光纤的检测头都做成探针形或带螺纹的圆柱形，另一端未做加工，以方便客户根据使用情况将其剪短。不像玻璃光纤，塑料光纤具有较高的柔性，带防护外皮的塑料光纤适于安装在往复运动的机械结构上。塑料光纤吸收一定波长的光波，包括红外光，因而塑料光纤只能传输可见光。

对射式和直反式光纤玻璃光纤和塑料光纤既有"单根的"对射式，也有"分叉的"直反式。单根光纤可以将光从发射器传输到检测区域，或从检测区域传输到接收器。分叉式的光纤有两个明显的分支，可分别传输发射光和接收光，使传感器既可以通过一个分支将发射光传输到检测区域，又可以通过另一个分支将反射光传输回接收器。

由于光纤受使用环境影响小并且抗电磁干扰，因而能被用于一些特殊的场合，如：适用于真空环境下的真空传导光纤(VFT)和适用于爆炸环境下的光纤。

1. 认识光源

常用光源：白炽光源、气体放电光源、发光二极管。

2. 光电器件类型(图1-6-13)

(1)外光电效应。

在光的照射下，使电子逸出物体表面而产生光电子发射的现象称为外光电效应(光电管和光电倍增管)。

(2)内光电效应。

光照射在半导体材料上，材料中处于价带的电子吸收光子能量，通过禁带跃入导带，使导带内电子浓度和价带内空穴增多，这就是内光电效应(光电导效应和光生伏特效应)。

3. 光电元件的简单测试

(1)实验室里用到的光电三极管和光电二极管也是光电导器件。由于光电三极管充分利用了三极管的电流放大特点，光电流可以达到0.4~4 mA，而光电二极管的光电流一般仅为几十微安，因此光电三极管具有更高的灵敏度。原理图如图1-6-14所示。

(2)在日常使用中，发光二极管都会串联一个电阻，这个串联的电阻叫做限流电阻。发光二极管的工作电流一般较小。

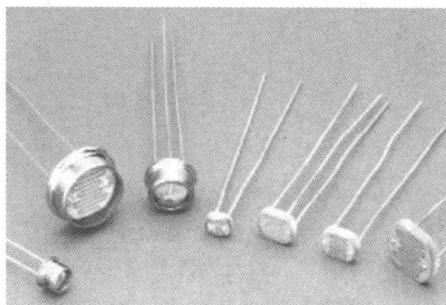

图 1 - 6 - 13　常见的光电器件

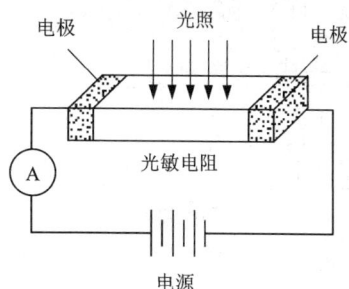

图 1 - 6 - 14　实验原理图

任务二　制作光电亮通和暗通控制电路

1. 认识亮通和暗通

对数字电路来讲,"亮通"和"暗通"是"1"和"0"的关系。"亮通"指的是在传感器接收到光信号后会有高电平输出给负载,而"暗通"刚好相反,它指的是无光信号时有高电平输出。

2. 了解光敏电阻

光敏电阻是一种半导体器件,利用半导体的光电效应。当有光照时电阻很小,无光照时电阻很大,利用这个特性可以用来制作亮通与暗通控制电路。

3. 光电亮通控制电路的制作

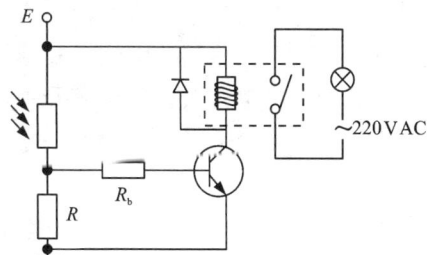

图 1 - 6 - 15　光电亮通控制电路原理图

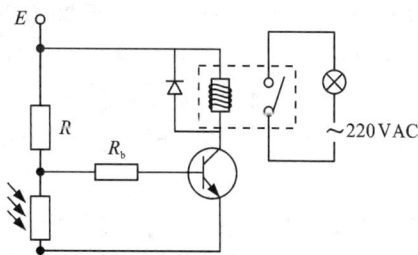

图 1 - 6 - 16　光电暗通控制电路原理图

结论:在亮通控制电路(图 1 - 6 - 15)和暗通控制电路(图 1 - 6 - 16)的实现过程中,对于与光敏电阻共同构成分压电路的电阻 R 的阻值问题是整个电路能否正常工作的关键。建议在实验过程中用滑动变阻器来代替这个电阻 R。

任务三　认识光电开关

一、概述

光电开关是传感器大家族中的成员,它把发射端和接收端之间光的强弱变化转化为电流的变化,以达到探测的目的。由于光电开关输出回路和输入回路是电隔离的(即电绝缘),所以它可以在许多场合得到应用。

二、光电开关介绍

（1）工作原理。

光电开关（光电传感器）是光电接近开关的简称，它是利用被检测物对光束的遮挡或反射，由同步回路选通电路，从而检测物体的有无。物体不限于金属，所有能反射光线的物体均可被检测。光电开关将输入电流在发射器上转换为光信号射出，接收器再根据接收到的光线的强弱或有无对目标物体进行探测。多数光电开关选用的是波长接近可见光的红外线光波型。

（2）光电开关的分类及术语解释。

1）分类。

①漫反射式光电开关：它是一种集发射器和接收器于一体的传感器，当有被检测物体经过时物体将光电开关发射器发射的足够量的光线反射到接收器，于是光电开关就产生了开关信号。当被检测物体的表面光亮或其反光率极高时，漫反射式的光电开关是首选的检测模式。

②镜反射式光电开关：它亦是集发射器与接收器于一体的，光电开关发射器发出的光线经过反射镜反射回接收器，当被检测物体经过且完全阻断光线时，光电开关就产生了检测开关信号。

③对射式光电开关：它包含了在结构上相互分离且光轴相对放置的发射器和接收器，发射器发出的光线直接进入接收器，当被检测物体经过发射器和接收器之间且阻断光线时，光电开关就产生了开关信号。当检测物体为不透明时，对射式光电开关是最可靠的检测装置。

④槽式光电开关：它通常采用标准的 U 字形结构，其发射器和接收器分别位于 U 形槽的两边，并形成一光轴，当被检测物体经过 U 形槽且阻断光轴时，光电开关就产生了开关量信号。槽式光电开关比较适合检测高速运动的物体，并且它能分辨透明与半透明物体，使用安全可靠。

⑤光纤式光电开关：它采用塑料或玻璃光纤传感器来引导光线，可对距离远的被检测物体进行检测。通常光纤传感器分为对射式和漫反射式。

2）术语解释。

①检测距离：是指检测体按一定方式移动，当开关动作时测得的基准位置（光电开关的感应表面）到检测面的空间距离。额定动作距离指接近开关动作距离的标称值。

②回差距离：动作距离与复位距离之间的绝对值。

③响应频率：在规定的 1 s 的时间间隔内，允许光电开关动作循环的次数。

④输出状态：分为常开型和常闭型。当无检测物体时，常开型的光电开关所接通的负载由于光电开关内部的输出晶体管的截止而不工作，当检测到物体时，晶体管导通，负载得电工作。

⑤检测方式：根据光电开关在检测物体时发射器所发出的光线被折回到接收器的途径的不同，可分为漫反射式、镜反射式、对射式等。

⑥输出形式：分 NPN 二线、NPN 三线、NPN 四线、PNP 二线、PNP 三线、PNP 四线、AC 二线、AC 五线（自带继电器），及直流 NPN/PNP/常开/常闭多功能等几种常用的输出形式。

⑦表面反射率：漫反射式光电开关发出的光线需要经检测物表面才能反射回漫反射开关的接收器，所以检测距离和被检测物体的表面反射率将决定接受器接收到光线的强度。粗糙的表面反射回的光线强度必将小于光滑表面反射回的光线强度，而且，被检测物体的表面必须垂直于光电开关的发射光线。

（3）注意事项。

①红外线传感器属于漫反射型的产品，所采用的标准检测体为平面的白色画纸。

②红外线光电开关在环境照度高的情况下都能稳定工作，但原则上应回避将传感器光轴正对太阳光等强光源。

③对射式光电开关最小可检测宽度为该种光电开关透镜宽度的80%。

④当使用感性负载（如灯、电动机等）时，其瞬态冲击电流较大，可能劣化或损坏交流二线的光电开关。在这种情况下，请将负载经过交流继电器来转换使用。

⑤红外线光电开关的透镜可用擦镜纸擦拭，禁用稀释溶剂等化学品，以免永久损坏塑料镜。

⑥针对用户的现场实际要求，在一些较为恶劣的条件下，如灰尘较多的场合，可在所生产的光电开关在灵敏度的选择上增加50%，以适应在长期使用中延长光电开关维护周期的要求。

三、应用举例

在电子电路中，红外线的发射与接收一般是使用红外发光二极管和红外接收管完成的。这种半导体器件体积可以做得很小，具有重量轻、功耗低、使用寿命长、发出的光均匀稳定等特点。此外，它的最大特点是：这种发光二极管发出的红外光为不可见光，当发出的光束被某一特定的信号调制后，只有专门的调制电路才可接收到，这就具有很强的抗干扰性和保密性，因此在诸如电器的遥控电路、重要部门的防盗报警机构以及其他自控装置中被广泛应用。

本项目学习使用以红外发射、接收管作为传感器组成的红外光电开关电路，其原理图如图1-6-17所示，外形图如图1-6-18所示。

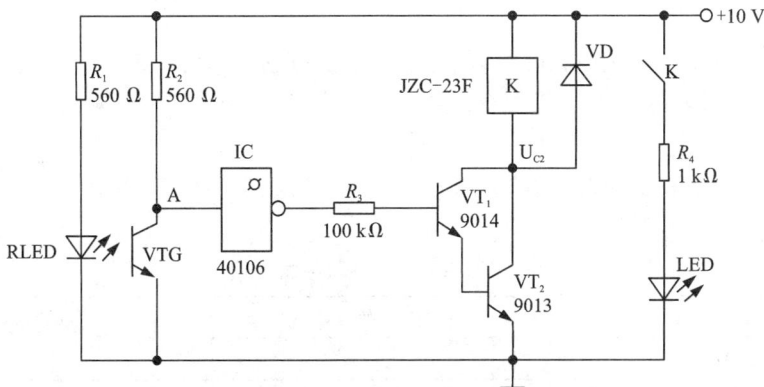

图1-6-17　光电开关电气原理图

在这个电路中，使用了通用红外线光电开关作为红外线传感器，其外形如图1-6-18所示。这个组件内含有一只微型红外线发射管与一只微型接收管，它主要在复印机、打字机、冲床等中用于限位控制、光电计数等。

电路中 IC 为带有施密特触发器的反相器,用于对信号整形;VT_1、VT_2 构成复合管与继电器 K 组成了控制执行电路。

电路的工作原理:红外发射管 RLED 在通电情况下发出不可见的红外光束,照射在接收管 VTG 上,接收管 VTG 实质上相当于一个基极受光照控制的三极管,由于它的基区面积较大,所以当有光照射时,在基区激发出自由电子空穴对,其作用相当于向基区注入少数载流子,效果与引入基极电流一样,因此,能够在集电极回路产生较大的电流,使接收管 VTG 导通,A 点呈低电平,反相器则输出为高电平,它使 VT_1、VT_2 导通,继电器 K 吸合,常开触点闭合。只要在发光管和接收管之间遮挡光线,VTG 便截止,A 点即由低电平变为高电平,使反相器输出变为低电平,VT_1、VT_2 截止,继电器 K 常开触点断开。

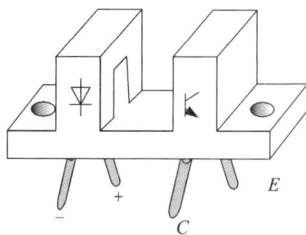

图 1 - 6 - 18 红外线光电开关外形图

值得注意的是,在接收管由亮到暗,或由暗到亮的过程中,晶体管要经过导通和截止的临界状态,十分不稳定,会产生一连串的抖动脉冲。为了消除这种抖动干扰,通常采用施密特触发器来担任整形,以便得到理想的矩形波形,图中 IC 选用六施密特触发器 40106,只用其中的一个单元。

四、实训内容及步骤

(1)用万用表对红外发射、接收管、9013 三极管、9014 三极管、继电器等元器件进行检测。测量红外线发射管的方法很简单,使用万用表电阻挡,按照测量普通二极管的方法,即很容易地判别出其正、负极及其性能。测量接收管的方法是:使用指针式万用表 R×1K 档,红黑表笔分别接接收管的两只引脚,其中一次测量的电阻值较大,此时将接收管的受光面用强光照射(手电筒光线即可),若其电阻值明显减少,则万用表黑表笔接的引脚为接收管的集电极,红表笔所接为发射极。

(2)按图 1 - 6 - 17 所示电路图组装电路,检查无误接通电源。若发光二极管不亮,应检查电路安装是否正确,若发光二极管亮,在红外发射、接收管之间加以遮挡,继电器释放,则电路视为正常。

(3)测量红外线开关遮挡前后的 U_A、U_{B1}、U_{C2},记入表 1 - 6 - 1 中。

表 1 - 6 - 1 实验数据

参数	遮挡前	遮挡后
U_A/V		
U_{B1}/V		
U_{C2}/V		

(4)用示波器观察并记录遮挡前后 U_A、U_{B1}、U_{C2} 的波形及参数。

在使用光点开关检测微小物体时,光点开关没有任何输出。这是因为对对射式光电开关而言,被测物体的最小宽度为光电开关透镜宽度的 80%。

项目七
位移的检测

【项目描述】

　　位移监测是指采用各种传感器对位移量、距离、位置、尺寸、角度、角位移等几何量进行量测。根据这类传感器的信号输出形式，可分为模拟式和数字式两大类机械位移传感器；根据被测物体的运动形式划分，可分为线性位移传感器和角度位移传感器。机械位移传感器是应用最多的传感器之一，它在机械制造工业和其他自动检测技术中有很重要的地位，在很多领域也得到广泛的应用。本项目主要围绕电位器和光栅传感器进行学习和训练。

【技能要点】

　　掌握最常用的位移检测原件的使用方法，相关资料的查阅能力；元件与系统的接线方法；了解位移检测系统；掌握简单的位移检测问题。

【知识要点】

　　通过本项目，了解电位器和光栅工作原理、使用方法、掌握不同被测对象、工作环境下的电位器的选型原则；了解光栅的主要性能参数指标和基本意义；了解位移传感器与控制系统的联系。

单元一　机械位移传感器检测位移

　　单元目标： 熟悉电位器的常用参数，了解其基本使用方法；理解电位器的基本原理；掌握电位器的使用方法；运用元件测量物体位移。

任务一　电位器式传感器应用训练

1.概述

　　电位器式传感器是一种常用的电子元件，广泛应用于各种电器和电子设备中。它是一种把机械的线位移和角位移输入量转换为与它成一定函数关系的电阻和电压输出的传感元件。

常见的电位器式传感器如图 1 - 7 - 1、图 1 - 7 - 2 所示。

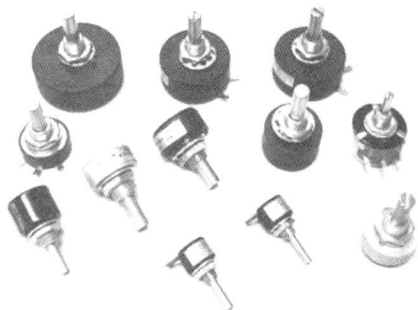

图 1 - 7 - 1　角位移式

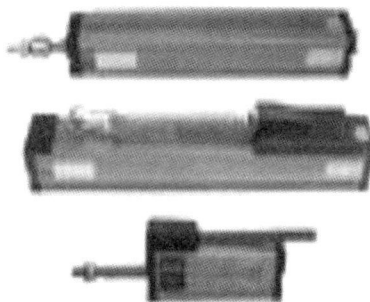

图 1 - 7 - 2　直线位移式

2. 特点分类

电位器式传感器的优点是结构简单、尺寸小、精度高、重量轻、输出信号大、性能稳定。其缺点是要求输入能量大、电刷与电阻元件之间容易磨损。

按其结构形式不同，可分为线绕式、薄膜式和光电式等；按照输入和输出的特性不同，可分为线性电位器和非线性电位器。目前常用的以单圈线绕电位器居多。

3. 结构类型

电位器式传感器由电阻元件、电刷、骨架等组成。结构形式多样，主要有直滑式和旋转式，旋转式有单圈旋转式和多圈旋转式两种，电刷由触头、臂、导向及轴承等装置组成。触头常用银、铂铱、铂铑等金属。电刷臂用磷青铜等弹性较好的材料。骨架常用陶瓷、酚醛树脂及工程塑料等绝缘材料制成。

4. 基本原理与应用

在日常工作中，电位器可以说是一种常用的机电元件，广泛应用于各类电器和电子设备中。电位器式电阻传感器可将机械的直线位移或角位移输入量转换为与其成一定函数关系的电阻或电压输出。它除了用于线位移和角位移测量外，还广泛应用于测量压力、加速度、液位等物理量。电位器式传感器结构简单、体积小、质量轻、价格低廉、性能稳定，对环境条件要求不高，输出信号较大，一般不需放大，并易实现函数关系的转换。但由于电阻元件与电刷间存在摩擦及分辨率有限，故其精度一般不高，动态响应较差，主要适合测量变化较缓慢的量。电位器式电阻传感器一般由电阻元件、骨架及电刷等组成。电刷相对于电阻元件的运动可以是直线运动、转动或螺旋运动。当被测量发生变化时，通过电刷触点在电阻元件上产生移动，该触点与电阻元件间的电阻值就会发生变化，即可实现位移与电阻之间的线性转换，这就是电位器传感器的工作原理。电阻式传感器是一种应用较早的电参数传感器，它的种类繁多，应用十分广泛，其基本原理是将被测物理量的变化转换成与之有对应关系的电阻值的变化，再经过相应的测量电路后，反映出被测量的变化。电阻式传感器结构简单、线性和稳定性较好，与相应的测量电路可组成测力、测压、称重、测位移、测加速度、测扭矩、测温度等检测系统，已成为生产过程检测及实现生产自动化不可缺少的手段之一。

＊活动1

图 1 - 7 - 3 所示为油量来原示意图。选用测量范围为 0 ~ 300 mm 的直线位移式电位器，用电阻表(万用表欧姆挡)测量其电阻值。在表 1 - 7 - 1 中记录下电位器在不同位置时的电阻值。

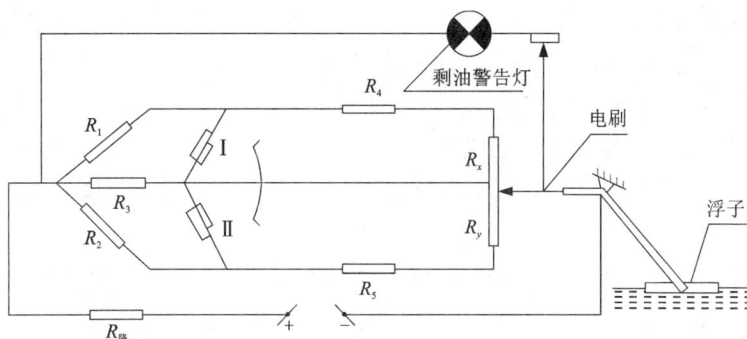

图 1 - 7 - 3　油量表原理示意图

表 1 - 7 - 1　油位与传感器输出数值

位置/mm	0	50	100	150	200	250	300
电阻/Ω							

单元二　光栅位移传感器

单元目标：了解常用光栅式传感器检测组件的外形和基本工作原理；熟悉工业常用的位移检测方法；掌握光栅式位移传感器检测系统的安装、调试和维修等技能。

任务一　光栅位移传感器

1.概述

光栅尺位移传感器(简称光栅尺)，是利用光栅的光学原理工作的测量反馈装置。光栅尺位移传感器经常应用于机床与现在加工中心以及测量仪器等方面，可用作直线位移或者角位移的检测。其测量输出的信号为数字脉冲，具有检测范围大、检测精度高、响应速度快的特点。例如，在数控机床中常用于对刀具和工件的坐标进行检测，来观察和跟踪走刀误差，以起到一个补偿刀具的运动误差的作用。如图 1 - 7 - 4 所示为光栅尺外观。

光栅尺在现代工业的贡献也是非常巨大的，不仅有利于加工精度的进一步完善，更重要的是提高了现在加工时的工作效率。在现在中国加工业、制造业越来越成熟，对加工的精度越来越高的时候，在各种机床上，例如：铣床、磨床、车床、线切割、电火花等机床上都可以安装光栅尺，其工作环境要求相对来说不是很苛刻，对操作者来说使用也十分简单。

在这里需要说明的是，光栅尺只是一个反馈装置，它可以将位移量和位移方向通过信号输出的方式反馈出来，但它不能直接显示出来，它还需要一个显示装置，我们简称它为数显显示箱，也称数显表。只有当光栅尺和数显表连接在一起的时候，才能正常地将数值反映给每一位操作者，因而，我们对于光栅尺的使用，还是要多了解，如果不是很专业的人员，需要知道一些专业性的知识，才能单独使用光栅尺作为反馈装置使用。

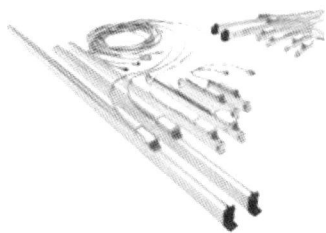

图 1 - 7 - 4　光栅尺外观

2. 装置分类

光栅尺位移传感器按照制造方法和光学原理的不同，分为透射光栅和反射光栅。

（1）透射光栅指的玻璃光栅。

（2）反射光栅指的钢带光栅。

3. 装置结构

光栅尺位移传感器由标尺光栅和光栅读数头两部分组成。标尺光栅一般固定在机床活动部件上，光栅读数头安装在机床固定部件上，指示光栅安装在光栅读数头中。图 1 - 7 - 5 所示的就是光栅尺位移传感器的结构。

光栅检测装置结构的关键部分是光栅读数头，它由光源、会聚透镜、指示光栅、光电元件及调整机构等组成。光栅读数头结构形式很多，根据读数头结构特点和使用场合分为直接接收式读数头（或称硅光电池读数头）、镜像式读数头、分光镜式读数头、金属光栅反射式读数头。

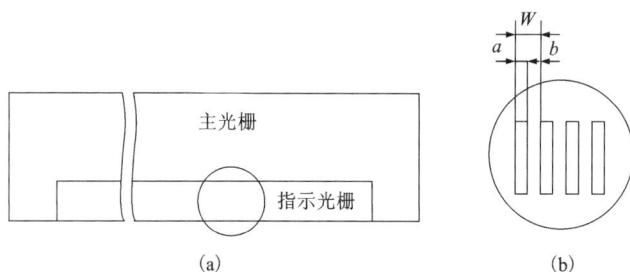

图 1 - 7 - 5　尺位移传感器的结构

4. 工作原理

常见光栅的工作原理都是根据物理上莫尔条纹的形成原理进行工作的。当使指示光栅上的线纹与标尺光栅上的线纹成一角度来放置两光栅尺时，必然会造成两光栅尺上的线纹互相交叉。在光源的照射下，交叉点近旁的小区域内由于黑色线纹重叠，因而遮光面积最小，挡光效应最弱，光的累积作用使得这个区域出现亮带。相反，距交叉点较远的区域，因两光栅尺不透明的黑色线纹的重叠部分变得越来越少，不透明区域面积逐渐变大，即遮光面积逐渐变大，使得挡光效应变强，只有较少的光线能通过这个区域透过光栅，使这个区域出现暗带。

（1）莫尔条纹。

以透射光栅为例，当指示光栅上的线纹和标尺光栅上的线纹之间形成一个小角度 θ，并且两个光栅尺刻面相对平行放置时，在光源的照射下，位于几乎垂直的栅纹上，形成明暗相间的条纹。这种条纹称为"莫尔条纹"（图 1-7-6）。严格地说，莫尔条纹排列的方向是与两片光栅线纹夹角的平分线相垂直的。莫尔条纹中两条亮纹或两条暗纹之间的距离称为莫尔条纹的宽度，以 W 表示。

莫尔条纹具有以下特征：

①变化规律。两片光栅相对移过一个栅距，莫尔条纹移过一个条纹距离。由于光的衍射与干涉作用，莫尔条纹的变化规律近似正（余）弦函数，变化周期数与光栅相对位移的栅距数同步（图 17-6）。

②放大作用。

在两条光栅栅线夹角较小的情况下，莫尔条纹宽度 ω 和光栅栅距 ω、栅线角 θ 之间有下列关系。

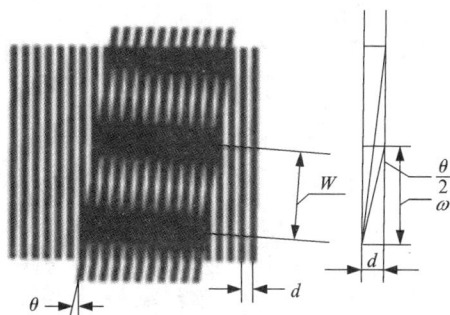

图 1-7-6　莫尔条纹计算

$$W = \omega /2 \cdot sin(\theta/2) = \omega /\theta$$

式中，θ 的单位为 rad，ω 的单位为 mm。由于倾角很小，$sin\theta$ 很小，则 $W = \omega /\theta$，若 $\omega = 0.01$ mm，$\theta = 0.01$ rad，则上式可得 $W = 1$，即光栅放大了 100 倍。

③均化误差作用。

莫尔条纹是由若干光栅条纹共用形成，例如每毫米 100 线的光栅，10 mm 宽度的莫尔条纹就有 1000 条线纹，这样栅距之间的相邻误差就被平均化了，消除了由于栅距不均匀、断裂等造成的误差。

（2）检测与数据处理。

光栅测量位移的实质是以光栅栅距为一把标准尺子对位称量进行测量。高分辨率的光栅尺一般造价较贵，且制造困难。为了提高系统分辨率，需要对莫尔条纹进行细分，目前光栅尺位移传感器系统多采用电子细分方法。当两块光栅以微小倾角重叠时，在与光栅刻线大致垂直的方向上就会产生莫尔条纹，随着光栅的移动，莫尔条纹也随之上下移动。这样就把对光栅栅距的测量转换为对莫尔条纹条数的测量。

在一个莫尔条纹宽度内，按照一定间隔放置 4 个光电器件就能实现电子细分与判向功能。例如，栅线为 50 线对/mm 的光栅尺，其光栅栅距为 0.02 mm，若采用四细分后便可得到分辨率为 5 μm 的计数脉冲，这在工业普通测控中已达到了很高精度。由于位移是一个矢量，既要检测其大小，又要检测其方向，因此至少需要两路相位不同的光电信号。为了消除共模干扰、直流分量和偶次谐波，通常采用由低漂移运放构成的差分放大器。由 4 个光敏器件获得的四路光电信号分别送到 2 只差分放大器输入端，从差分放大器输出的两路信号其相位差为 π/2，为得到判向和计数脉冲，需对这两路信号进行整形，首先把它们整形为占空比为 1:1 的方波。然后，通过对方波的相位进行判别比较，就可以得到光栅尺的移动方向。通过对方波脉冲进行计数，可以得到光栅尺的位移和速度。

（3）安装指导。

光栅尺位移传感器的安装比较灵活，可安装在机床的不同部位。一般将主尺安装在机床的工作台（滑板）上，随机床走刀而动，读数头固定在机身上，尽可能使读数头安装在主尺的下方。其安装方式的选择必须注意切屑、切削液及油液的溅落方向。如果由于安装位置限制必须采用读数头朝上的方式安装时，则必须增加辅助密封装置。另外，在一般情况下，读数头应尽量安装在相对机床静止部件上，此时输出导线不移动、易固定，而尺身则应安装在相对机床运动的部件上（如滑板）。

（4）安装基面。

安装光栅尺位移传感器时，不能直接将传感器安装在粗糙不平的机床身上，更不能安装在打底涂漆的机床身上。光栅主尺及读数头分别安装在机床相对运动的两个部件上。用千分表检查机床工作台的主尺安装面与导轨运动方向的平行度。千分表固定在机身上，移动工作台，要求达到平行度为 0.1 mm/1000 mm 以内。如果不能达到这个要求，则需设计加工一件光栅尺基座。

基座要求做到：①应加一根与光栅尺尺身长度相等的基座（最好基座长出光栅尺 50 mm 左右）。②该基座通过铣、磨工序加工，保证其平面平行度 0.1 mm/1000 mm 以内。另外，还需加工一件与尺身基座等高的读数头基座。读数头的基座与尺身的基座总共误差不得大于 ± 0.2 mm。安装时，调整读数头位置，达到读数头与光栅尺尺身的平行度为 0.1 mm 左右，读数头与光栅尺尺身之间的间距为 1 ~ 1.5 mm。

（5）主尺安装。

将光栅主尺用 M4 螺钉上在机床安装的工作台安装面上，但不要上紧，把千分表固定在机身上，移动工作台（主尺与工作台同时移动）。用千分表测量主尺平面与机床导轨运动方向的平行度，调整主尺 M4 螺钉位置，使主尺平行度满足 0.1 mm/1000 mm 以内时，把 M2 螺钉彻底上紧。

在安装光栅主尺时，应注意如下三点：

①在装主尺时，如安装超过 1.5 m 以上的光栅时，不能像桥梁式那样只安装两端头，尚需在整个主尺尺身中有支撑。

②在有基座情况下安装好后，最好用一个卡子卡住尺身中点（或几点）。

③不能安装卡子时，最好用玻璃胶粘住光栅尺身，使基尺与主尺固定好。

（6）读数头安装。

在安装读数头时，如果发现安装条件非常有限，可以考虑使用附件，如角铝、直板，首先应保证读数头的基面达到安装要求；然后再安装读数头，其安装方法与主尺相似；最后调整读数头，使读数头与光栅主尺平行度保证在 0.1 mm 之内，其读数头与主尺的间隙控制在 1 ~ 1.5 mm。安装完毕后，可以用大拇指接触读数头与光栅尺尺身表面是否平滑、平整。

（7）限位装置。

光栅线位移传感器全部安装完毕以后，一定要在机床导轨上安装限位装置，以免机床加工产品移动时读数头冲撞到主尺两端，从而损坏光栅尺。另外，用户在选购光栅线位移传感器时，应尽量选用超出机床加工尺寸 100 mm 左右的光栅尺，以留有余量。

（8）传感器检查。

光栅线位移传感器安装完毕后，可接通数显表，移动工作台，观察数显表计数是否正常。

在机床上选取一个参考位置,来回移动工作点至该选取的位置。数显表读数应相同(或回零)。另外也可使用千分表(或百分表),使千分表与数显表同时调至零(或记忆起始数据),往返多次后回到初始位置,观察数显表与千分表的数据是否一致。

通过以上工作,光栅尺线位移传感器的安装就完成了。但对于一般的机床加工环境而言,铁屑、切削液及油污较多。因此,传感器应附带加装护罩,护罩的设计是按照传感器的外形截面放大留一定的空间尺寸确定,护罩通常采用橡皮密封,使其具备一定的防水防油性能。

(8)注意事项。

①光栅尺位移传感器与数显表插头座插拔时应关闭电源后进行。

②尽可能外加保护罩,并及时清理溅落在尺上的切屑和油液,严禁任何异物进入光栅尺传感器壳体内部。

③定期检查各安装连接螺钉是否松动。

④为延长防尘密封条的寿命,可在密封条上均匀涂上一薄层硅油,注意勿溅落在玻璃光栅刻划面上。

⑤为保证光栅尺位移传感器使用的可靠性,可每隔一定时间用乙醇混合液(各50%)清洗擦拭光栅尺面及指示光栅面,保持玻璃光栅尺面清洁。

⑥光栅尺位移传感器严禁剧烈震动及摔打,以免破坏光栅尺,如光栅尺断裂,光栅尺传感器即失效。

⑦不要自行拆开光栅尺位移传感器,更不能任意改动主栅尺与副栅尺的相对间距,否则一方面可能破坏光栅尺传感器的精度;另一方面还可能造成主栅尺与副栅尺的相对摩擦,损坏铬层也就损坏了栅线,以致造成光栅尺报废。

⑧应注意防止油污及水污染光栅尺面,以免破坏光栅尺线条纹分布,引起测量误差。

⑨光栅尺位移传感器应尽量避免在有严重腐蚀作用的环境中工作,以免腐蚀光栅铬层及光栅尺表面,破坏光栅尺质量。

任务二 了解磁栅传感器、容栅传感器

1.磁栅传感器

磁栅传感器是利用磁栅与磁头的磁作用进行测量的位移传感器。它是一种新型的数字式传感器,成本较低且便于安装和使用。当需要时,可将原来的磁信号抹去,重新录制。还可以安装在机床上后再录制磁信号,这对于消除安装误差和机床本身的几何误差,以及提高测量精度都是十分有利的。并且可以采用激光定位录磁,而不需要采用感光、腐蚀等工艺,因而精度较高,可达 ±0.01 mm/m,分辨率为 1~5 μm。磁栅式传感器由磁栅、磁头和检测电路组成,如图1-7-7所示。

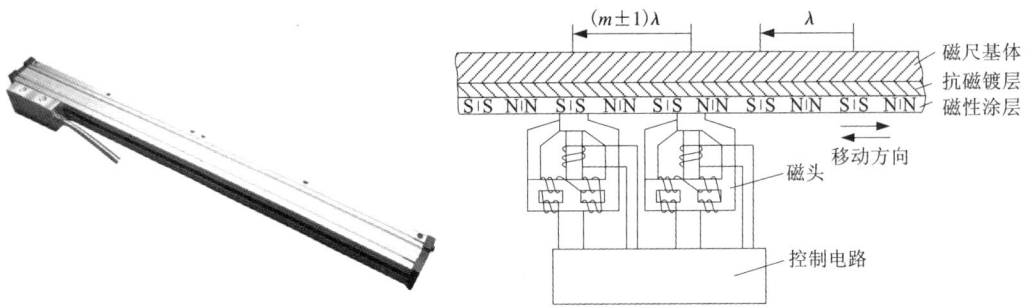

图 1 - 7 - 7　磁栅传感器外观与内部构造

2. 容栅传感器

直线形容栅传感器由两组条状电极群相对放置组成，一组为动栅，另一组为定栅；在它们的 A、B 面上分别印制(镀或刻划)一系列相同尺寸、均匀分布并互相绝缘的金属栅状极片(图 1 - 7 - 8)。将动尺和定尺的栅极面相对放置，其间留有间隙，形成一对对电容，这些电容并联连接，当动尺沿 x 方向平行于定尺不断移动时，每对电容的相对遮盖长度 a 将周期性地变化，电容量也随之相应变化，经处理电路后，则可测得线位移值(图 1 - 7 - 9)。

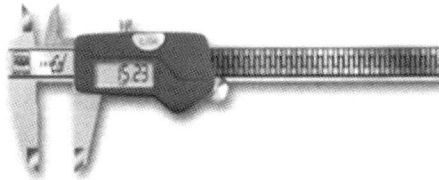

图 1 - 7 - 8　容栅电子数显卡尺

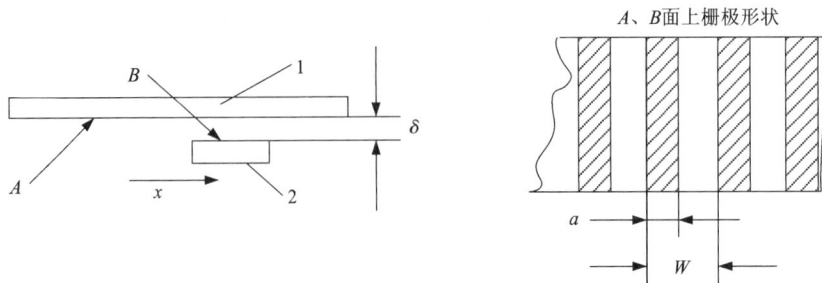

图 1 - 7 - 9　长容栅结构原理

第二篇

电子制作 DIY

项目一
声能

声能的研究对于探索和观察人们周围的自然现象具有很重要的意义。人耳能够听到的声波只是整个声音频谱中很小的一部分。人类对声音的感知能力使我们仅能听到频率 20 Hz ~ 15 kHz 范围内的声音。事实上，整个音频范围远远超出了人类所感知的范围，而对于这部分高或低感知的声音探索也是非常有趣的。

本项目将带领读者去探索有趣的声音世界。既要研究人耳所能听到的声音，又要研究存在于我们周围却很少被发现到的次声和超声部分，将讲解如何探听动物发出的高频率的声音和极细微的谈话声，以及如何用电子探测器来捕捉声音。还将介绍在水下使用水下测音器和声音放大装置去探索一个全新的水下世界。

本项目研究的重点是各种各样的传声器和声音放大装置，以及应用它们听到自然界和人类发出声音的方法。

声音放大器实际上就是一个用来增大音量的电路，它接受一个功率很低的声音信号，然后经电路放大到人类能够听得到的音量。还可以用声音放大器来提高音量，帮助听清楚由远处传来的声音，或者简单放大音量来收听音乐和电话通话。

单元一　声能

声波基本上是一种纵向机械波，它可以在固体、液体及气体中传播。与电磁波不同的是，声波不能够在真空中传播。

1. 声音在空气中的传播

图 2 - 1 - 1 解释了一个声波从左至右的传播过程（如横穿垂直波的水平长箭头）。空气粒子向前和向后的运动（较短箭头上的垂直波）使得周围空气的压缩和稀释进行交替。空气粒子向前运动时，压缩空气；空气粒子向后运动时，稀释空气。于是，空气以一种波的形式把这些扰动从声源处向外传输。

能够刺激人耳和脑听觉系统的声波频率范围为 20 ~ 20000 Hz，但是人们很少能够听到频率高达 20000 Hz 的声音。随着人们逐渐变老，能够听到的声音范围也会变得越来越小。20 ~ 20000 Hz 这个频率范围也正是高保真或立体扩音器所能达到的范围。

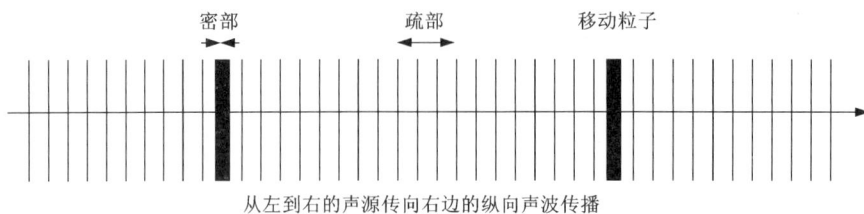

从左到右的声源传向右边的纵向声波传播

图 2 - 1 - 1　声波传播过程示意图

2. 超声波

频率高于人类可听见的声音频率范围的纵向机械波叫超声波。超越人类听觉范围的声音构成了一个世界，很多动物，如蝙蝠能发出很多人类听不到的声音。气体和化学药品泄露，还有很多机器运转发出来的声音和摩擦声也是人类所听不到的，但是它们一直都存在于我们的身边，只是我们不知道而已。超声波也可以由超声波发生器生成，这些发生器将"听不到的声音"充满一定的空间或者是覆盖一定的区域，目的是通过探测移动物体和初信号的"节拍"来判断入侵者的存在。它们一般适用于频率为 40 kHz 这种不能被人耳所听到的声音。

3. 次声波

频率低于人类可听见的声音频率范围的纵向机械波叫次声波。

能够刺激人耳的最大声波频率(20000 Hz)是人耳能够听到的最小声波频率(20 Hz)的1000 倍。

特别有趣的是次声波通常是由很巨大的声源产生的，如地震。除了地震现象，在高速公路上跟在一辆拖车的后面也能感受到这种声波的存在。拖车巨大的前表面(通常是平的)冲击气流，会产生次声波，使人耳产生一种"感觉"，而并非听见声音。这种冲击会使得车辆的驾驶更加困难。流星穿过大气层也会产生可探测的次声波。想要"听见"特别的低频率的波，在一栋很高的建筑物里乘坐非常快的电梯就可以。假设你在 30 s 的时间内，从一个气压很高的位置(最低层)升到一个气压很低的位置(最高层)，这个时间的两倍，即 60 s，就是整个波的周期。频率可以由周期根据如下表达式得出：$F = 1/T$，式中，F(Hz)代表频率；T(s)代表周期。

可以发现这个频率是 1/60 s，也就是 0.0166 周/s。这与 1 ~ 2 min 一周是相同的，这个频率要低于人们所能够听到的音频临界值。当在电梯里(或直升机里)高速上升的时候，你需要时不时地做出吞咽动作或是清一清喉咙，来平衡耳朵内外的压力差。当冷空气经过你所在的地区时，可能会"听到"周期是 3 h 的次声波。通过气压计可以观察此时气压的急剧变化。这个冷空气带来的气压变化与声音传播的物理过程是相同的，只是冷空气带来的变化要缓慢一些。

4. 温度和声音

在温度是 70°F 时，声音在与海平面等高的空气中的传播速度是每秒 1130ft(1ft2 = 0.3048 m)。温度会影响声音的传播速度，在高温的时候，传播声音的载体分子运动得更快，因而声音的传播速度会增大。而在 32°F(水的凝固点)时声音的传播速度仅为每秒 1088ft，因为此时载体分子运动减慢。

5. 声波的压力

声音是一种压力波，这个压力在标准气压上下 121bf/ft2(11bf/ft = 47.9Pa)的幅度内变化。因此，测量作为平均压力的振幅并不表达任何意义。通常用振幅的平方根来度量声波的压力值。由于人们能够听到的声音压力值的范围非常大（0.0001 ~ 1000ubar）（1ubar = 0.1 Pa），所以通常使用声音压力水平（SPL）作为度量，而不是直接使用声波的压力值。人们定义 SPL 的表达式为 $L = 20 \lg(P_1/P_0)$。式中，L 代表对应的 P_1 压力值的声音压力水平；P_0 是参考压力值。SPL 通常被用来确定高保真的大功率扬声器的工作性能。

6. 分贝

声音压力水平的单位是分贝（dB）。dB 是相对单位，它以一个声音压力值作为参考值（比如 P_1 相对 P_2）。这样，我们就能说两个声音的压力水平的差是 $L_2 - L_1 = 20 \lg(P_1/P_0) = 20 \lg(P_2/P_1)$。

这里的假定声音压力水平 $P_2 > P_1$，这个式子说明，只要两个声音的压力水平表达式中使用的是相同参考值，那么这个参考压力值 P_0 就不影响压力水平的差值。

通常采用 $P_0 = 0.0002$ubar 作为标准参考压力，因为这个值对于 1000 Hz 的声音来讲几乎是人耳所听到的最低压力水平。140 dB 的声音是人类所能够承受的极限。如果我们附近有一架喷气式直升机，那么不戴耳塞所听到的就是这样的声音。0 dB 也就是人们窃窃私语或者轻声走步的声音水平。140 dB 的声音强度大概是能够听到的最弱声音强度的 100 万倍。随着年龄的增长，为了能够保持听觉的灵敏，应该尽量避免不戴耳塞或者其他耳保护器就直接听到过强的声音。

单元二 传声器（麦克风）的类型

传声器是一种转换装置，能够将机械波转化为电波，因此也叫做转换器。一旦转换为电波，这个波的强度就可以放大了，现在应用的传声器有很多不同的类型。

1. 碳传声器

碳传声器应用一个可以变形的膜片，可以随声波的变化而运动，挤压一个充满碳颗粒的容器，从而使得传声器的电阻相应改变。

2. 压电传声器

压电传声器中内置一个压电杆，声波的作用使得压电杆发生变化，从而在两端输出一个电压，这种传声器也叫做晶体传声器。

3. 磁传声器

磁传声器也应用一个受声波作用的膜片，这个膜片再与线圈中的电枢相连，受到膜片作用，电枢在线圈产生的磁场中的磁阻会发生变化，从而输出变化的电信号。这种转换器应用于制造助听器、吉他的拾音器等微型扩音器。

4. 动态传声器

利用一个自由悬浮于固定磁场中的导体（通常是一个附在隔板或带状物上的线圈），磁场由固定磁体产生，导体在声波的作用下载磁场中振动，从而引起导体两端电压随声波发生相应变化。

5. 静电传声器

一个可以变形的膜片和一个固定的电极组成的一个双板电容器。声波作用是膜片振动，从而相应改变带电容器的电容,这种传声器也叫做电容传声器。传声器中的固定电极总是带有恒定量的电荷。

传声器也有定向或不定向的特性。大部分传声器都是很简单的不定向类型。它们同等地接收各个方向传来的声音,这些传声器被称为全向的。定向传声器应用在一小部分特殊领域;心形传声器是定向传声器的一种,这种传声器有一个心形的声音接收装置,被某些娱乐者用来录制自己的声音而减弱的其他方向的声音。短枪式传声器是高定向型的传声器,用于某些爱鸟者倾听远处的鸟鸣,以及一些专门调查隐私的人监听远处的谈话。电影工作室经常使用短枪式话筒和很长的吊杆来录制电影拍摄场地中的两个人的谈话。高度定向的传声器也被称为抛物面式传声器,这种传声器非常敏感,并且是高度定向式传声器,它们被用来接收很远处的声音并对其进行放大。抛物面式传声器接收声音时具有高度选择性,能够接收到的声音范围往往很窄(只有几度)。使用这种传声器时,通常必须扫描一个区域才能探听到所要监听的声音。

6. 简单的传声器改装

为了将全向传声器改进成有方向性的,只需要对话筒进行一个很简单的改动就可以大大提高话筒的方向性。具体步骤如下:切掉一次性纸杯的底端,纸杯的底端恰好能装在一个小型的传声器上;或者可以用一个大漏斗,把它放在一个小型的敏感电容传声器前。接着,用黑绝缘胶带将纸杯固定到传声器上并封严,以保证声音只能从纸杯大口张开的方向进入传声器。加装了新盾牌的传声器也是很小的,可以随意转动以接收不同方向的声音。这个定向拾音的模型可以接收 60° 范围内传来的声音,能够将传到背后和侧壁的声音排除在外。当倾听 50 ~ 75ft 远的鸟鸣或其他远处声音传来时,这个设计是很有帮助的。

7. 高增益抛物面反射式传声器

在人们熟悉的足球赛电视转播中,人们是利用抛物面反射器来接收群众、群乐和指挥者的声音的。图 2 - 1 - 2 是一个具有高定向性能的传声器。抛物面反射器是由塑料制成的,焦点在距凹面中心大约 6in 处。将传声器置于抛物面焦点处,面对抛物线中心放置时,会大大提高接收声音的敏感性。这种抛物面结构一般是很轻巧的,可以带到场地中收听比赛或野生动物的活动,比如跟踪比赛进程、探听远处的谈话等。这个结构对于在水中接收声音特别有效,如湖泊和池塘。因为水吸收声音的能量很少,所以传声器可以很容易接收到声音。这个凹面几乎呈一个光线锥的样子,类似于手电筒,需要慢慢地搜索声音。

图 2 - 1 - 2 常见的抛物面传感器

单元三　声音放大器

　　传声器和放大器也可用在野外听鸟鸣、汽车声、火车声、旷野声及人的声音。放大器和录音机一起使用可以记录下很多不同寻常的户外声音。它们可以帮助放大猎物靠近的声音。如果在距离埋伏处几百英尺远的地方放置一些扩音器,就可以在看不见的情况下听到猎物靠近的声音。

　　图 2 - 1 - 3 是一个传声器前级放大器的线路。这个声音放大器利用一个 TL084(U_1) 运算放大器来放大传声器接收到的信号。分压变阻器 R_6 在反馈回路中提供一个放大控制。这个传声器前置放大器电路是为电容传声器设计的。如果使用的是电容传声器,则需使用偏压电阻 R_1;如果使用的是动态传声器,则无须偏压电阻 R_1。这个电路由一组晶体管收音机上使用的电池组提供 9 V 电压,并由开关 S_1 控制。输出电容 C_3 用来将前级放大器与功率放大器(比如传声器和功率放大电路分离的情形)。如果两个电路是在同一块板子上连接的,电缆线就不需要了。放大器元器件表如表 2 - 1 - 1 所示。

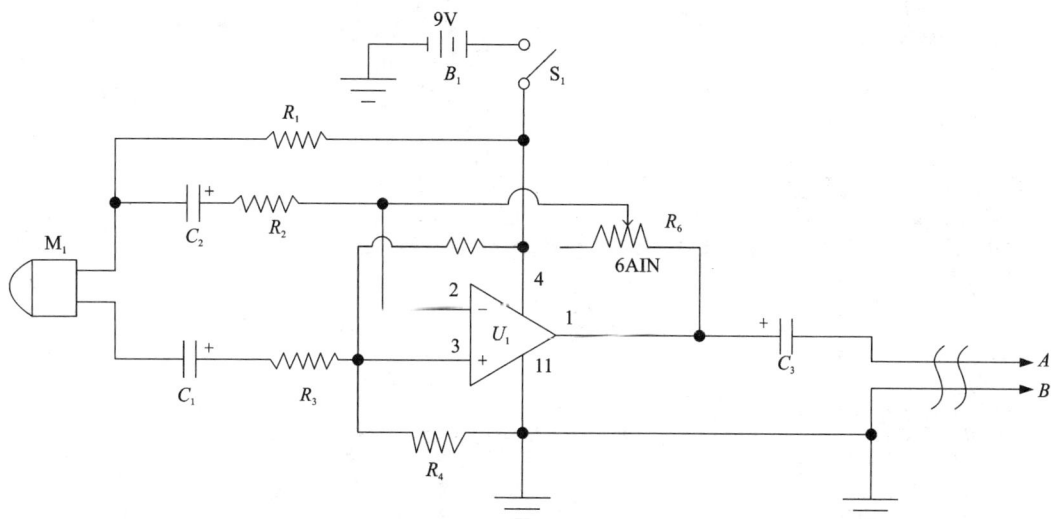

图 2 - 1 - 3　传声器前级放大器线路

　　一个功率放大电路如图 2 - 1 - 4 和表 2 - 1 - 2 所示。这种声音放大器利用了一个大功率输出集成电路放大器 U_1。输入的声音信号传送给分压变阻器 R_1。分压变阻器再与放大器的输入端引脚 3 相连接,引脚 2 接地。在 R_2 和 C_2 的联合作用下,声音放大器的放大倍数可达 20 ~ 200 倍。如果需要的话,可以在引脚 7 上连接一个旁边电容到 IC(集成电路)上。输出信号最后经 C_4 和 R_3 的联合作用电路形成。声音放大器的输出经由一个 2200 μF 的电解电容连接到一个 8 Ω 电阻的扬声器上。这个电路由一个 9 ~ 12 V 的电池提供电压到 LM386 集成放大器 IC 的引脚 6 上。注意到 LM386 放大器的大功率输出,需要在放大器上安装一个散热装置。之前讲述的话筒前置放大器可以连接到功率放大器上,组成一个功能强大的声音放大系统，并且可以应用在很多不同类型的话筒上，用以听到远处的声音。

上面所讲述的前级放大器和运算放大器的一个简单并且有趣的应用是构造一个"听雨"传声器。找一个小的 25.4 mm 直径的塑料桶，在桶深约为一半处放置一块圆形胶合板或塑料板，将一个电容式话筒正对桶底镶在板上。把桶底倒转向上，并在桶底开一个窄孔，声音放大器的电线从这个孔中穿过。最后将倒转的桶放在地上或置于屋顶上，引一根屏蔽电缆到屋内的前置放大器上，这样当雨落在屋外塑料桶上时，就可以听到雨滴的声音，从而无论是白天还是夜晚，只要当外面开始下雨时，就可以立即知道。

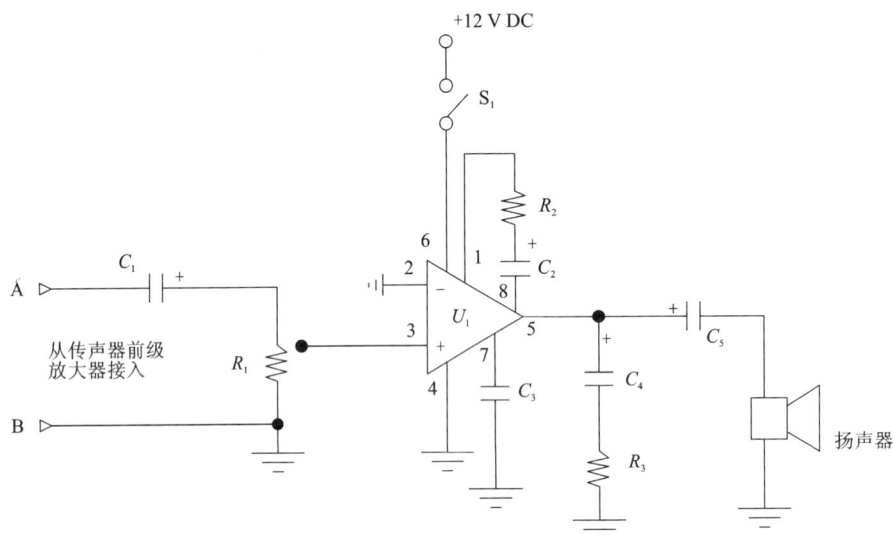

图 2-1-4　大功率声音放大器电路

表 2-1-1　驻极体传声器前级放大器元器件表

元器件	说　明
R_1, R_2	10 kΩ, 0.25 W, ±5% 电阻
R_3	1 kΩ, 0.25 W, ±5% 电阻
R_4, R_5	100 kΩ, 0.25 W, ±5% 电阻
R_6	1 MΩ, 分压器
C_1, C_3	1 μF, 35 V 钽电阻
U_1	TL084 功率放大器
M_1	动态或电容式话筒
S_1	单刀单掷开关
B_1	9 V 电池组
其他	混杂印制电路板，导线，拼搏电缆等

80

表 2 - 1 - 2　大功率声音放大器元器件表

元器件	说　明
R_1	10 kΩ 电位器
R_2	1.5 kΩ, 0.25 W, ±5% 电阻
R_3	10 kΩ, 0.25 W, ±5% 电阻
C_1	2.2 μF, 35 V 电解电容
C_2	10 μF, 35 V 电解电容
C_3	0.01 μF, 35 V 圆盘形电容器
C_4	0.05 μF, 35 V 圆盘形电容器
C_5	220 μF, 35 V 电解电容
U_1	LM386 声音放大 IC
S_1	单刀单掷开关
SPKP	8 Ω 扬声器

单元四　电子听诊器

听诊器不只是对医生有用，对于机修工、灭鼠人员、侦查人员等都能派上用场。标准听诊器并不对声音进行放大，因而它的应用范围受到了限制。下面要利用一个普通的运算放大器，将听诊器接收的声音进行放大。这个电路包含一个低通滤波器用于消除背景杂音。

这里需要一个有经验的机修工来检查发动机，截取一段花园里浇水用的软水管，在发动机帽盖下面移动软管的一端，直到声音的来向顺着软管的走向，这时声音顺着软管传到机修工的耳朵里，他就可以知道故障出在哪里了。这大概是现代汽车上使用的探伤工具中最简单的一种，但是在很多时候却是最有效的方法，比如可隔离出破裂的阀门。

软水管对于解决一些小部件的问题而言显然太大了，因此只需截取 3 cm 长的饮料吸管就可以了。设计一个比较有效的探伤工具或者听音装置，还必须对声音进行放大。因此需要将饮料吸管或者其他小管子连接到电子放大器上。

图 2 - 1 - 5 是电子听诊器的原理图。这个电子听诊器从一个敏感的电容传声器开始，由电阻 R_1 加偏压于传声器。从传声器传出的声音信号经由电容 C_2 和电阻 R_2，从运算放大器 U_1 的负极输入。从第一个运算放大器输出的信号经由 R_5 和 R_6 传送给下一个运算放大器 U_2，运算放大器 U_2 直接与最后一个运算放大器 U_3 相连。从 U_2 输出的信号还传送给一个电平计，由运算放大器 U_4 组成，用于驱动一个双色发光二极管 D_1。U_3 输出的信号输出到最后的放大器 U_5，U_5 的电压受分压器 R_{11} 控制。分压器分压控制端经过一个 0.01 μF 的电容 C_5 连接到 U_5 上。最后部分的放大器 U_5 由一个 LM386 功率放大集成电路组成，最末端放大器的放大倍数可以在 20 ~ 200 倍范围内调节，通过 R_{14} 和 C_6 组成的电阻、电容联合工作电路实现，这个电路由开关 S_1 控制。LM386 放大电路的输出最后传送到一个 8 Ω 的扬声器，或者由经电容 C_8 传送到耳机，耳机插孔在 J_2 处。开关 S_2 用来控制在需要的时候外接扬声器。这种补充放大只适用于信号非常小的情况。在一般的检修或探测时，用耳机就可以了，但是在某些情况下使用扬声器可能会更合适。

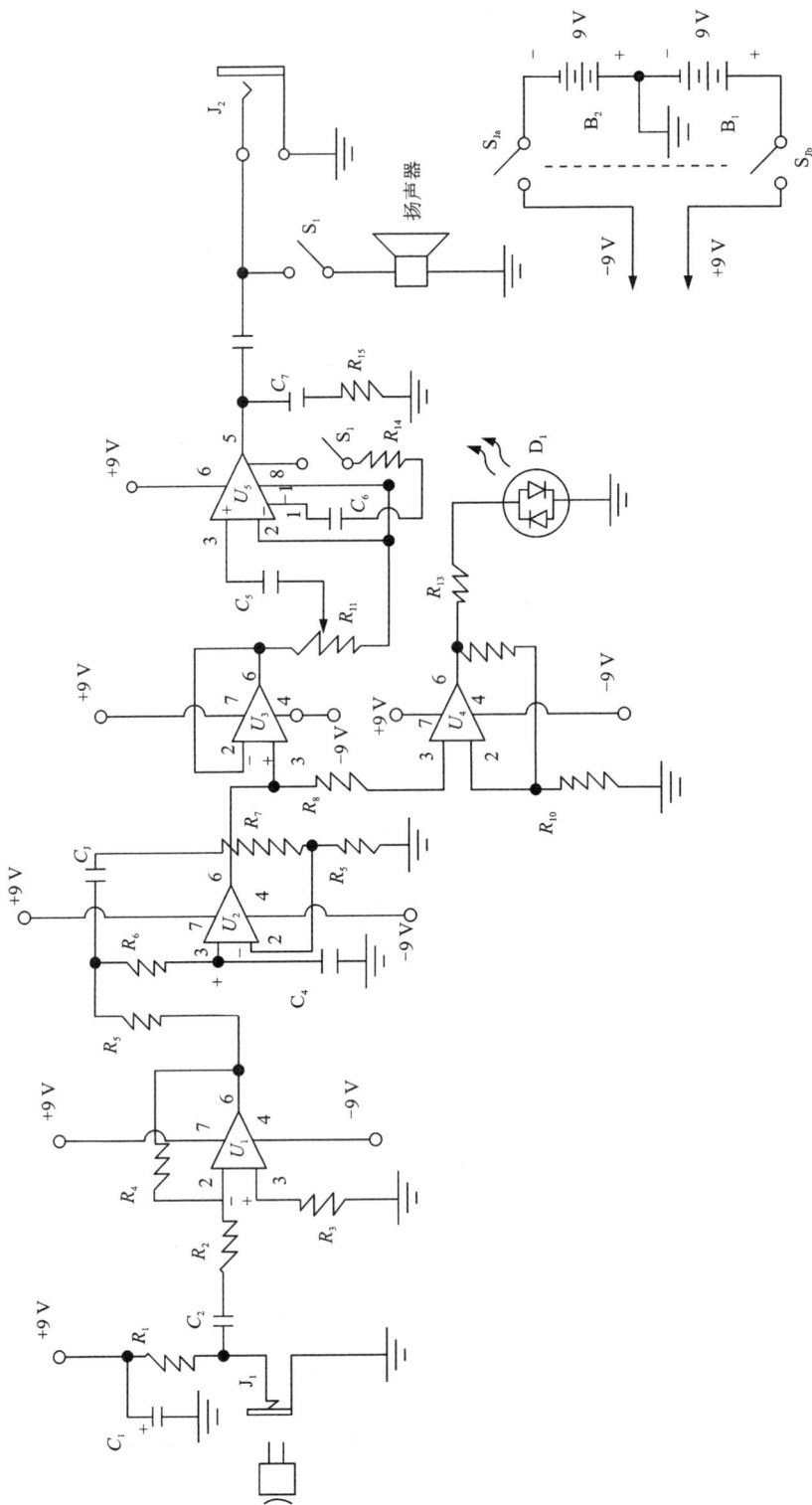

图 2 - 1 - 5　电子听诊器的原理图

因为这个电路用了运算放大器，电路需要提供正、负电压，所以如图 2 - 1 - 5 所示的两个 9 V 的电池组被连接到一起，通过双刀单掷开关 S_3 连到电路上。用两个塑料电池盒来固定电池组的位置。

这个电子听诊器的构造是很简单的，既可以在一块电路板上搭建，也可以自行搭建电路。该电路利用了通用的 LM741，它是一种八引脚的运算放大器，推荐使用集成电路插槽，因为日后一旦发生线路故障，使用插槽会使检修容易得多，安装集成电路时，要确保方向正确，以免烧毁电源，一般来讲，集成电路芯片上都会有标记标出正确的方向。IC 芯片上在引脚 1 旁有一个锯齿形的小圆圈或者在顶部中间有一个矩形切口。如果在 IC 芯片顶部看到一个锯齿形小圆圈或者一个缺口，那么引脚 1 就在它的左边。注意电解电容器有极性，这也是在安装时必须要考虑到的，这些组件上都会有正、负极标号。

电路搭建完成后，就可用一个小金属盒将电路和电池组封装起来，把三个开关、发光二极管和小扬声器安装在封装盒前面。耳机插孔要装在盒底板后面。根据不同要求一些设计者选择省去扬声器。由于传声器需要远离封装盒底板，所以可以选择在前面安装一个传声器接口，如图 2 - 1 - 5 中 J_1 所示，或者简单地直接从电路引一根线到传声器。如果需要，还可以接一根 4 ~ 8 cm 长的传声器声音传输线到封装盒底板上。

制作这个电子听诊器最困难的部分就是在传声器上安装一个吸管或者一小段塑料管或者尼龙管。你需要设计一种方法来缩小或扩大管的直径来与这个小电容话筒相匹配。

当完成这个工程时，你可能会发现，当扬声器靠近传声器或者电位计没有接地时，会发出风鸣一样的响声。这是由于扬声器发出的声音被话筒接受并放大的缘故，也就是通常所说的正反馈。任何时候都必须要避免正反馈的发生。利用吸管的第二个原因是它有助于避免从侧面传向传声器的声音被接收和放大。

电子听诊器元器体表如表 2 - 1 - 3 所示。这个电子听诊器很有趣并且应用很广，它可以满足很多应用需求，比如检测杂音、震动、泄漏等，只需要将一个管子接到传声器上就可以了。如果将构造从管状改成碗状，就可以用它去偷听远处的谈话，听远处的鸟鸣或者动物的叫声，或者帮助你跟踪野鹿或森林里的其他动物。

表 2 - 1 - 3 电子听诊器元器件表

元器件	说明
R_1	10 kΩ, 0.25 W 电阻
R_2, R_3, R_9	2.2 kΩ, 0.25 W 电阻
R_4	47 kΩ, 0.25 W 电阻
R_5, R_6, R_7	33 kΩ, 0.25 W 电阻
R_8	56 kΩ, 0.25 W 电阻
R_{10}	4.7 kΩ, 0.25 W 电阻
R_{11}	2.2 kΩ 分压器
R_{12}	330 kΩ, 0.25 W 电阻
R_{13}	1 kΩ, 0.25 W 电阻

元器件	说明
R_{14}	1.5 kΩ, 0.25 W 电阻
R_{15}	3.9 kΩ, 0.25 W 电阻
C_1	470 μF, 35 V 电解电容
C_2, C_3, C_4	0.047 μF, 35 V 圆盘形电容
C_5	0.05 μF, 35 V 电容
C_6	10 μF, 35 V 电解电容
C_7	0.01 μF, 35 V 电容
C_8	220 μF, 35 V 电解电容
D_1	双色发光二极管
S_1, S_2	单刀单掷开关
S_3	双刀单掷开关
J_1, J_2	1/8 min 小传声器插孔
M_1	电容话筒
SPK	8 Ω 扬声器
B_1, B_2	9 V 晶体管收音机电池组
U_1, U_2, U_3, U_4	LM741 运算放大器
U_5	LM386 运算放大器
其他	印制电路板, IC 接口, 电池盒, 导线等

单元五　水下听音器

你是否有兴趣去听水下从未听过的声音呢？不是你平常游泳时听到的那种，而是真正的水下世界里生物发出的声音。下面要开发一种水下听音器，以便能够在任何地方听到想要听到的声音。

水下听音器是一种在水下收听声音的装置，又称为传声器或者电声学接收转换器，是特别为在淡水或咸水中持续使用而设计的。它在水下工作的原理与普通的传声器在空气中工作是大体相同的。它将水下的声音转变成模拟电信号，这些信号再经过声音放大器放大到可以听到的水平，可以使用这个装置去听放大了的声音，也可以将各种各样的水下声音录制下来。

1. 能够听到的水下声音

你可以在几乎所有有水的地方使用水下听音器，如在家、海边度假、乘船出游、在湖上等，当然也能够听到海里、湖里、池塘里、小溪、游泳池、小河、大江里的声音，很多不同寻常并且不为人知的声音可以在水下听到。这个水下听音器会接收到所有经过的海船、汽船、潜水艇上螺旋艇桨旋转的声音，还能够听到游泳池里的人们跳水、游泳的声音。当目标转移到家里的鱼缸时，你又可以试着去识别红鳉鱼发出的极微小的声音，甚至可以蹲在你家后院的污水池旁去听蚊子幼虫的叫声。

2. 水下听音器接收装置

水下听音器接收系统由两部分组成：一部分是水下接收装置或传声器前级放大器组件；另一部分是电容和运算放大器组件。两部分由同轴电缆连接。

图 2-1-6，图 2-1-7 水下听音器或传送装置是如何安装起来的。传声器前级放大电路如图 1-8 所示。它装在一个小塑料胶片盒中，电容传声器用来做水下听音器的传声器，在当地的收音机小店铺里就可以买到。电压源经过偏压电阻 R_1 提供给电容传声器，电容传声器的声音输入传送给电容 C_1，C_1 的输出信号有经过高频率波电路，即两个 27 kΩ 的输入电阻 R_2 和 R_3 的组合工作电路，传送到运算放大器 U_1。U_1 是德州仪器公司生产的 TL072。在运算放大器打负输入端连接一个反馈回路，反馈回路包含一个 27 kΩ 和一个 1.5 kΩ 的电阻及一个 10 μF 的电容。电容 C_2 减小了 DC 增益，避免可能出现的过度补偿问题。电容 C_3 和电阻 R_4 使得输出部分的高频波衰减。输出部分的电容 C_4 阻挡 DC，当它与一个 10 kΩ 的分压器连接的时候，就又形成了一个高频滤波器。电容传声器电路可以安装在一个小电路板上。

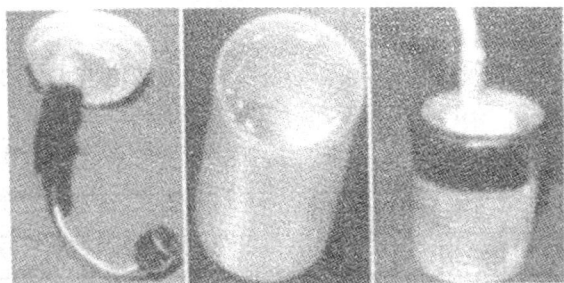

图 2-1-6　组装水下听音器和传送单元　　　图 2-1-7　组装水下听音器和发送单元

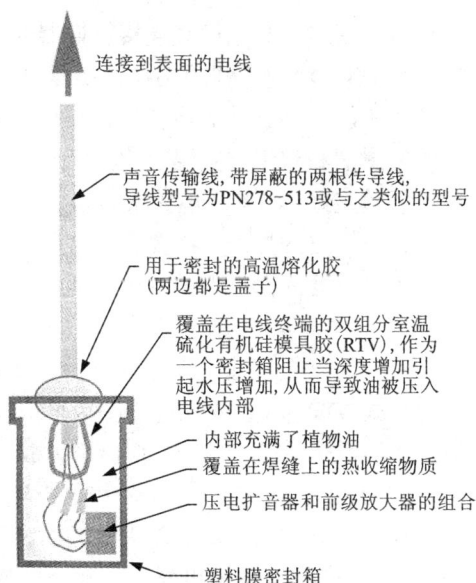

当安装电容和运算放大器的时候注意找准正、负极，确保在加电源的时候电路能按要求正常工作。

这个传感器或传声器前级放大器电路板和功率放大器电路板之间以一段同轴电缆相连。因此需要确定在转换和放大器之间的电缆长度，以满足应用的需求。第一步，可能需要一根 15~20 cm 长的电缆来连接转换器和放大器。接下来，需要找一个小塑料胶片盒，在胶片盒顶盖上钻一个小孔以便电缆线穿过，要保证钻孔的尺寸比电缆线的尺寸小，这样可以使得安

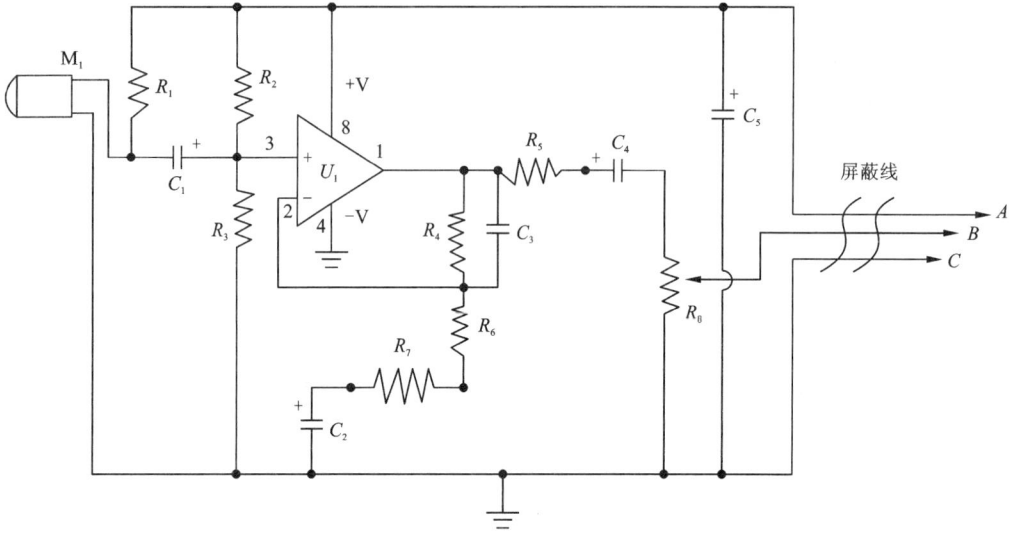

图 2 - 1 - 8　水下听音设备前级放大电路

装后容器密封。让电缆线连接转换器的一端穿过胶片盒的顶端(如图 2 - 1 - 6 和图 2 - 1 - 7 所示)。然后将电缆线焊接在转换器电路板上,再将电路板装进胶片盒,并且使电路板在胶片盒里不能发出晃动的声音。在胶片盒里添加低密度的矿物油到接近容器顶部为止。取一些硅酮密封剂和双组分室温硫化硅橡胶(PTV),在顶端内、外两面电缆线周围各滴上一圈,然后把顶盖盖好,将整个电路板封装进盒里,最后在顶端周围滴一圈硅酮密封剂。

在电缆线的另外一需要装上某种型号的插头,如 1/8 mm 小型声音插头,它可以与电路放大器框架盒前面板上的传声器插孔吻合。

水下听声器的主体放大电路是图 2 - 1 - 9 的中心部位的 LM380(U_1)周围的部分,LM380 是一个 2.5 W 的声音功率放大器。从传声器前级放大器(转换器)中引出的屏蔽电缆线连接到螺旋式接线柱上。A 端连接一个 12 V 电压源,给电容传声器提供偏压;B 端连接传声器前级放大器实际的声音输出,传给主体放大电路的输入端。C 端是在前置放大器和主体放大电路之间的系统接地端。前置放大器的声音输出经过电容 C_1 提供给主体放大电路,C_2 是一个 2.2 μF 的电解质电容器。放大器的输出受 R_3 和 R_4 组成的电阻、电容联合电路控制,又经过电容 C_5 连接到 8 Ω 扬声器上。水下听音转换器和前级放大器单元元器件表如表 2 - 1 - 4 所示。

注意,这个水下听音器由一个 12 V 电池组经由同轴电缆线提供电压源,并由开关 S_1、A 控制。远处的声音功率放大器也是由一个 12 V 的电池组提供电源,放大器的引脚 3、4、5、7、10、11 和引脚 12 都接地。主体放大电路是在一个小型的环氧玻璃电路板上搭建的,也可以选择在面包板上搭建电路。

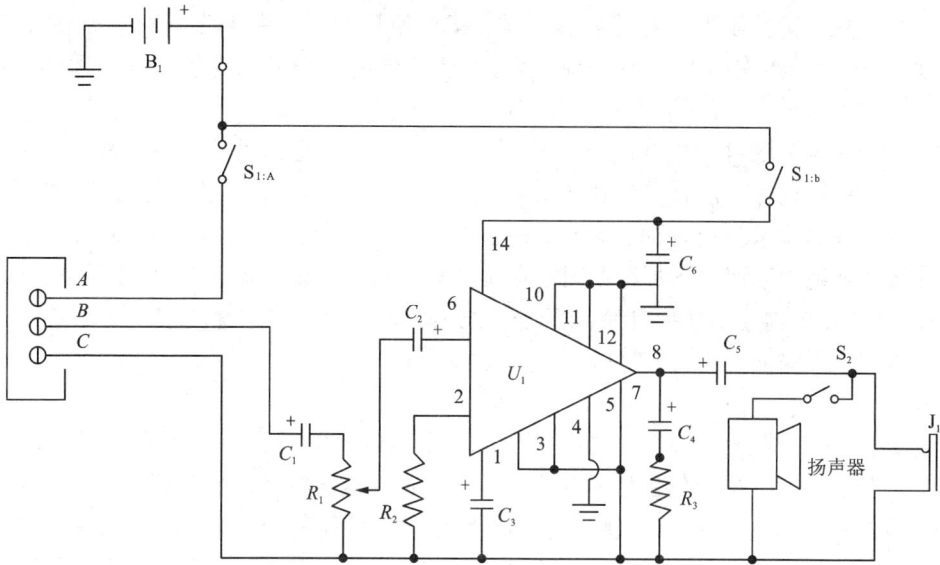

图 2-1-9　水下听音器主体放大电路

表 1-4　水下听音机转换器和前级放大器单元元器件表

元器件	说明
R_1	10 kΩ, 0.25 W 电阻
R_2, R_3, R_7	27 kΩ, 0.25 W 电阻
R_4	33 kΩ, 0.25 W 电阻
R_5	100 Ω, 0.25 W 电阻
R_6	1.5 kΩ, 0.25 W 电阻
R_8	10 kΩ, 电位计(对数分布)
C_1, C_4	2.2 μF, 35 V 电容
C_2	100 μF, 35 V 电解电容
C_3	3 μF, 35 V 圆盘形电容器
C_5	50 μF, 35 V 电解电容
U_1	TL072 运算放大器(德州仪器公司)
M_1	电容话筒
其他	印制电路板, 胶片盒, RTV 混合物, 导线, 声音传导线等

当装配水下听音前的电放大器组件时，试着为 LM380 放大器找一个合适的集成电路接口，安装时注意看准电容正、负极。当安装集成电路芯片时，必须保证安装位置正确，避免损坏电路。集成电力芯片上总会有标记，在引脚 1 右边有一个小圆形凹陷或在芯片顶部中心有一个直角切口。将所有的组件安装到电路板上之后，一定要查找虚焊点，检查是否有短路线路，整理好焊过元件后剩下的多余导线。

水下听音器的主体放大器电路封装在一个 5 mm×7 mm×2 mm 铝制框架盒里。有两个

拨动开关 S_1 和 S_2，声音控制盒输入插孔都镶嵌在框架盒的上面板上，耳机插孔 J_2 则安装在框架盒的后面板上。给水下听音器安装电源，建议使用两个能装 4 节 5 号电池的塑料电池盒，电池盒可以安装到铝制框架盒的顶盖上，8 节 5 号电池组可以提供一个合适的电流，并且能够使用相当长的一段时间。

把水下听音器安装到一根杆或一个把带上，就可以拿着它到船的侧缘或海堤外面去寻找鱼，用一段导线管或者一段竹竿。压平导线管的一端，放入水中，把装置用带子捆在上面。确保不要让带子覆盖装置的表面，保证它在水中对声音保持最大的敏感度。或者用水龙带卡子、条纹线或者绝缘带把水下听音器固定在竹竿上。如果想让听音器下到更深的地方，如 50 ~ 300 m，就套在全程使用屏蔽电缆，以免有太多掺杂，焊接所有电路接头，并给接头提供硅酮胶和绝缘带，以保证在所有的接头连接处防水。

3. 操作

当达到你感兴趣的地方以后，把水下听音器话筒插到放大器上，把装置打开，调节音量，使得当敲击传音器表面的时候能够听到很小的敲击声。这表明此时传声器和放大器都工作正常。把传音器扔进水中，在装置接触水表面的瞬间，将听到一个短促且很大的敲击声。可以通过这个声响来判断装置的工作状态是否良好。如果没有听到这个响声，那么就要检查是不是电池的电压不够，或者是哪个接头松动了，还是音量不够大。

4. 游泳池报警器

每当传声器接触水面的时候都会听到很大的响声，不管它入水中多少次。这个接触的响声与装置上的静电荷积累有关，积累的静电荷在话筒接触表面的时候迅速放电，产生响声。可以利用这个原理，把装置改装成游泳池泼溅报警器，只需把传声器悬浮在游泳池上方几厘米的位置。放大器的输出开始一会很安静，直到有游泳者跳入水中或有东西掉进水里，平静的水面被打破，紧接着会听到有一连串的池水泼溅到传声器上。放大器可以放在有人监视的房间里，用一根长的屏蔽电缆线连接到传声器上。如果给装置加上 120 V 交流电充电的 9 V 电池组，那么放大器就可以一直放在那里作为游泳安全装置而无须移动。

5. 家庭养鱼缸

家庭养鱼缸是开启你水下听音活动的另一个有趣的地方。当你听到家里的小鱼发出音乐一样的声音时，你会感到非常惊奇。有经验的人还可以分辨出最奇怪的声音是哪一种鱼发出的，而哪一种鱼最活跃却不出声等。

你可以在鱼缸旁边放一个收音机，让它的扬声器尽可能离鱼缸近，扬声器里传出的声音能够使鱼缸震动，这样里面的鱼就可以听到水中的声音。你可以把声音放大器放在另一个房间里，在那里听鱼发出的声音。当鱼距离传声器 6 mm ~ 1 cm 时，就能够听到它们发出的声音。它们离传声器越近，听到的声音就越大。

6. 湖、池塘和小溪

在乡村的湖、池塘和小溪中听到的声音可能会与在家中鱼缸里听到的声音不同。流淌的小溪会发出汩汩流动的噗噗声和咯咯的声音，它们会掩盖一些水中生物发出的声音。

7. 海边和海洋里

海边突出的码头是把水下听音器放到深水里听声音的好地方。有海边，在波浪拍岸的声音和风吹的声音，可能会造成干扰。在这种情况下，可以用一个使用电池的录音机把从扩音器里传出来的声音录制下来，之后在没有噪声干扰的地方听。录音机自带的放大器可能没有足够的放大能力去直接录制鱼的声音,所以有必要将放大器的输出信号提供给录音机的输入端。

为了确保录制到准确的声音,需要用一个阻抗匹配的变压器。这个电路可使得低输出阻抗的扬声器(4～8 Ω)与高输入阻抗的录音机(正常 1000 Ω)相匹配。

一个可以代替的方法是找一个电磁感应线圈,把它放在放大器上方,然后把它连接到录音机的输入端。它可以代替任何匹配的变压器,并且拾取的声音会与用传声器录制的声音一样。

8. 在船上听声音

汽船和游艇也是很好的倾听声音的平台。可以将其移动到不同的地方,关闭发动机,从船的一边把水下听音器放进水里,在完全安静的环境下倾听大海的声音。从岸边驶出的话,小划艇也是一个理想的工具。在划船上,你可以漂浮到不同的地方而不发出吓走鱼群的声音。在海上行驶的船上听声音会出现很多的问题,由于船的运动,水下听音器会被水拖动,这会在传输电缆上产生拉力。另外发动机和螺旋桨响声和船上的声音都会遮掩你想要听到的海中声音。

9. 超声波听音器

用超声波听音器来收听超声波的神奇世界吧!你将听见频率超过人耳能够听到的声音,如玻璃破碎、电弧发出的声音(图 2-1-10)。这个工程使你能够听到另外一个声音世界,这个声音甚至很少有人知道它的存在。超声波听音器的应用简直不计其数,从气体和液体的泄露到机器的磨损,包括轴承、旋转件和往复运动的器械,再到检测绝缘线的漏电等。自然界生物发出的整个声音都是可以听到的,像猫踏过草坪的声音,钥匙链发出的叮当声,甚至塑料袋的破裂声都可以听得很清楚。在温暖的夏天的晚上,能够听到的声音就更加多了,像蝙蝠和昆虫们发出的美妙声音,简直就是大自然的乐团处在最佳状态的演奏。手提式的超声波听声器可以很容易探测并找到这些高频率的声音。

图 2-1-10　超声波听音器

添加一个抛面物反射器可以大大提高这个超声接收装置的性能。因为超声波的频谱超过了人类能够听到的范围,所以它们只能用间接的方法听到,像频率外差法。频率外差法是一种现代无线接收器上广泛应用的方法。在一个外差法的超声波接收器上,应用了一个本机振荡器(LO)来产生方波。LO 的输出频率为 20～200 Hz。输出的信号也就是频率输出(FI),先被一个超声波转换器接收,然后经过一个三阶放大器放大。输出信号接着在混频器中混合,产生的一个和频波(LO + FI)和一个差频波(LO − FI)刚好在可听到的频率范围内,因此经过放大,就可以用扬声器和耳机听到了。一个系统模块电路如图 2-1-11 所示。

用一个特殊的电压超声波转换器作为传声器来探测高频超声波。每当声音压力加载转换器上的时候,它的工作频率只有 20～100 kHz。从转换器输出的这个弱信号传递给 CD14069 集成电路(IC)U_{1A} 的输出引脚 9 和 U_1;是一个 16 进制的反响器 ic。这个数字 ic 连接了一个从输出端

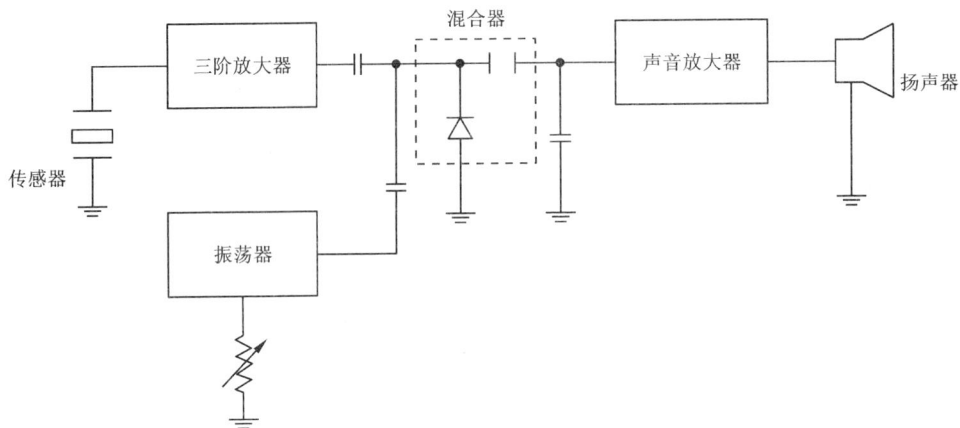

图 2 - 1 - 11 超声波听音器模块电路

返回输入端,包含电阻 R_1、R_2、R_3 的反馈回路,工作在直线波形下。这个从转换期输去的信号经过 $U_{1:D}$、$U_{1:E}$、$U_{1:F}$ 的三阶放大,再经整流传送到混频器 C_7,如图 2 - 1 - 12 所示。

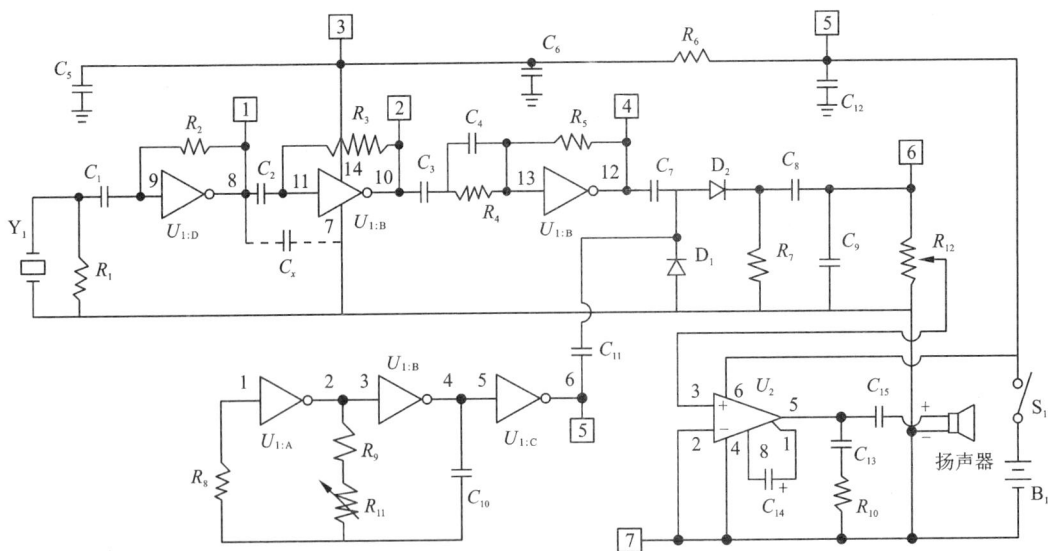

图 2 - 1 - 12 超声波听音器电路

集成电路 $U_{1:A}$ 和 $U_{1:B}$ 连接到一起组成了一个可调的振荡器。振荡器的频率由 R_9、R_{11} 和 C_{10} 决定。这个频率可以通过调节可变电阻 R_{11},使频率范围在 20 ~ 100 kHz 之内改变。U_1:A 和 $U_{1:B}$ 输出的方波经 U_{1C} 缓冲,再经过电容 C_{11} 连接到混频电路。

在混频电路中,从 C_7 输出的经过放大的信号(FI),和从 C_{11} 输入的本机振荡器(LO)信号被二极管 D_1、D_2 及和波(LO + FI)混合。和频波被电容 C_9 掉了,如图 2 - 1 - 12 所示。差频波(LO - FI)经过 U_2 处的 LM386 功率放大集成电路(IC)放大。LM386 可以提供最高 1 W 的输出信号给 8 Ω 的扬声器。R_{12} 用于音量控制,可以控制功率放大器的输出信号的强度。

90

　　低频信号的不稳定性被电源信号的 C_5、R_6、C_{12} 阻止。U_2 的高频稳定性被 C_{13} 和 R_{10} 增强。这给超声波听音机由一个标准的 9 V 晶体管收音机电池组提供电压源。该听音器经过改进可以收听蝙蝠发出的高频声音。

　　这个超声波听音器搭建在一个小型的玻璃环氧电路板上，尺寸是 2.5 mm × 1.75 mm。这个结构紧密的电路板装进了所有的组件，包括分压器、集成电路、电容和二极管等。超声波转换器安装在电路板外，紧靠小塑料外壳已经钻出了几个小孔，以供声音的输出（图 2 – 1 – 13）。

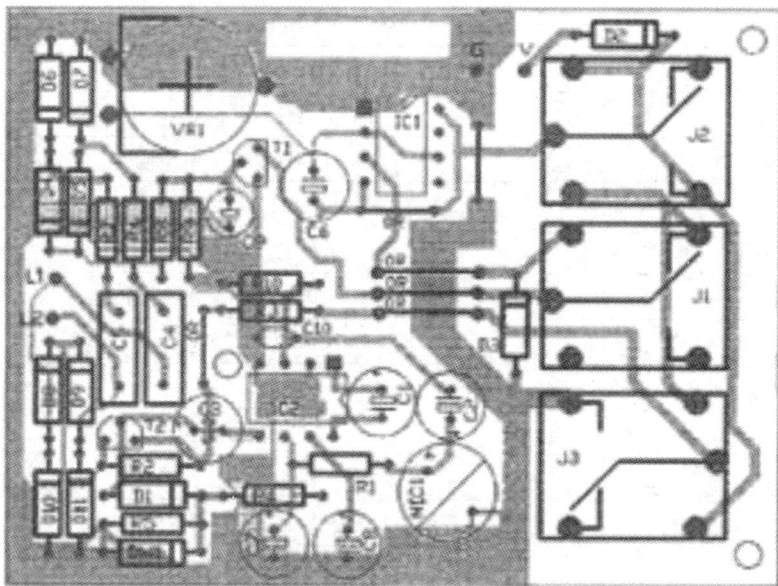

图 2 – 1 – 13　超声波听音器电路板

　　原电路被修改了一下来帮助实验者听蝙蝠发出的高频声音。这点变化是去掉了电阻 R_1，在 U_{1D} 的引脚 8 和 U_{1E} 的引脚 7 之间增加了电容 C_x，如图 2 – 1 – 13 所示。

　　往电路板上安装组件的时候，仔细看准电容尤其是两个二级管和集成电路的正负极。如果可能的话，为集成电路芯片使用集成电路接口，以免日后出现麻烦，集成电路芯片在顶点有一个凹槽，经常在引脚 1 的右面。集成电路芯片上在引脚旁边有一个小圆圈或小圆点。确保你的集成电路芯片安装方向正确，并且再接电源之前检查电路连线。

　　开关声音控制器和调频控制电阻及耳机插孔安装在后面板上。装置的前面板上安装定向的接收转换器。手柄里安装电池组。可以选择添加一个抛物面反射器，这样就能大大提高装置的性能，能够提供更大的声音增益和很好的方向性。

　　解释这个超声波传声器原理的一个很好的例子是多普勒效应。多普勒效应是指当观察者朝声音源移动的时候，会感觉到声音频率越来越高。当你意识到声音的传播是一列纵波以相对稳定的速度传播时，这个现象就很容易理解。当观察者朝声音源移动时，它在更短的时间内拦截了更多的波，这样听到的声音就相当于波长变短了或者频率变大了。

　　超声波听音器元器件表如表 2 – 1 – 5 所示。

10. 应用

一个有趣的高频声音发生源是很多种昆虫发出的寻偶和警告信息。很多人造装置也可以很容易的发出高音频，只是可用超声波听音器探测到的潜在高频声音资源的一小部分，如：①气体泄露；②水渗漏或泄露；③高压电晕放电，电火花放电或闪电放电；④燃烧和化学反应；⑤动物行走在潮湿的草坪或灌木丛中(几号的打猎和跟踪的助手)；⑥夜晚宠物行走在黑暗的地方(帮助寻找丢失的宠物)；⑦计算机显示屏和电视机里的高频振荡器；⑧机械轴承；⑨汽车里发生的故障(震动，咯咯作响，发出吱吱的响声等)。

表 2 – 1 – 5　超声波听音器元器件表

元器件	说明
R_1, R_9	10 kΩ, 0.25 W 电阻
R_2, R_3, R_5	1 MΩ, 0.25 W 电阻
R_4	100 kΩ, 0.25 W 电阻
R_6	470 Ω, 0.25 W 电阻
R_7, R_8	470 kΩ, 0.25 W 电阻
R_{10}	10 kΩ, 0.25 W 电阻
R_{12}	10 kΩ, 电位计
R_{11}	200 kΩ, 电位计
D_1, D_2	1N4148 硅二极管
C_1, C_2, C_7	0.01 μF, 25 V 陶瓷电容
C_4, C_{11}	20 pF, 25 V 陶瓷电容
C_5	200 μF, 15 V 电解电容
C_6, C_{13}	0.04 μF, 25 V 陶瓷电容
C_3, C_8, C_9	0.0022 μF, 25 V 陶瓷电容
C_{10}	100 pF, 25 V 陶瓷电容
C_{12}	100 μF, 16 V 电解电容
C_{14}	10 μF, 25 V 陶瓷电容
C_{15}	47 μF, 16 V 电解电容
C_x	100 pF, 25 V 陶瓷电容
U_1	CD14069 IC
U_2	LM386 声音放大 IC
SPKR	8 Ω 扬声器
BT	9 V 晶体管收音机电池组
Y_1	超声波转换器
其他	电路板，导线，接口硬件，同轴电缆线，塑料盒等

单元六　次声波微压计

次声波与超声波相反，是人耳听不见的低频波。人耳能够感觉到的声音的最低频率可以为大约 20 Hz，也是音阶最低的音符。次声波是某些科学家和研究者研究的主要领域，他们对 10 Hz 或 10 Hz 以下直到 0.001 Hz 的声音感兴趣。事实上，次声波的范围与用来监测地震发生的地震仪的敏感频率范围是相同的。可以推测，当地震发生时，地壳发生震动的同时也震动空气，产生的次声波可以从震中地区传播到很远的地方。火山喷发也会发出相当有震撼力的次声波。

就好像一颗石头抛入湖水中产生的波纹一样，次声波在地球上也是以同心圆的形式向外扩散传播。它们很大，很缓慢，能够持续很长时间。从一个中国的核爆炸测试中发现次声波要经过 6 h 才能传播到阿拉斯加，而这列波再经过 37 h 传播就可以绕地球一周。

海上的大风暴会由它下方的水波在空气中产生波，叫做微压波。微压波会妨碍到防御部门的工作，因为微压波的频率接近核爆炸产生的次声波的频率，所以它们会扰乱电子仪器的监测。微压波在冬天非常盛行，以至于在阿拉斯加的海湾科学家们根据微压波追测到风暴的移动轨迹。当空气团越过山脉的时候，大气层本身就会产生次声波，就好像你在牙齿缝间吹气会发出声音一样，只是音调上比你吹气发出的声音低了 1000 倍。高空龙卷风和湍流也会产生次声波，那些在雷暴上空从高处自上而下劈开的神奇闪电也会发出次声波。其他的次声波来自太空，极光发出的声音频率在 0.01～0.1 Hz 范围内，可以传播 1000 km 远。流星也会产生次声波，声音监听站可以接收到这些声音。

研究者研究次声波有很现实的理由。美国空军已经利用次声波检测器来探测其他国家的地上核爆炸、火箭发射以及超音速喷气式飞机。在多国签署了全面禁止核试验协定后，一个全新的全球范围内联网的超声波监测站正在建设之中。

地球上的大气层囊括了极其强大的波系统。像远洋航行的同伴一样，大气中的波总是由充满能量的风暴引起的。但是当有流星划落或者火山爆发的时候它们也可以产生和传播，就像平静的池塘里的波纹。然而即使是最厉害的大气海啸也非常难以探测到。大气中的波会使得气压背离原值，这个偏移量一般只有几毫巴（千分之一个大气压），这样一个微小的波动经常要持续几十分钟，有时甚至几小时。

次生波微压计项目是由一位有天赋的科学爱好者保罗·尼赫设计的。这个微压计的关键部件是一位压力计（这里是一个 U 形管和传感器），被用来平衡压力计里的压力和封在铝制瓶里空气的压力，这个铝制瓶的温度保持得比环境温度略高。因为孤立的气体的压力随温度变化，所以任何外部压力的改变都要与瓶内的温度变化相匹配。尼赫的仪器通过检测压力计里液柱的高度来检测外界的压力波动。外界的压力升高，压力计里的液面就会降低，从而使加热线圈给瓶子加热。如果压力降低，液面会随之升高，这样加热器一直处于关闭状态，就会使得瓶子稍微冷却一点。用如图 2-1-14 所示的仪器监测温度的变化，可以发现出空气压力的微小变化。这个铝制瓶是用一个完全排去水的容量为 1 L 的轮胎充气筒制成的，用一个上面有独孔的橡胶塞代替原来的筒盖就可以了。压力计是用一个玻璃管经丙烷喷灯加热弯曲制成的。但是需要连接两段干净的硬质塑料管和一段短的易弯曲的塑料管。在里面添加约

1/3 的液体，这种液体需要有较低的黏度，并且不蒸发。试着去找一些干净的 DOT3 制动油来，这种液体非常适合制作压力计。

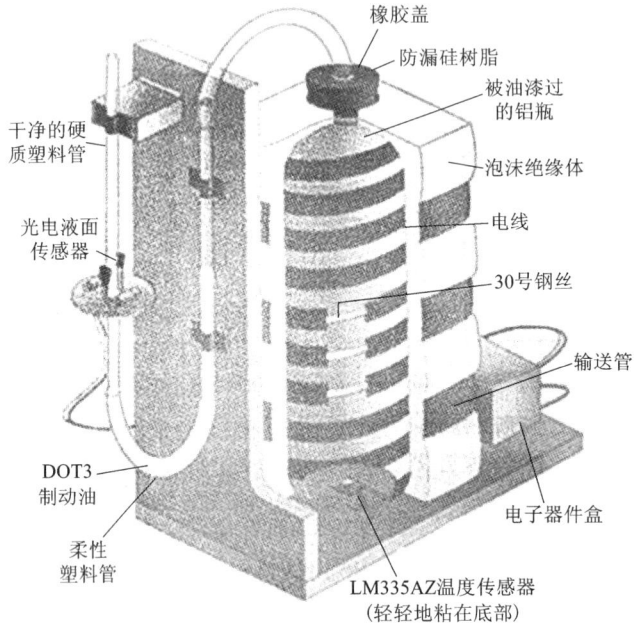

图 2 – 1 – 14　微压计检测仪结构

　　这个装置利用了透明流体对光的会聚作用，通过透明流体将红外线发光二极管发出的光会聚到一个光点晶体管上，以此来感受液面高度的变化。当液面下降到低于设定的位置时，光线是发散的，仪器检测不到。这个变化会引起与光电二极管相连的电路向加热器输送电流。尼赫利用了从手工艺店买来的串珠子的细丝做加热丝。

　　有人经常喜欢用 30 号(1/4 mm)钢丝作为串珠子的线来串珍珠。这种钢丝每米有3 Ω 的电阻，应用在这个装置上很理想(图 2 – 1 – 15)。在给这个瓶子涂瓷漆作为绝缘处理以后，将电线沿瓶子间隔均匀地缠绕几圈。然后在瓶子周围包上约 1 cm 厚的绝缘材料，如泡沫橡胶或者泡沫绝缘材料。工作的时候，电路每隔 10 s 给瓶子微微加热一次，补充被绝缘材料散掉的热量，保持液面的高度稳定。LM335 芯片是一种敏感的固态温度计，温度每改变 1℃，输出电压会改变 10 mV。它可以测量到约 0.01℃ 的温度变化，这个温度正好与 20 μbar 的气压相对应，这是一个不足大气压两千万分之一的压力。

　　开始观察之前，断开压力计与铝制瓶之间连接的管子，用阻止光到达光电晶体管的方法给瓶子加热到室温以上 10℃(约 18 ℉)重新把管子连接好，保持瓶子的温度稳定。很容易知道装置工作是否正常非常简单：把装置举高就可以了。每举高 1 m 气压将下降 100 μbar。给微压计标定的压力范围可能比通过举高它产生的压力大。这个办法非常简单：把发光二极管和光电晶体管在压力计的管柱上成对地向上或向下移动一点，电路就会调节瓶子里面的温度，相应地提高或降低 LED 和光电晶体管之间的液面高度。这个处理会使得液面不平，因为外界气压和瓶内气体存在压力差，会支撑一部分液体的质量。DOT3 制动油在美国广泛使用，

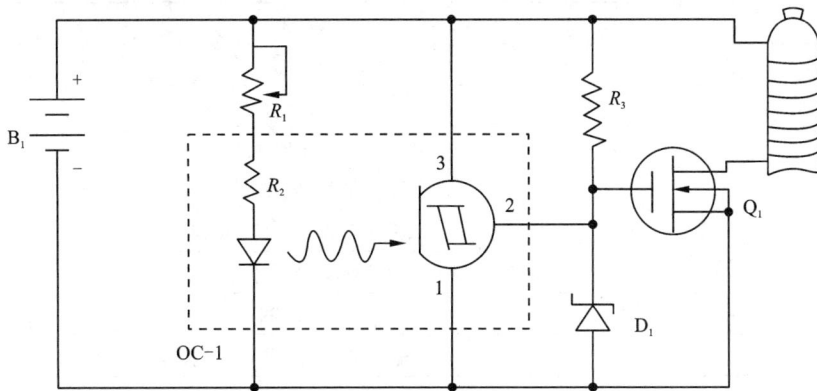

图 2 - 1 - 15 微压计发热电路

它的相对密度是 1.05。对于这个值，与 1 cm 液面差相对应的压差是 2.62 mbar(1.03 mbar)，这就可以给装置设置一个已知的压差，此时测量对应的输出电压就可以了。为了让 LED 和光电晶体管组合更容易移动，可以把这个装置镶到一个中间有孔的电路板上，而中间的孔足够让压力计的管子穿过。从光电晶体管引出的一段电缆与图 2 - 1 - 16 中的放大器电路相连。

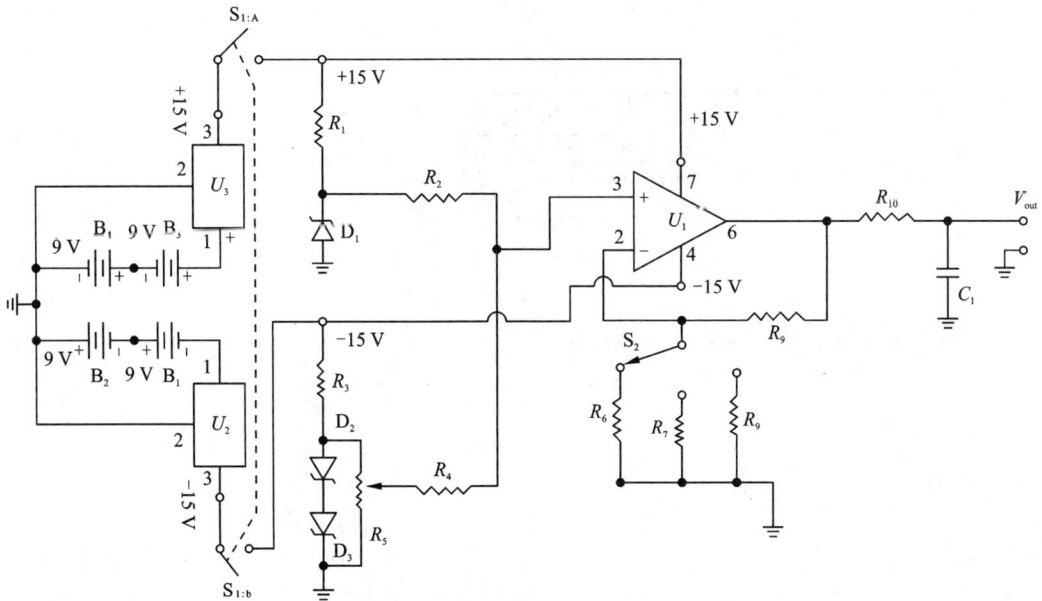

图 2 - 1 - 16 微压计输出电路

用电压表来读取光电晶体管电路的输出，或者用计算机和一个模 - 数转换器连续记录下变化的电压值。这个敏感的微压计可以监测到大气风暴产生的次生波，让它每天不停的吹过我们的生活。组装微压计所需的电路元件表如表 2 - 1 - 6 ~ 表 2 - 1 - 8 所示。

表 2 - 1 - 6 微压计发热器电器电路元件表

元器件	说明
R_1	1 kΩ 电位计
R_2	750 Ω 电阻
R_3	39 kΩ 电阻
D_1	12 V 稳压二极管
Q_1	IRF - 520 功率 MOSFET
OC - 1	H23LOI 光耦合器
L_1	发热线圈
B_1	12 V 汽车电池或者 12 V 交流适配器

表 2 - 1 - 7 微压计输出电器电路元件表

元器件	说明
R_1	1 kΩ 电位计
R_2	750 Ω 电阻
R_3	39 kΩ 电阻
D_1	12 V 稳压二极管
Q_1	IRF - 520 功率 MOSFET
OC - 1	H23LOI 光耦合器
L_1	发热线圈
R_1, R_3	10 kΩ, 0.25 W, ±5%, 电阻
R_2, R_4, R_9	1 MΩ, 0.25 W, ±1%, 电阻
R_5	10 kΩ, 电位计(10 匝)
R_6	100 kΩ
R_7	10 kΩ
R_8	1 kΩ
R_{10}	15 kΩ
C_1	10 μF, 25 V 电解电容
D_1	LM335AZ 温度传感器
D_2, D_3	LM336Z 电压参考源
U_1	OP - 07CN 精密运算放大器
U_2	LM7915 - 15 V 稳压器
U_3	LM7815 + 15 V 稳压器
B_1, B_2, B_3, B_4	9 V 电池组(或电源)
J_1	2RCA 输出插孔
S_1	DPDT 双刀双掷拨动开关(电源)
S_2	三位换向开关(增益)
其他	印制电路板, 端子, 地盘盒等

表 2 – 1 – 8 微压计附加元件表

英文表达	中文表达
Aluminumtere inflator bottle, painted with enamel paint	铝制轮胎充气筒，喷瓷漆
#6 single – hole rubber stopper	#6 单孔橡胶盖
30 – gallon wire（beading wire），1 ohm/per foot resistance	30 号金属线（串球线）
2 wood boards used for component mounting	2 块安装元件的木板
Wood block to hold plastic tubing	固定塑料管的木块（压力计装配件）
2 pieces of clear rigid plastic tubing	2 根清洁的硬质塑料管
Foam insulation	泡沫绝缘材料
Electrical tape	电线
Silicone caulk	硅树脂填充物
duct tape	输送管
Small circuit board used to house optical sensor	容纳光学传感器的小电板
DOT3 brake fluid	DOT3 制动油

项目二
光的探测和测量

人类认识无线电的本质是电磁能的几千万年前，人们所认识的光，现在我们称之为电磁波。尽管人类的眼睛对光很敏感，但是仍没有办法看到无线电波，想看到无线电波，我们就需要具备一个无线电接收器。远古时期，人们能够看到星星的时候就有了无线电接收器的雏形。

光被定义为人眼能够看到的具有电磁能的波。人眼的反应也就定义了光的频率范围，正如人们也确定了声音的频率范围一样。如图 2 - 2 - 1 所示，可见光只覆盖了一段很窄的频带。

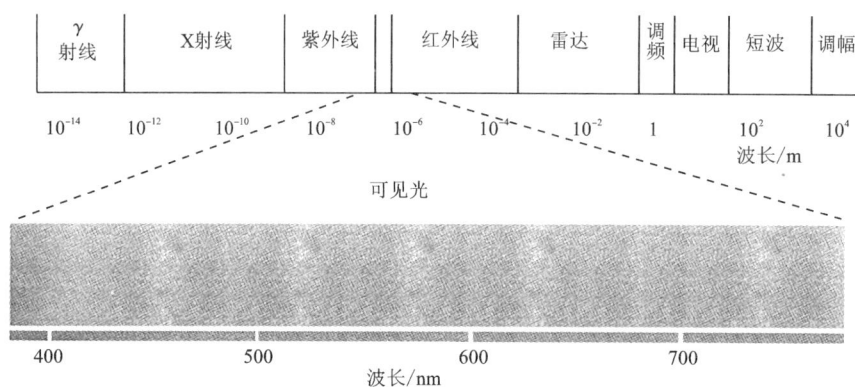

图 2 - 2 - 1 可见光的波长

当人们看光、看太阳或者观赏景物的时候，识别的是一个频率范围内的光，也就是同一频率范围内不同颜色的光，尽管人眼能够分辨出 100 万种颜细微色有差别的光，但是这些光在很窄的频率范围内，可见光的部分只占了整个光频谱的 1.6%。这个频率密度相当于把所有人造无线电波装进了 550～880 Hz 标准的 AM 收音机广播波段。人的眼睛确实是一个神奇的电磁波接收器，试想一下，如果你注视一件黄颜色的裙子 1 s，电磁在你的视网膜上要在这么短的时间内振荡 10^{15} 次。如果你要数所有落在海滩上的光线，将需要 1 万年，这与黄色光在 1 s 内振荡的次数是一样的。

如果用通常描述声波波长的单位来描述光波波长就显得太大了，所以人们定义了新的单位。如果用人眼对光的灵敏度的 1% 来定义光波波长的范围，这个波长是 430～690 nm（1 nm = 10^{-9} m）。

在这一项目中，我们将详细研究光传感器，像光电池或太阳能电池，并且讲解如何使用它们来探测存在的光线和缺失的光线，如何去测量太阳能常量，以及如何测量紫外线（UV）和探测大气中的臭氧。这里还要利用光传感器来制作光学听音器，也就是说我们要去听光的声音，是在振幅的领域去用耳朵听，而不是在频率的领域用眼睛看。在完成了光听音器之后，我们还将听到电子演奏，汽车头灯唱歌以及燃料的火焰和闪电的声音。你将能够听到所有的光源，知道它们听起来是怎样的音调。另外，你将学习通过自制的光学速度计来测量物体的速度。最后，还要看一下如何利用光紊流计来探测和测量水污染。

单元一　光探测仪器

有很多名字用来描述光电池，最流行的说法是太阳能电池，还有如光电池、电眼等。然而，最准确的应该是光生伏打电池。有两种类型的光生伏打电池：硒光电池和硅电池。光生伏打电池不同于其他的光电池，因为它有一种特性，就是当光照射在它的感光表面的时候会产生一个电压。这个自生的电压（最高可达 0.58 V）会在与它表面连接的电路中形成电流，给发动机或电池供电。

其他光电池还有光导电管和光电发射管。光导电管是一种半导体器件，它的电阻或传导性是一定量的光照射在感光表面作用的结果，光导电管也叫光敏电阻；光电发射管有很高的阻抗，一般与大电阻电路连接时使用。

硒光电池是非常敏感和可靠的固体装置，广泛用在探测红外线、可见光、紫外线频率范围内电磁波的电路中。硒光电池可以从无线电设备商店买到，价格不超过 2 美元。有了它就可以轻松地做本项目的实验了。硒光电池在这些测试和例子中表现出的性能也非常好。

光电池的制作和使用都非常简单，它外形很粗壮，包含一个上面沉积有多层硒合物和贵重金属组成的金属底盘。这个金属底盘可以是钢，也可以是铝的。底盘上的硒金属层上面覆盖了一层隔层和一个透明的表面电极。硒金属层和隔层非常薄，约分子级别的厚度。硒金属层是两层中比较薄的，只有 0.002～0.003 mm 厚。整个光电池外面被一层热固树脂保护层包围，形成了一个结实的、不易碎的防震外皮。像大部分的固态装置一样，硒光电池有结实的外壳，可以承受掉到地上的震动。当然这样的堕落会使内部迅速产生一个真空气泡，即使多年也不会消失。

当光照射在光电池上面的时候，会穿过透明的表面电极，引起硒层释放电子，接着电子穿过隔层，聚集在表面电极上形成负电极。由于隔层具有单向导电的特性，电子不能够返回硒金属层。这个聚集了电子的环状或带状物形成了电池的负极，而金属底盘则成为电池的正极。连接负极的导线是黑色的，它与缠绕在电池的负极边缘上的白色带状物相连。从金属底盘引出正极的导线是红色的。光电池是一种电压源，它的负载经常是充电的蓄电池。

硅光电池是一种最普通的光生伏打电池，它应用光电效应原理，让光能转变成电能。这种光电池的主要部分是掺杂微量杂质的硅。在纯硅中，原子被固定在晶格中，各个原子之间以共价键相连，共享外层的四价电子。由于很少有电子和正电荷能够运载电荷，因此纯硅的导电性是很差的。

在含有杂质的硅中，带有三个或四个共价电子的原子被引进到晶格当中。例如，砷和磷有五个共价电子。因为硅原子只需要四个共价电子就可以形成稳定的结构，所以有一个自由电子可以移动，也就是可以运载电荷。因此掺杂了砷和磷的硅中存在很多的自由电子(与纯硅相比)，这种硅被称为 n 型硅。

如果在硅中掺杂硼，因为硼原子有三个共价电子，所以当它们与硅结合的时候会缺少一个电子。这个空缺电子的"穴"也是可以移动的。由于在掺杂硼的硅中有很多这种带正电荷的"穴"，所以这种硅称为 p 型硅。

在一个硅光电池当中一个 n 型硅板紧贴着一个 p 型硅板放置。在这两者接合的地方，n 型硅板中的自由电子会迁移到 p 型硅板中，填补 p 型硅板中的"穴"。一段时间之后，很多自由电子与"穴"结合，在界面处形成一个隔层，阻止"穴"和自由电子继续移动。

在硅光电池的 $p-n$ 型结构中会形成一个电场。n 型硅板是正极，因为电子的迁移会产生很多多余的电子，相反地，电子的迁进使得 p 型硅板变成负极。电场和隔板共同作用就形成了二极管。由于电场的存在，电子可以很容易地从 p 极向 n 极移动，而反方向的移动则很难实现。

最简单的光电池就是硅二极管，而制作二极管更有效的新材料仍在研究。现在的二极管被封装在玻璃表面的塑料盒里，它们的使用寿命可超过 40 年。在地球表面，太阳光可以提供 1 kW/m² 的能量，但是大部分的光电池只有 8%～12% 的利用率。在沙漠地区，如果把光电设备安装在托架上，它们每天可以平均工作 6 h。

太阳能板有四种不同的类型，最普通的是单晶体硅板和多晶体硅板。在四种类型当中，单晶体硅板效率是最高的，也是价格最昂贵的；多晶体硅板要便宜一些，效率也要低一些；另外一种是无定形硅光电池，它可以安装多种底面，包括可变形的，如金属板和塑料板等。无定形硅光电池最主要的优点是它们比晶体光电池的生产成本低很多。对于微晶硅的处理过程与无定形硅基本相同，并且微晶体硅显示出对长波光线更好的吸收效率。实验中无硅的太阳能板是由碳微管嵌入特殊的塑料中制成。它的吸收率只有硅板的 1/10，但是它可以在一般的工厂里生产，不需要清洁的厂房，所以成本更低。太阳能电池可以用来给很多设备提供能量，包括卫星、计算器、远程无线电话、广告牌等。很多的时候，可以把很多的光电池连接在一起形成太阳能板，来提供一个更大的电压和电流。光电池提供直流电，既可以直接使用，也可以转变成交流电给日常家用电器供电和给蓄电池充电。这个从直流到交流的转换可以通过一个变压器来实现。

知识链接

法国的科学家 E. 贝克勒尔，于 1838 年首次注意到光电效应现象。1873 年，K. 史密斯发现在光照的条件下砷的电阻会改变，这就是光导效应。19 世纪 80 年代，H. 赫兹在做电磁波实验的时候发现光发射效应。早期的光电管用碱金属做阴极的，这也是出自赫兹的工作。1880 年，亚历山大·格雷厄姆·贝尔第一次利用一束光与人对话，他用一个自制的硒光电池做检波器，通过一束光传送了他的声音。

光电池的发明要归功于一个人，他就是夜间飞行和导弹研究的先行者——安东尼·H. 拉姆。1931 年，他被威胁说如果继续做这个研究的话就会被解雇，所以他转去做了著名的韦斯顿曝光表。拉姆 72 岁的时候，获得了他的第 200 个专利权。光电池的发明可能是过去 100 年来最重要的发明之一，因为光电池可以吸收太阳中的光能，把它直接转化为电能。这对于人类寻找能够代替石油的新能源是一个重要的发现。

最后一个发展起来的光电设备是 1914 年出现的硅电池，由贝尔实验室的研究者们完成。贝尔实验室的研究者们还做了液态结光生伏打电池的研究，这种电池证实比固态电池价格更加低廉并且更加容易生产。在液态电池中，电能在固态电机和水溶液连接处产生。在全固态的电池生产中，必须确定不同晶体层的排列，这样才能保证电池的正常工作。但是，液体比较容易与电极一致，所以液态结电池省去了排列的成本。目前研究的是使用半导体作一个电极，另一个电极用碳或一系列普通金属。两个电极都被浸在多硫化物的水溶液中。当光线照射在半导体电极上的时候，电流就通过溶液从一极传送到另一极。另一个在同一时期研究晶体管的人是沃特·H. 布拉顿，在硅光电池发明之后的 1955 年他发表了关于半导体 - 液态结的论文。

单元二　光听音器听光的声音

利用光电池和光听音器，人们可以在振幅的领域中来观察光。下面用一个敏感的光探测器和高增益的声音放大器来做一个实验，实验内容是制作光听音器。

这个光听音器可以用电磁波来表演，如汽车头灯歌唱。把光听音器对准红外线遥控器或相机的闪光灯，就可以听见这些光源的声音，也可以用它去听任何光源，去"看"一下它们听起来是怎样的。

光听音器是一个高增益的声音放大电路，它能够用来研究跳动的、闪烁的或者是变化的光。这个电路非常简单，如图 2 - 2 - 2 所示，光听音器电路以光传感器为中心，电路中的光传感器是一个光生伏打电池，在 D_1 处。从传感器输出的信号经过电容 C_1 连接到第一个放大器 U_1，运算放大器 U_1 是一个 LM741 芯片，如果需要的话它可以用一个低噪声的运算放大器替换。在运算放大器的输入和输出引脚之间连接一个增益电阻 R_1。电容 C_2 被用来连接第一个放大器的输出和第二个放大器 U_2 的输入，集成电路 U_2 是一个 LM386 声音放大器。分压器 R_2 放在 U_2 的输入电路中，用来调节增益或者是音量。声音放大器的输出引脚 5 由一个 100 μF 电容 C_4 与一个 8 Ω 扬声器连接。这个光听音器可以用一个 9 V 的晶体管光收音机电池组提供电源，这样电路就可以比较轻便。

这个光听音器可以在一个面包板或者一个印刷电路板上制作。因为这个电路工作在可听见的频率范围内，所以电线要求并不是很严格，然而元件之间的导线要尽量短。在连接电路时，一定要用额外的时间观察电容和光电池的正、负极。强烈推荐使用集成电路接口，以便日后运算放大器损坏时更换。注意到集成电路芯片上会有位置标记，标记出引脚 1，这个标记经常会出现在芯片上引脚 1 的左边。一般情况下，会在芯片顶部找到一个直角切口或在引脚 1 附近找到一个小的圆形凹陷。这些标记会帮助你找到引脚 1 的位置。连接 9 V 的电池组，从电池盒的正极引一根导线连接开关的一端，开关的另一接线端连接到电路的正极 C_3。完成电路后，在接通电源之前要检查两遍电路连线，以避免在接通的时候烧毁电路。检查电路板上是否留有剪断的游离元件导线，它们可能会在在安装的时候黏附在电路板上。找一个小金属盒把光听音器电路板装进去。一个 4 mm × 5 mm × 1.5 mm 的盒子就可以作为原型了，也可以选择修改一下电路，安装一个耳机插孔，在需要的时候关掉扬声器。你需要决定是否把传感器直接安装到框架盒的顶部，或者把传感器作为一个探头放在远离框架盒的地方。如

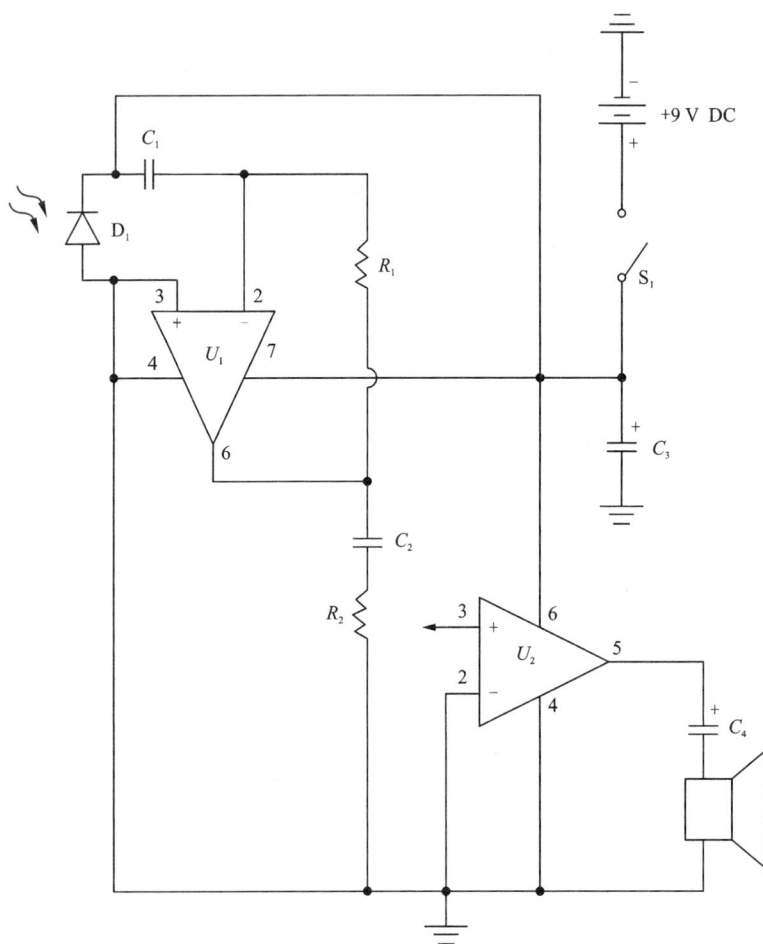

图 2 - 2 - 2　光听音器电路

果选择后一种,需要考虑使用一个小的接口放在电路的输入端并用一根 RG - 74U 型同轴电缆连接光电池探头和放大电路。电源开关和耳机插孔安装在框架盒的前面板上,电路板安装在框架盒里面。一旦安装完毕,就可以打开电源开始对光进行研究了。你可以做进一步进行实验,在光电池前面放一个放大镜镜头来增大光听音器的探测范围。

　　人眼的视觉信息可以保持 0.2 s,因此光的频率如果 >50 Hz,看起来就是持续的。人耳对声音的感知要更加灵敏,频率范围为 20 ~ 20000 Hz。所以,光听音器将人眼无法识别的跳动的、闪烁的光转换成声音,这样就可以听得清清楚楚了。表 2 - 2 - 1 为光听音器元件表。

表 2 - 2 - 1　光听音器元件表

元器件	说明
R_1	1 MΩ, 0.25 W 电阻
R_2	10 KΩ 电位器(嵌入外壳)
C_1, C_2, C_3	0.1 μF, 35 V 圆盘形电容器
C_4	100 μF, 35 V 电解电容
Q_1	FPT - 100 光电晶体管或 TIL - 414 红外线光电晶体管
D_1	硅太阳能电池
U_1	LM741 运算放大器
U_2	LM386 声音放大器集成电路
S_1	单刀单掷开关
SPK	8 Ω 扬声器
其他	印制电路板, 框架盒, 导线, 耳机插孔, 集成电路接口等

1. 听白炽灯光

把光电池塞进光听器中, 打开放大器开关直到听到很大的嘈杂声。晚上开着灯, 嗡嗡的声音就会从附近的白炽灯传出来。你听到的这个声音频率是 120 Hz, 是 2 倍 60 Hz 交流电源的频率, 不要把听音器的放大倍数调到最大, 因为光电池在太阳光或强光下本身可以输出 0.5 V 的电压。当把所有灯关掉的时候, 听音器也会随之安静了, 因为这时已经没有光线照射到光电池上, 开着灯的时候, 如果用手挡着光电池, 发出的 120 Hz 的声音就会变小。

2. 听荧光灯光

荧光灯在 60 Hz 的交流电源下, 也会发出 120 Hz 的声音, 只是这个声音没有白炽灯光那么柔和。注意到这两种都是在半周期 60 Hz 的电源下发出 120 Hz 的声音。因为白炽灯在工作的时候是热的, 在 2 个电压输入周期之间不能够完全冷却, 所以它的灯光要更持续, 而荧光灯每隔半个周期就会明暗交替闪烁。

3. 听电视机阴极射线管的声音

如果想做能听见变化但是看不见变化的光的实验, 电视机的阴极射线管是一个很好的对象。阴极射线管发光时, 你将听见的声音主要会是 30 Hz 的嘶嘶声, 这是美国电视机画面帧频。电视机扫描的频率是 60 Hz, 两次扫描为一帧, 所以水平扫描的频率是 15.75 Hz(525 行 ×30 帧)。这个 15.75 Hz 的声音不像 30 Hz 的声音那么强, 因此光听音器的响应会降低。另外, 人耳对 15.75 Hz 的声音听力也相对低一些。当你让光电池靠近电视机屏幕不同的地方时, 随着屏幕画面的改变, 所听见的嘶嘶声也会发生微小的变化。数字和字母会发出特别强的声音。

4. 听燃烧的物体

从燃烧的物体上可以听见很多有趣的声音。下面就来研究一下火柴、花火、蜡烛这些燃烧体的声音。燃烧着火柴的声音一定会让你印象深刻, 在一个尽可能黑暗的屋子里, 远离光听音器的位置点燃一根 4 ~ 6 mm 长的火柴, 你会突然听见砰的一声, 略带一点噼啪的响声,然后就安静了，背景里可以听见微小的嘶嘶声。那个砰的一声是在火柴杆燃烧之前，火柴头部的引燃材料迅速燃着的声音，一旦火柴燃烧发出稳定的光，声音就变成了燃烧的嘶嘶声。燃烧的声音能持续 1~2 s，但是残余的嘶嘶声会一直持续到火柴完全熄灭。

用光听音器研究的另一个有趣的研究对象是蜡烛。把光电池放置在离蜡烛约一尺远的地方，连同放大器一起连接成光听音器。在蜡烛燃着之后，由于蜡烛发出稳定的光，光听声器也会听见稳定的嘶嘶声。因为烛光发出的嘶嘶声跟放大器发出的嘶嘶声是一样的，所以你很难分辨。但是如果把光电池用手盖住，这个嘶嘶声就会减弱或者消失，消失的这部分就是烛光发出的声音。

当用手轻轻扇动空气而产生气流的时候，烛光火焰也会迅速飘动，这时会在听音器上产生一个沙沙的声音。实际上，气流的运动改变蜡烛的光线，这也会被光电池探测到了。这就是气流调制作用或者气光干涉作用。

当天空出现雷暴和闪电的时候，即使不是正对着闪电的方向，光电池也可以探测到闪电的出现，因为一次闪电只能持续 100 ms，所以人们听到的闪电声很尖利。夜晚在一个没有灯光的地方，地面上除了闪电的光亮就是漆黑一片，这时候观察效果会是非常明显。

当雷电中心移走时，闪电强度减弱，频率降低，而且看不见有闪电的时候，依然偶尔听到咔哒咔哒的声音，这是因为看不见的闪电也能被光电池探测到，距离 8~6 km 以外的闪电声都能够被听到，甚至闪电藏在云层的后面，完全看不到，但声音可以听到。

5. 听湿气

硒光电池直接连接到一个高增益的声音放大器的输入端就可以用来作湿气探测器，当这个光电池被湿气浸湿的时候，会在放大器的输出端产生一个嘶嘶的声音，这个声音会随着硒表面湿气的蒸发逐渐停止，在湿度很大的时候这个声音衰减率会在 10 s 内变为 0，而当湿度高的时候声音衰减率自然会降低。

湿气探测器在黑暗的地方会起作用，如果在灯光下工作，灯光也会使光电池产生电压并输出声音，这会掩盖由湿气产生的声音，单独的一滴水滴落在光电池上也可以从放大器听出来，能够产生大量声音的地方是光电池表面的负极。

单元三 辐射计测量太阳能常数

大气对于某些特定波长的阳光来说穿透性是很好的。如果测量这些阳光中一种波长的光的强度超过 12 h，就可以确定太阳能常数了，太阳能常数是指到达大气层最外层的太阳光的强度。

太阳光的强度在太阳黑子循环中改变是非常小的，整个太阳黑子循环周期是 22 年，太阳黑子的数量每隔 11 年会达到一个高峰期。可以用一个曝光表或者辐射计来进行一个超过 12 h 的连续测量，就可以得到一个大气表层阳光强度的近似值。

尽管这个测量非常简单，但可以得到一个非常精确的结果。业余和专业的天文学家都可以用同样的方法测量行星和其他恒星的光强，也可以用来校准某些仪器，比如测量臭氧、水蒸气、氧气在大气层垂直方向上某一柱体的存在量。

这个测量技术的基本方法非常简单，做超过 12 h 的一系列阳光强度的测量后，把测量的

结果绘在图表上，纵坐标轴代表阳光强度的
对数，横坐标轴代表所作的测量点的大气层
的厚度，如果这段时间内大气压稳定的话，
图上的点会落在一条直线上，延长这条直线
到大气层厚度零点，这个值就是大气层最外
层太阳光的强度。史密森学会研究院的塞缪
尔·比尔彭特·兰利是研究测量太阳光强的
先驱，他发明了一种测量太阳辐射的仪器。
为了纪念他的贡献，标准的描述穿过大气层
太阳光强度的布格斯图一般被称为布格斯-
兰利图，或简称为兰利图。如图 2 - 2 - 3
所示。

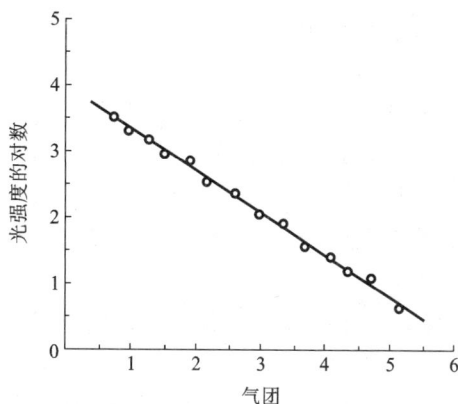

图 2 - 2 - 3　兰利曲线图

　　如果探测的效果好，那么与辐射表的探
测结果相对应，变化的光强应该是一个线性的关系。同时，这个探测器需要搭配一个可传播
光带的滤光器，你组装的多种不同的辐射表度可以满足这些要求。

1. 布格斯定律

　　用来测量大气层最外层太阳辐射的方法所基于的准则叫做吸收的指数法则，或者布格斯
定律。它是由法国教授皮埃尔·布格斯在 1729 年第一次定义的，他解释了当光线穿过连续
均匀吸收介质层时，介质层是怎样吸收等量的光。

　　假定一块红色的半透明滤光板对于一束 10 mW 的白色光线的吸收率是 10%，那么穿过
滤光板的 90%，即 9 mW；如果在第一层上面再放一层等厚的滤光板，那么穿过它的光线强
度是 9 mW 的 90%，即 8.1 mW；如果在第二层上面再放上第三层，穿过的光线的强度就是
8.1 mW 的 90%，即 7.3 mW，以此类推。

　　如果做一个穿过不同厚度滤光板的光线强度图，就会发现这条线是弯曲的。但是如果用
光强的对数来作图，结果就会成一条直线，这种图称为布格斯图。

2. 比尔定律

　　布格斯定律在 100 年后由德国科学家奥古斯塔·比尔进行改进。比尔定律讨论了光穿过
介质吸光物质浓度的影响。布格斯定律和比尔定律解释了光从不同角度入射后在介质中的
传播。

　　假定有一块虚构的紫色滤光板放在前面。如果测定了光沿垂直方向穿过滤光板的吸收
量，利用布格斯定律和比尔定律就可以计算出一束与滤光板成一个已知角度倾斜入射的光线
会有多少光能够穿过滤光板。

　　大家都知道，一块紫色滤光板对白光的透过率是 80%。现在，倾斜反射，让光线以 30°
角入射，如果滤光板没有滑离放射器的话，光线在滤光板中的路径应该是一个直角三角形的
斜边，这个直角三角形以滤光板的底面为底边，另一直角边穿过滤光板与底面垂直一条线，
这条直角边的长度是 30°角的正切值($1/\sin 30°$)。因为 30°角的正切值是 2，所以穿过滤光板
的光线量相当于从两块滤光板垂直穿过的光线量，即 64%(80% 的 80%)的光线可以穿过。

　　如果用大气层取代滤光板，而光源是太阳或是与太阳相同的发光体(如恒星)，假设太阳
光与海洋平面垂直入射，如图 2 - 2 - 4 所示，光线穿过一个大气层的厚度，即一般所说的一

个气团。如果太阳光以 30°C 穿过大气层，如图 2-2-5 所示，那么就相当于垂直穿过约两个大气层的厚度，或是两个气团。换句话说，光线穿过的气团厚度大约是太阳光与海平面所成角的正切值乘以大气层的厚度。精确的计算还必须考虑到地球的曲率和大气层的不均匀性。这个定律也适用很多其他光源。

虽然布格斯测量大气层外太阳能常数的方法看起来很简单，但是它也同样存在一些缺陷。例如，假定你使用的探测器对所有的紫外线、可见光、红外线的响应都同样敏感，但并不等于你可以从大气层测量到所有的波长的光线在大气层表层的强度。水蒸气是一种最重要的温室气体，能够强烈吸收红外线，臭氧能吸收所有波长 < 295 nm 的紫外线。大气层中的水蒸气和臭氧量每天都在改变，甚至在一天之内都会产生严重的测量错误。二氧化碳、氧气和其他许多气体都会吸收不同波长的太阳光，但是它们的影响比起水蒸气和臭氧相对小一些。

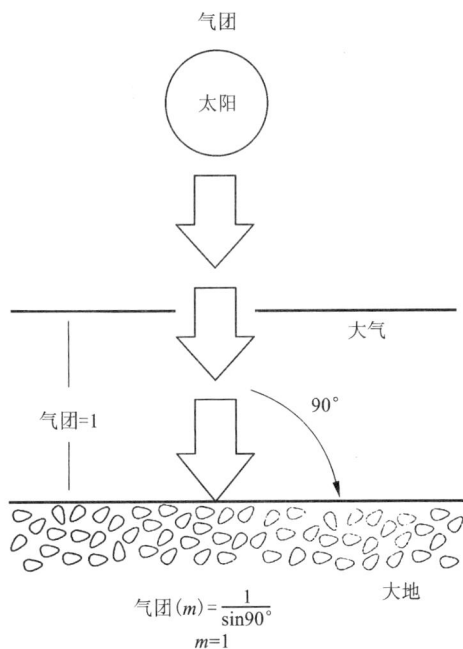

图 2-2-4　气团示意图

从图 2-2-6 中可以看出，存在一些光谱射电窗口，在阳光穿过大气层的时候，这些窗口波段的光相对不受影响。在太阳光强度测量中一个简单的避免受水蒸气和臭氧影响的方法是：监测一个光谱射电窗口的一个或多个波长的光线。虽然这不会让你测量到太阳光的辐射总量，但是它可以让你追踪到一个特定波长的太阳光的强度。如果延长测量的时间，还会了解很多云、尘埃、烟和雾等浮质对太阳光线的影响。

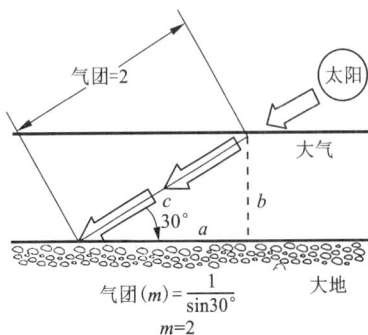

图 2-2-5　双倍气团示意图

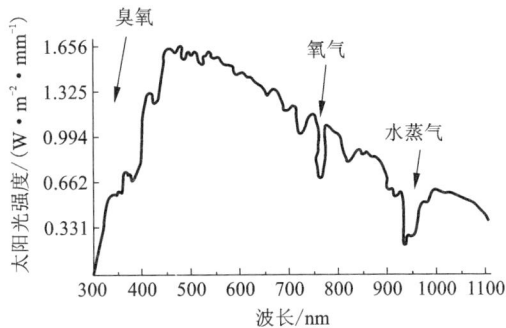

图 2-2-6　太阳光谱吸收带图

3. 与太阳光对应的大气层

在太阳光经过大气层的路径中，阳光被大气中的气体分子、尘埃颗粒和水蒸气云层散射或吸收。其中一些波长的光可能比其他波长的光受到的影响要小。某些监测太阳紫外线的仪器可以接收整个天空的光线,这些探测器称为具有球面或视野。应用它们是因为空气分子对紫外线的散射特别强,以至于在无云的晴天里有达到一半或更多的紫外线会穿过大气层而照射到人的皮肤上。

在制作兰利图时,为了得到最好的结果,探测器要对准太阳而不是整个天空,否则,当有烟雾和尘埃存在于大气中的时候,它们会散射阳光,而这些散射的光线也会进入探测器使读数变大。天空中大气正对太阳的角度不超过 1°,一个合适的平行光管可以很容易地限制探测器视野在几度之内,尽管这样做也并不完美,但是它比球面或视野的探测器要好得多。

4. 滤光器

有很多种滤光板可以用来制作测量太阳光强度的兰利图。如果你的预算有限,可以从一块便宜的有色玻璃或塑料滤光板开始,可以从艺术品或手工艺店,还有玻璃或塑料经销商那里买到需要的有色玻璃或塑料板,或者也可以用有颜色的照相机镜头,但是最好用专门的干涉滤光器,这种滤光器是由许多层反射材料薄片放置在玻璃或硅石底面上制成的。一块有色玻璃能够传播带宽 100 nm 或更多的光,而一块干涉滤光器只能传播 10 nm 宽甚至更少的光。因为干涉滤光器的制作过程中有很多细致的控制步骤,所以它的造价比有色玻璃和塑料光板要高。

5. 探测器

有很多种光探测器可以用来绘制兰利图,推荐使用硅光敏二极管,因为它非常便宜、容易买到且非常耐用,并且它产生的电流与照射在上面的光线呈线性变化。注意不要用光晶体管,因为它的输出电流不是线性的。

如果你买不到装在金属盒里的探测器,也可以买一个塑料的,先用锉刀或砂纸把凸起的部分磨平,再用很好的砂纸把表面磨光。

校准器可以用制造商指定的光谱 b 曲线代替。这个曲线的精确程度大概在探测器实际敏感度的 10% 以内,因此需要考虑滤光器的吸收。这就是为什么在订购一个滤光器时要求有个传输曲线图的重要原因。典型的干涉滤光器可以传送在其带通范围内 20% ~ 50% 的光。

任何情况下,拥有一个校准探测器都不如拥有一个能够提供重复测量的探测器重要。尽管你可能不知道探测器接收到的光的具体强度值,但是可以监视到它的趋势和变化的线性。

单元四　一个基本的辐射计电路

图 2 - 2 - 7 中所示为一个简单的适合于对太阳辐射进行测量的辐射计的电路。这个辐射计用一个光电太阳能电池和一个运算放大器来提高探测器发出的信号水平,从而使得信号可以被数字电压计读取。这个运算放大器作为一个线性放大器连接使用,换句话说就是把从光敏二极管中发出的信号直接以振幅比例放大。放大的水平等价于连接运算放大器的输入端和输出端的反馈电阻 R_1 的阻抗。

辐射计中使用的运算放大器是德州仪器公司生产的 Tlc271,这个放大器有许多种型号,最好的是 Tlc271bcp。许多其他的带有输入偏压电流的运算放大器也能应用,但是它可能引脚连接方法不同。

可能会有许多不同种类的探测器用到这个电路,所以必须通过简单的实验确定 R_1 的最

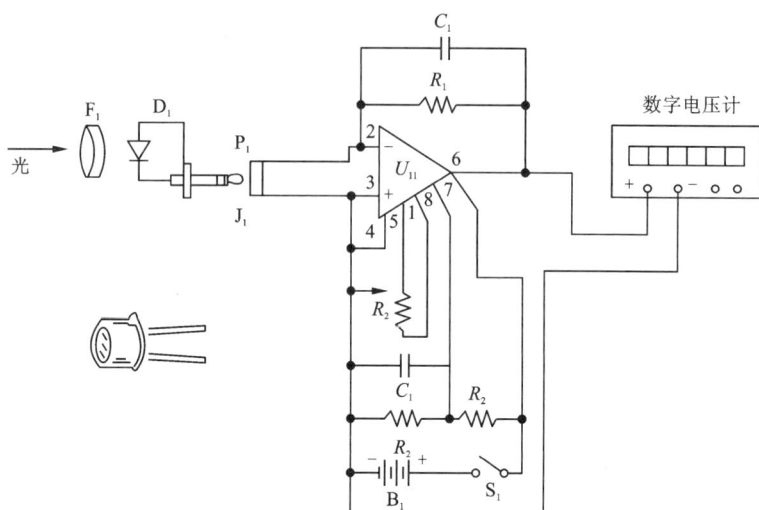

图 2 – 2 – 7　基本的辐射计电路

优阻抗。当天空中的太阳辐射很低时，如果电阻太小会使得读数变得困难；如果电阻太大，强烈的太阳光会使得放大器过载。一个找到 R_1 的合适阻抗值的方法是在一个塑料无焊面包板上组装这个电路，也可以试验不同阻抗值的电阻，直到当探测器暴露在大晴天中午太阳下时，这个电路能够给出一个若干千伏电压的输出；另一个方法是用一个 1 Ω 的电位计当电阻，调节这个电位计的阻值，找到一个当中午太阳高悬在天空中时最适合的读数，用万用表测量这个电位计的阻值，并用一个固定阻值跟电位计的阻值最相近的电阻来代替电位计或者可以把电位计永久地装在那里，注意不要改变它的设置阻值，这样你的读数永远是合适的。如果选择把电位计固定在电路中，也可以把它装在辐射计的外罩里面使人不能触摸到。

　　运算放大器 U_{11} 的输出引脚 6 直接连接到设置成 2 V 量程的数字电压表或数字万用表上，辐射计电路由一个标准的 9 V 晶体管收音机电池组提供电源，辐射计的电路可以安装在一小块电路试验板或者导线较短的电路板上。当安装电路的时候，要确保集成电路芯片安装正确，以免损坏芯片，集成电路芯片的一端会有一个很小的圆形凹陷或者在一侧边缘有一个直角切口，引脚 1 总是会在圆形凹陷或者切口的左边，使用集成电路接口是很明智的，这可以防止日后电路损坏。

　　这个辐射计的电路也可以安装在一个金属外盒里，留出两个接线端来连接万用表或者数字电压表，电源开关 S_1 用来控制辐射计电路的开关，1/8 mm 的耳机插孔用来连接传感器和辐射计电路的输入，如图 2 – 2 – 7 所示。

1. 过滤光辐射计的装配

　　除非去一个专门的机械用品商店，否则给辐射计安装一个合适的滤光器差不多是组装整个辐射计最困难的部分，除了使用金工工具外，比较各种组装方法后，最终的组装配件如图 2 – 2 – 8 所示，它包含了一个 1/8 mm 铜质耦合连接器和一些 O 形垫圈。这种安装方法只有在滤光器直径是 12.5 mm 并且辐射计小到可以被装置上的孔容纳的时候才可以使用，你需要检查所要使用的装置和辐射计的尺寸，因为它们的尺寸都是变化的。

在元件布局中，探测器上焊接了一个 1/8 in 的耳机插头。这种设计允许一个辐射计使用多种探头。可以将二级管的阳极与耳机插头焊接起来，因为有一些多个探头插孔的辐射计装在一个金属盒里，而各探头插孔的阴极端相互连接到地。

把探测器插头插进装置端盖中，通过一个放在内、外螺纹间的 O 形橡胶垫圈固定探测器的位置，如果找不到合适的橡胶垫圈，也可以用一小滴黑色的硅酮密封剂，但是不要让螺纹里的密封剂进入端盖里面。把插头在端盖里固定好后，用一个很薄的塑料绝缘套(遇热收缩管或吸管)套在光敏二极管上，再将它插入装置中的洞里，通过旋转端盖把它放置在合适的位置。这个绝缘套是必需的，因为一些光敏二极管的金属外壳与它的一个电极相连。

仔细清洁过滤器，把它安装在两个 O 形密封垫圈之间，磨光的一侧要背对探测器。一些滤光器比其他的要厚，如果这个 O 形密封垫圈和滤光器组成的"三明治"太厚了，以至于无法安装上去，那么可以把一个或两个 O 形密封垫圈换成纸环或胶带。无论如何，一定要注意旋拧端盖的时候不要给滤光器加太大的压力，以免损坏滤光器。

这个过滤器端盖需要与一个外径约是 6.55 mm 的平行光管匹配。一个 45 mm 长的平行光管可以提供一个大约几度的视野。采用铝质或黄铜管效果就很好。用一个棉药签在管的内侧均匀地涂上一层黑漆。把平行光管安装在端盖里，用快速胶黏剂黏好，如腈基丙烯酸配黏合剂。

2. 可调节辐射计

通过给电路加一个反馈电阻 R_1，并在此回路上加一个可调节的开关，就可以给辐射计增加功能，这个电阻和开关连接在运算放大器的引脚 2 和引脚 6 之间，这就很容易按阶调节探测仪的放大倍数，可以通过开关以每挡 10 倍率调节放大倍数(×10)，从最小的 1.000 到最大的 1000000。一个四个位置的旋转开关与四个电阻(1 kΩ、10 kΩ、100 kΩ、1000 kΩ)可以按位置调节，一次换一个挡位。如果想探测器安装在一个超小型的外壳里，就需要一个微型旋转开关。

3. 使用太阳辐射计

使用辐射计非常简单。为了调整使辐射计的方向与太阳一致，只要简单地调整平行光管的位置使得太阳光对平行光管在地面上的投影消失。此时的辐射计正对着太阳光盘，就可以从与辐射计连接的数字表上读取电压值。如果要用几个不同的辐射计测量，需要一个记录器

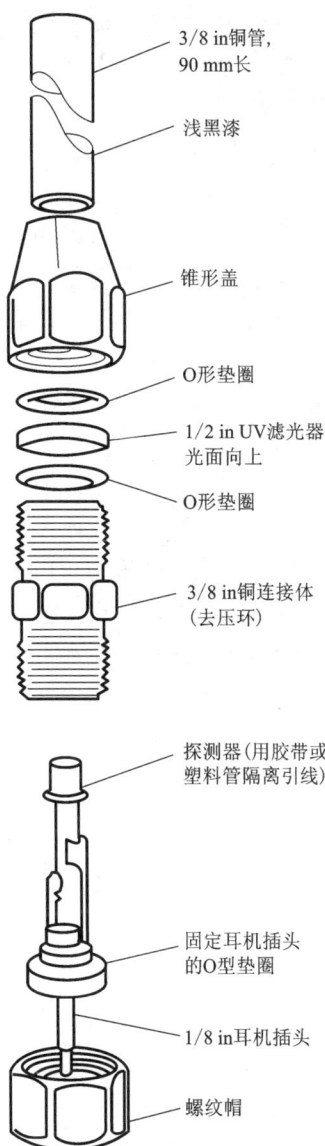

3/8 in 铜管，90 mm 长

浅黑漆

锥形盖

O 形垫圈

1/2 in UV 滤光器光面向上

O 形垫圈

3/8 in 铜连接体(去压环)

探测器(用胶带或塑料管隔离引线)

固定耳机插头的 O 型垫圈

1/8 in 耳机插头

螺纹帽

图 2 - 2 - 8　过滤光辐射计的装配

记录数据。其至可以使用自动的数据记录器或者计算机来帮助获得数据。

获得制作兰利图的数据需要太阳完全暴露,不被云层遮住。测量的时候需要一直戴着优质的防紫外线太阳镜。如果出现云层,要避免直接正对太阳去看云层是不是遮住了太阳。

4. 测量

测量的对象是在白天(天气允许)测量太阳光强的输出。如果能测量多个波段的太阳光最好。测量的目的是建立一个关于太阳的紫外线的放射水平和水蒸气、臭氧及氧气在大气层中的放射量的数据库,可以用兰利图校准辐射计。你应该试着在正午测量,或一天当中太阳处于最高处的时候进行测量,这时可以将标准的时间改为视时,将你所在地的本初子午线以西的经度增加 4 min 计算。为了准确地了解太阳正午时间,需要去图书馆查询有关天文学和日晷的标准参考文献。

正午测量到的峰值可能不会很准确。相反,由于射线会被大气层和大气层的组成气体和浮尘散射和削弱,信号会上下波动。因此,通常要花几分钟来做一次测量。准确的时间记录比在正午做实验更重要,所以一定要每隔几天就校准一次手表,可以采用 WWV(广播站 WWV)或者国际标准和技术组织校准功能。同样重要的是太阳光的水平度。可以利用水准仪或者是安装在辐射计里的角尺来测量,这个角尺的作用就像一个表或日规。在辐射计外壳上交接一个毫米刻度尺,校准这个角尺,使得指针的影子沿着毫米刻度尺的方向,然后仔细调整辐射计的位置使它完全水平,记录此时指针在刻度尺上影子的长度,这时角尺的长度除以影子长度就是太阳的正切值。

除了时间、日期和太阳角,还要记录天气和天空的状况。描述一下太阳附近的天空尤为重要,如果能记录下当时的气压、湿度和温度更好。基本辐射计元器件如表 2 - 2 - 2 所示。

表 2 - 2 - 2　基本辐射计元器件表

元器件	说明
R_1	见正文
R_2	100 kΩ 电位计(微调)
R_3, R_4	1 MΩ, 0.25 W, ±5%, 电阻
C_1	100 μF, 35 V, 聚酯树脂电容器
C_2	0.01 μF, 35 V, 陶瓷圆盘形电容器
D_1	光电二极管(见正文)
B_1	9 V 光电晶体管收音机电池组
S_1	单刀单掷拨动开关
J_1	1/8 mm 微型双路耳机插孔
P_1	1/8 mm 微型双路耳机插孔
F_1	滤光器(见正文)
其他	印制电路板,集成电路口,电气元件,电压表等

单元五　紫外线辐射计测量紫外线

大部分轰击地球的紫外线都被一层厚厚的蓝色有毒气体阻挡住了，这就是人们所说的臭氧层。如果不是有这层臭氧，照射在人体上的紫外线强度足以毁坏人的大部分器官。由于人类活动、火山爆发等都会改变大气层的组成，所以监测臭氧层和紫外线的变化很有必要。

由于有很多地面监测站和卫星，人们可以了解很多关于大气中臭氧的密度和分布情况，然而调查者缺乏能够观察穿过臭氧层的紫外线相互配合的检测网络，除了史密森学会和一些其他组织使用的仪器，美国唯一的网络监测站有不到 24 台 Roberston Berger 辐射探测仪（Roberston – Berger 探测仪用来测量全向的 B 紫外线）。

这些仪器用来探测一种能够使皮肤变红最后晒黑的紫外线。当人的皮肤暴露于波长在 300 nm 左右的紫外线中时，这种状况很容易出现，这个波长包含在 B 紫外线（UV – B）的光谱中，该光谱处于 280~320 nm 波段。1974 年，用 8 台 Roberston – Berge 辐射探测仪的工作网络测量 UV – B 的平均值，在 1974—1985 年，这个平均值每年约下降 0.7%。测量结果显示在 1978—1985 年，平流层臭氧层每年减少约 0.3%，因此预计穿过大气层的 UV – B 会有所增加。

稍稍花一点时间和精力就可以制作一个 UV – B 辐射计来记录每天的紫外线辐射流量。把测量的结果与其他地区的测量结果进行比较，就会发现有关空气污染是如何影响 UV – B 辐射的。制作 UV – B 辐射计以前，需要明白 UV – B 是怎样穿过大气层的，射线是被某些气体分子散射了，剩余的直接穿过大气层，这样的混合散射和光线叫做全向射线。

全向射线在研究紫外线对生命系统的影响，以及喷漆、塑料等物质对生命的影响等研究中具有很大的实用价值。全向射线的测量对于考察云层对 UV – B 的影响也很有帮助。另外直射 UV – B 的测量会对研究大气中吸收和散射介质的存在和影响提供了有用的信息。由于云层的出现不可预知，不同地区建筑物和树木的屏障的影响也不尽相同，所以测量直射的 UV – B 对于研究两个或更多地区的空气污染与 UV – B 强度的关系比测量全向 UV – B 更具价值。一个 UV – B 紫外线辐射计需要一个探测器和一种选择探测波长的方法。这个辐射计的输出信号经过放大，传送到数字电压表，模拟信号记录器，或者计算机数据采集系统。

特定波长光的选择可以用单色光镜或者一个光学干涉滤光器来实现。一个单色光镜给 UV – B 的测量提供了一个方便但造价较高的方法，透过单色光镜的光是在一个较宽范围内，并且波长不连续。而光学干涉滤光器提供的是一个很经济、体积小、带宽相当窄的 UV – B 光波。干涉滤光器还可以允许相当多的射线到达辐射计。

然而，UV – B 光学干涉滤光器传播的光线波长宽度比单色光镜要稍微宽一些，此外，干涉滤光器可以传播少量的确定带宽以外的光，这会在测量中产生很显著的误差。能够消除干涉滤光器次光带的 UV – B 辐射计被称为紫外线辐射计。

图 2 – 2 – 9 中的 UV – B 辐射计是基于磷化镓二极管的。这种辐射计与硅光敏二极管不同，它对红色光没有反应，这样就真正实现了日盲探测。磷化镓二极管是集成在 TO – 18 电路板上的，有效表面积为 1.0 mm^2；G1962 集成在 TO – 5 电路板上，有效表面积为 5.2 mm^2。这个光敏二极管直接与一个 TLC271CP 放大器相连。TLC271CP 可以被静电破坏，所以在使

用时需要特别小心。

这个 UV－B 紫外线辐射计有两个放大增益，由放大器上连接的两个电阻 R_1 和 R_2 调节，依靠选择开关 S_2 控制。R_1 和 R_2 是两个阻值非常高的反馈电阻，由于穿过不同滤光器的不同波长的光会改变它们的阻值，因此其阻值也只能大概确定。可以用两个电阻提供两个不同的放大水平。当然在测量时只需连接一个电阻，最适宜的电阻为 30～100 MΩ 的电阻，确切的阻值不需要特别严格，如果是 44 MΩ 的电阻也可以，32 MΩ 的电阻也可以，只是后者放大倍数要小一些。

获得电阻最佳取值的方法是把准备好的电阻依次暂时接入电路，在辐射计正对太阳工作的情况下观察读数，最佳的阻值应该是在正午，臭氧层稀薄，明亮的太阳光下的读数占到表盘整个量程的 80%。阻值在 22 MΩ 以上的电阻很难找到或者价格很贵，可以用几个能买到的 10～22 MΩ 的电阻自己制作。分压变阻器 R_3 作调零控制，分得的电压与放大器的引脚 5 相连。电压分配器是由 R_3 和 R_4 组成，提供电压到引脚 8。9 V 的电池组给辐射计提供电源并由开关 S_1 控制。

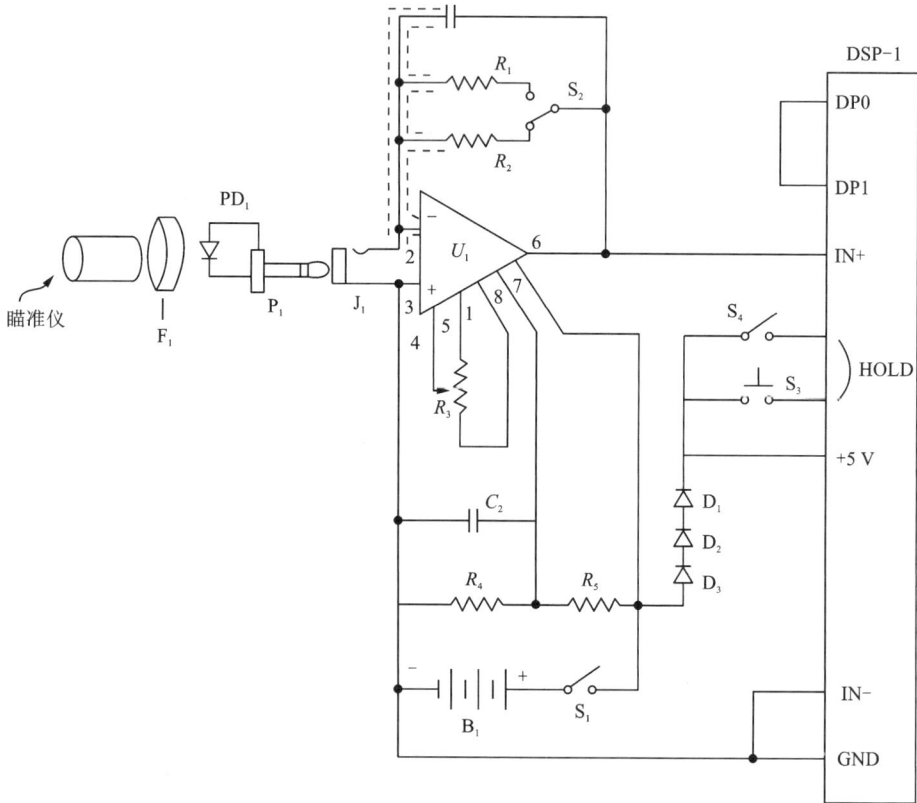

图 2 - 2 - 9　UV－B 紫外线辐射计电路

DP - 650 + 200 mV 数字电压表的一个重要优势是：它的测量数据可以很方便地通过按一个按钮直接储存起来，这个按钮在引脚 11 和引脚 1（+5 V）之间，按钮开启时可以测量新数据。3 个二极管 D_1～D_3 用来将电压调整到 5 V，开关 S_3 和 S_4 用来控制电压输出。UV－B 辐射计的优势在于只需要电池组提供 9 V 的电压，工作电流很小，电路很容易集成。

1. 组装

组装一个 UV－B 紫外线辐射计非常简单，电路可以搭建在一个很小的电路板上。为了防范日后电路的损坏，在 IC 上用一个集成电路接口，这样维修电路就会变得非常简单。集成电路芯片上会有一些标志标记出它们的方向。芯片上有一个圆形凹陷或一个直角切口，引脚 1 会在它们的左边。安装 D_1、D_2、D_3 的时候注意二极管的正、负极。注意在 IC 上引脚 2 和引脚 6 之间有两个电阻，开关要控制其中一个电阻接入电路，所以导线要接得尽量短，以避免误操作或者电路震动。开关 S_2 可以安装在电路板上，这样可以减少导线长度。UV－B 辐射计包括：单独的探测器、干涉滤光器和放大器，把这几部分装配起来有点难度。

用一个金属盒来封装紫外线辐射计电路，可以在金属盒前面板上打一个孔来安装液晶显示屏，然后在底盘面板上标画出面板仪表的大小，并在所画线的内侧打一圈小孔。这个标画的面积比实际面板仪表的尺寸小，去掉孔之间的部分，用挫打磨边界，安装面板仪表。接下来电路板可以紧贴金属盒边界安装，在金属盒上表面打一个孔使开关 S_2 突出来，用一个支座把电路板固定在金属盒上表面上。开关 S_1、S_3、S_4 可以安装在上层面板指定的位置上。一个连接输入传感器的 1/8 mm 双路插孔可以安装在金属盒顶端，一个 9 V 电池组电池盒安装在金属盒底部。一旦电路和外壳安装完成，就可以配上传感器开始 UV－B 测量。

制作紫外线辐射计最重要的是把探测器和滤光器安装在一个不透光的盒子里。也可将一个 12.5 mm 的滤光器和探测器安装在一个铜质压力接头或者连接管中。可以看见基本的辐射计与紫外线辐射计滤光器的装配基本相同，只是装置不同，滤光器也不同。一个双导体话筒插头插入到装置的端盖上，用一个 O 形橡胶垫圈固定位置。将探测器用导线接入一个发光二极管并焊接在插头的终端。当然，也可以让探测器直接与插头终端相连，注意阴极端要与插头的公共端相连。无论上述哪一种情况，某些接头都会只与 TO－18 芯片的探测器相连。

被两个 O 形垫圈固定的滤光器安装在第二个端盖上。圆锥形的端盖最好，如果这个滤光器和 O 形垫圈没有给端盖螺纹留足够的空间来与装置契合，那么可以将一个橡胶垫圈换成纸杯。如果可能的话，用 1 滴可去除的胶将端盖固定在适合的位置。安装的过程中要保持滤光镜的清洁。

根据探测器的体积不同，圆柱形的端盖壁会提供一个 10°左右的视角，因此需要在锥形端盖的开口端安装一个平行光管，使得视角缩小到 4°或更小，可以使用铜管焊接或胶接到端盖上，然后在管的内侧均匀地涂一层黑漆。

因为辐射计用来测量直射的太阳光线，所以使用平行光管来限制视角。薄壁钢管用来做这个光管就挺好，把一个外径为 1 cm 的管子套在探测器上即可。如果光管安装太松的话可以在外面缠绕一层胶带，在管的内侧均匀涂一层黑色的搪瓷漆，光管完全插入到探测器底部时，一个约 90 mm 长的光管可以提供一个约 4°的视角。

在安装平行光管以前，需要清洁滤光器的表面，因为灰尘和油质会吸收 UV－B。用乙醇擦洗滤光器的表面来去除指纹印，用透镜清洁纸擦掉黏附的固体残渣，用气囊喷漆吹掉灰尘。

2. UV－B 测量

使用经过校正的或没有经过校正的探测器有规律地测量直射太阳 UV_1－B，都可以得到有意义的数据，当然每次都要在正午太阳光下测量。

很少有 UV‐B 的峰值正好发生在正午，相反，300 nm 辐射光线会被大气层和其他气体削弱和散射而使得信号上、下波动。因此，单次测量要至少进行 5 min。

装配好的辐射计非常容易操作。首先，俯视平行光管，如果看到紫色的反射光，表明探测器已经居于正中心了；反之则需调整平行光管。在电压表和辐射计电源开关打开之后，堵住平行光管口，调整分压电阻，使得输出电源为 0（每一次测量前都要重复上次操作）；然后把平行光管对准太阳，直到平行光管的影子消失，这个辐射计就已经对准太阳了，记录电压值，做下一次测量。你很快就会发现，即使在晴朗的天气信号也会上、下波动，有时正好在中午时间左右也会遇到这种情况，还有大气随时可能因为云、烟雾、尘埃而变得模糊不清。

测量结果可能会因为探测器对从滤光器漏出的红色光有反应而存在误差，可以用很简单的办法消除这个误差。在每次读数之后再做一次测量，第二次测量要在平行光管管口放一个滤光器阻截紫外线通过，用一个照相机上使用的 UV‐B 滤光器，或者 WG‐345 清洁的玻璃滤光器就可以。

如果使用的是一个没有校正的辐射计，就用第一次的读数（A）减去第二次的读数（B），所得的电压值就是你得到的准确测量值。如果使用的是一个经过校准的辐射计，以 W/m² 为单位计算出最后的 300 nm 波长光线的光谱辐射率。UV‐B 阻截滤光器可以消除 8% 的非紫外线的影响，因此实际的干扰的非紫外线光约相当于读数 B 除以 92%。由于 DFA‐3000 的有效面积是 9.9 nm²，所以接受的信号必须乘以 101 000 才能计算出每平米上的信号。结果计算公式是 A 减去（$B/0.92$）除以 R_1 乘以 D_r 乘以（101 000 除以 F）= 0.011（W/m² · nm）。

式中，D_r 是经过校准的探测器的敏感度；F 是滤光器的带宽（带通是能够穿过滤光器的光线的最小波长值和 1/2 最大波长值之间的差值）。理想的滤光器的带通应不大于 1 nm。实际的滤光器都有较宽的带通。

典型的 8 月份晴朗的正午测量结果应为 1.5（A）和 0.116（B）。把这个数据代入公式得到的结果是 0.011 W/m² · nm。记住，这是直射 UV‐B 的结果，经过大气中分子扩散的结果至少比这个结果要增加 30%。

数字紫外线辐射计元器件表如表 2‐2‐3 所示。

表 2‐2‐3　数字紫外线辐射计元器件表

元器件	说明
R_1，R_2	见正文
R_3	100 kΩ，电位计（微调）
R_4，R_5	1 MΩ，0.25 W，±5%，电阻
C_1	100 pF，35 V，聚酯树脂电容
C_2	0.01 μF，35 V，陶瓷圆盘形电容器
PD$_1$	Ga P 光电二极管（见正文）
D$_1$，D$_2$，D$_3$	1N901 硅二极管
B$_1$	9 V 光电晶导体收音机电池组
S$_1$，S$_4$，S$_2$	单刀单掷开关，单刀双掷开关（增益）

续表 2 - 2 - 3

元器件	说明
DSP - 1	Acculex DP - 650 数字配电板式仪表
J_1，P_1	1/8 mm 微型双路耳机插孔
F_1	滤光器（见正文）
S_3	常开式按钮开关
其他	印刷电路板，集成电路板，电气元件，瞄准仪等

单元六　臭氧测量仪测量臭氧层

大气中一个臭氧柱的臭氧量是可以测量的，通过同时测量两个波长的太阳紫外线的辐射强度可以测量臭氧量。

臭氧层会吸收 330 nm 以下波长的太阳紫外线，这个吸收对人类是很有益的，它使得在正常的条件下没有 296 nm 以下波长的紫外线能够到达地面。臭氧层对短波长紫外线的吸收比长波长的吸收有效得多，因此，臭氧量可以用一种叫做直射波吸收光谱学的方法测量。

1. 臭氧测量仪

对臭氧层进行观测时，臭氧测量设备要直接对准太阳。穿过滤光器的紫外线照射在两个探测器上，探测器是由双端光敏二极管制成的，作用是将光信号转变成电信号。每个探测器的输入信号被放大后输送到微型数字电压表读数。尽管高级实验员可以组装一个标准化的臭氧测量仪—分光辐射计（TOPS），但是要考虑到一对 UV - B 滤光镜，光敏二极管和高阻抗的电阻不是很容易买到的。

2. 选择滤光器

臭氧测量仪装置最重要也是最昂贵的部分是两个 UV - B 滤光器，大部分已有的滤光器臭氧测量装置是利用两个波长相距 20 nm 的紫外光，这也意味着测量结果会引入大气中浮尘影响所产生的误差。可用两个波长相距仅 6 nm 的光线就能把这个误差降到最小。为了使臭氧层对两个波长相近光线的吸收差值足够大，有必要利用一个峰值波长，在这个峰值波长上的所有紫外光都会被臭氧层吸收，这样臭氧层对两个靠近这个峰值波长光线的吸收差值就比较大。因此在峰值波长附近取两个波长相近的光就可以保证吸收的差值足够大。在这里使用两个波长为 300 nm 和 306 nm 的紫外线滤光器。这两个波长的光在北纬 29°35″ 的地方比较合适，但是在纬度更高地区的冬天和春天就不合适，因为那里太阳角更低，并且臭氧层的臭氧含量也会增加。

北纬 35° 以北的地区使用从 305 nm 和 310 nm 以及 325 nm 和 330 nm 这两个波段的光线会更合适。使用这样波段光线的缺点是：与使用两个波长更近的光线相比，大气中的浮尘会产生更大的误差。

太阳光波长如表 2 - 2 - 4 所示。

为了得到更好的测量结果，滤光器的带通要小于 10 nm，这个带通对于大多数臭氧测量仪而言是一种使用标准。如果找不到带通 <5 nm 的滤光器，可以叠放两个带通 10 nm 的滤光器以减小带宽。

表 2 - 2 - 4　太阳光波长

波长/nm	光谱列	波长/nm	光谱列
297	UV - B 和臭氧吸收	630	臭氧干涉
300	UV - B 和臭氧吸收	700	臭氧干涉
306	UV - B 和臭氧干涉	760	氧气吸收
321	UV - B 和臭氧吸收	780	氧气干涉
320	UV - B 和臭氧干涉	850	水蒸气干涉
590	臭氧吸收	940	水蒸气吸收
600	臭氧吸收	998	水蒸气干涉

出售的滤光器的直径一般是 12.5 mm 和 25 mm。滤光器越小价格越便宜，更容易安装。

3. 制作臭氧测量仪

如前所述，一个臭氧测量仪就是把两个同样的 UV - B 辐射计安装在一起。图 2 - 2 - 9 是原始的 UV - B 辐射计电路。图 2 - 2 - 10 给出了两个 UV - B 辐射计安装在一个铝制盒里的方法。图 2 - 2 - 11 是三种臭氧测量仪的图片，装在一起准备实地测量。

如果你对搭建小型电路很有经验，可以利用这些图片组装自己的设备。臭氧测量仪的原型安装在 LM CR -531 Crown Royal 铝制盒里。把所有的元件装入一个 CR -531 的盒里需要精心设计，也可以简单地把它们装配进一个大一点的盒子里，但是必须保证没有光线能够透过铝盒进入滤光器和探测器，还要保证探测器的视角锥很小，角度不超过 2°。

4. 测试和校准臭氧测量仪

在组装完仪器以后，应仔细检查线路。最重要的是电池组与数字电压表和放大器的连接要正确。如果一切就绪的话，把电池组装进电池盒里，并且打开开关，两个电压表都显示数字。堵住两个光敏二极管，调节分压电阻 R_2 值，使得两个表的读数都是 0 V。一对铝制的光向标（图 2 - 2 - 11）提供了一种光学校准分光辐射计（TOPS）的方法。在上面的光向标上接近中心的位置钻一个 1 ~ 2 mm 的小孔，在铝盒打开的情况下让仪器对准太阳，调整使得光线照射到两个滤光器上，然后在阳光穿过上面的光向标射下面的位置上做一个标记。如果滤光器是凹进去的，就可以用一个显微镜的载玻片放在上面来检查光线是否照射在滤光器上。只需载玻片倾斜 45°，如看见滤光器的图像被反射到载玻片上，则证明光线照射在滤光器上。

5. 使用臭氧测量仪

在使用仪器之前，确定铝盒是封闭的，没有光线能透过。如果需要的话，使用一张黑色的纸在漏光的地方挡住探测器，也可以在探测器和滤光器的装配体上插入一根管子。无论怎样，都要确定没有东西挡住太阳光线到达探测器。

使用测量表，首先要确定两个放大器已经调零，在开关打开的情况下挡住光路，给放大器调零，如果两个读数都大于 0，那么打开铝盒，调节调零电阻（R_2）。然后到户外让仪器对准太阳，也就是看见上面的校准光向标的影子落在下面的光向标上，如果看见了下面的光向

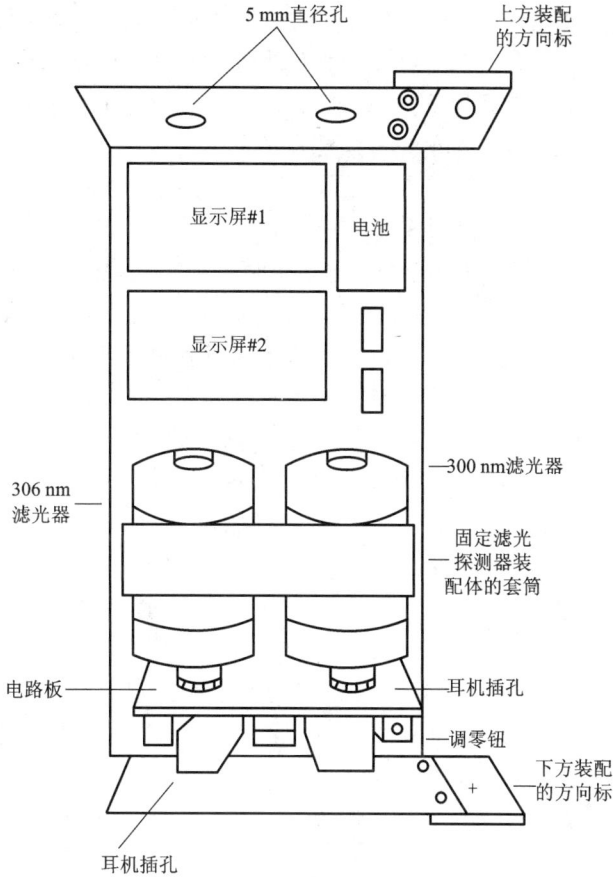

图 2 – 2 – 10　臭氧测量仪

标上的太阳光斑，就调整仪器的位置，让光斑正好落在所做的校准标记上。保持好仪器的状态，如果仪器的读数器有保存功能，按下保存按钮保存数据。

正午时间的测量是最重要的，因为这时的太阳 UV – B 的辐射水平最高。至少每次测量要记录三次读数，把它们记录在笔记本上或录制到磁带上，以后再播放。一定要记录下标准时间，实验之后可以依据它来确定准确的当地数值。

测量之后，要把仪器存放在清洁、无尘的地方，因为灰尘和厨房油烟的沉积物会

图 2 – 2 – 11　臭氧测量仪外观

阻挡 UV – B。不要把臭氧测量仪放在封闭的运载工具里面。二极管的视窗表面和两个滤光器的正、反两面都需要小心翼翼地清洁，灰尘可以用气囊喷气吹净，特别脏的滤光器表面可以用 1 滴照相机镜头清洁液擦洗。

有很多种方法可以校准仪器，最简单的方法是把观察结果与其他仪器相比较，如 Dobson 分光度测量表，通过它可以校准测量结果。如果附近没有这些仪器，另一种办法是把读数与卫星的测量结果进行比较。美国国家航空和宇宙航行局（NASA）制作了一个网站，上面有戈达德天空飞行中心发布的全球范围的臭氧层测量结果。

6. 计算臭氧量

测量大气中的臭氧量需要很多步骤。

第一，需要找到当地平均时间，而并不是正午时间12:00。要找到当地的时间，首先要知道你所在地与你所在时区的子午线之间的经度差，用这个度数乘以4获得你所在的地区的校正时间。如果地区在子午线东面，用校正时间加上你当地的标准时间；如果在西面，用标准时间减去校正时间。这个结果就是你当地的平均时间。

在一年的时间里，由于地球的运转，使得太阳运行提前或延迟当地平均时间约16 min。当地平均时间和实际上的时间之间的实际差值被称为时差。

第二，需要测量太阳的水平角，用以计算你上空的气团和其中的臭氧量。如果你自己来测定太阳角，这个过程一定要在测量太阳辐射量结束之后立即进行。可以在臭氧测量仪上安装一个水准气泡。把测量仪放在一边，让它上面的光向标对准太阳，当气泡在中心的时候，测量上面的光向标影子的长度。

太阳角的正切值就是光向标的长度除以它影子的长度所得的值。记录测量时的准确时间是非常重要的，这个时间信息可以让你在实验后准确地计算出太阳角。各种各样的计算机程序可以用来计算地球上任何地方的太阳角。

7. 臭氧层计算总公式

臭氧量的计算总公式如下：

$$O_3 = \lg(L_1/L_2) - \lg(L_1/L_2) - \frac{(b_1 - b_2) \times pm/10^{13}}{(a_1 - a_2) \times m}$$

式中，L_1 和 L_2 是大气表层两种波长光的强度；a_1 和 a_2 是臭氧层对两种波长光的吸收系数；b_1 和 b_2 是两种光的瑞利散射系数；m 是气团（约 $1/\text{sin}c$，这里 c 是太阳水平角）；p 是观察点的平均气压，单位为 mbar。

L_1/L_2 是大气表层两种波长光的强度的比值，被称为外地球常数，这需要从地面通过绘制兰利图测量这个值，并且要在一个极其晴朗和干燥的天气下测量，这时的臭氧层比较稳定。

在几个小时内测量并记录 L_1 和 L_2，次数越频繁越好，在正午时间开始或终止。绘制系数 L_1/L_2 的对数值随气团 m（太阳水平角的正弦值的倒数）变化的图。如果把绘制的线延长到 O_3 气团，就会找到近似的外地球常数。L_1/L_2 可以用 UV－B 测量的强度，单位为 W/m²，也可以不用单位只读数。因为需要的是两种信号的比值，所以对光敏二极管的标定就没有必要了。臭氧层的吸收系数和瑞利散射系数可以在网上查得。

单元七　灵敏的光学转速计

一个光学转速计可以用来测量旋转物体的速度，如车轮、发动机、磁盘和调速轮等。通过在旋转体上安装一个镜片，让一个光源的光照射在镜片上，就可以用光学转速计来测量旋转体的转速，如图 2 - 2 - 12 所示。你可以很容易地组装一个灵敏的光学转速计，如图 2 - 2 - 13 所示，光学转速计利用一个光电晶体管和两个运算放大器，还有一个连同模拟测量表一起的场效应晶体管(FET)，可以测量速度高达 50000 r/min 的旋转体的速度。

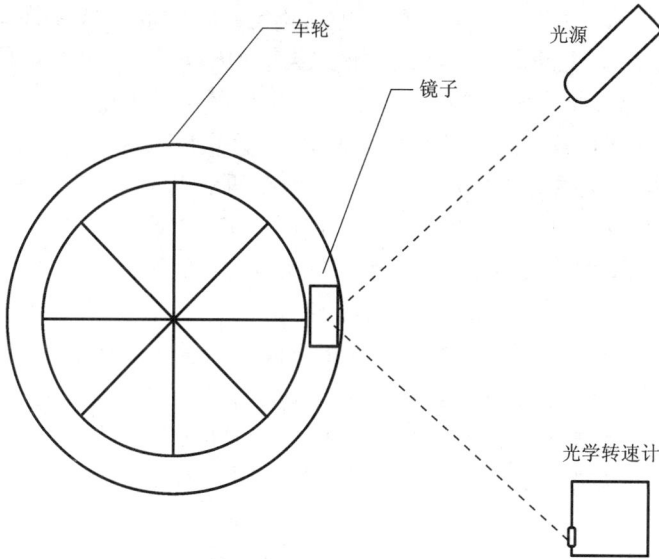

图 2 - 2 - 12　用光学转速计测量转速

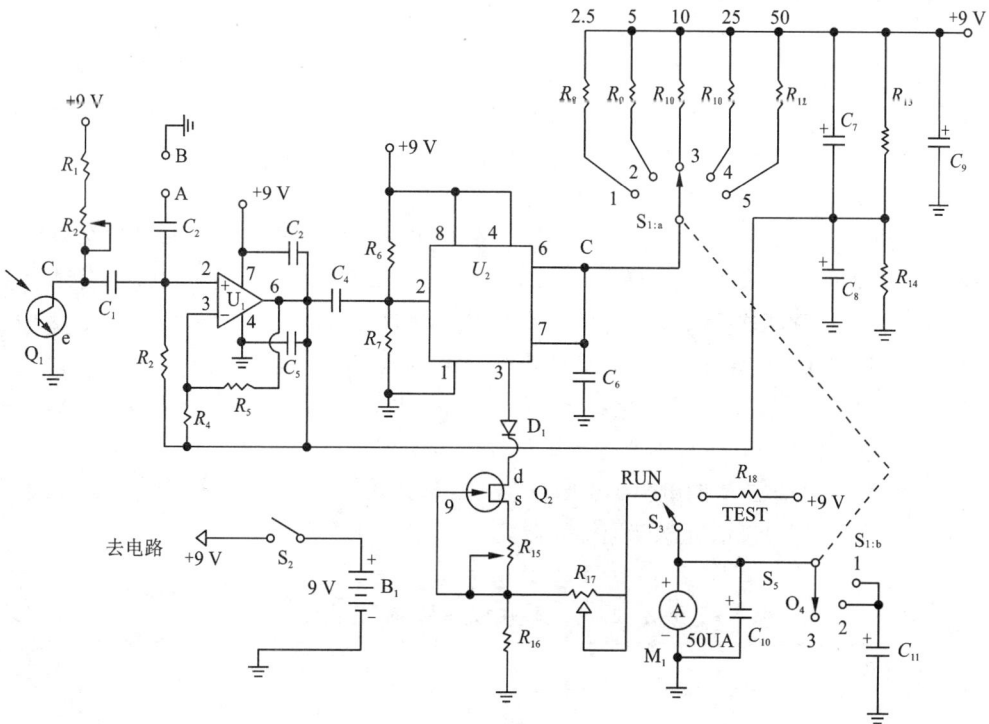

图 2 - 2 - 13　光学转速计电路

光脉冲照射在光电晶体管 Q_1 上，产生电压脉冲信号连接到运算放大器 U_1 的输入端，作为一个施密特触发器(施密特触发器是一个逻辑门，可以减少在临界值附近的电压引起的错误状态转换和避免干扰信号触发电路工作)。U_1 的输出脉冲然后被 C_4/R_7 识别出来，给计时器 (U_2) 提供触发输入。从单触发电路输出的信号经过二极管 D_1，提供电压给 FET/R_{15} 恒流源产生一个脉冲，这个脉冲幅度由一个常值电阻 R_{16} 确定，R_{16} 的值由 M_1 处的表盘平分得到。电容 C_{11} 用来消除低转速时表盘指针的摆动。光学转速计可以用一个 9 V 晶体管收音机的电池组 B_1 驱动工作，电源由开关 S_2 控制。这个光学转速计可以组装在一个 3.5 mm × 6 mm 的电路板上。设计电路板的时候，建议将光电晶体管安装在电路板的一端，这样当电路板安装在一个敞口的盒里时，可以看到晶体管露出来。推荐在两个集成电路上使用集成电路接口，以便于日后集成电路损坏时更换。当安装集成电路时，注意看准 IC 的方向。集成电路芯片一般会在一面有一个圆形凹陷或在顶端有一个直角切口，IC 的引脚 1 总是在圆形凹陷或切口的左边。在安装元件的时候注意观察电容二极管的正、负极，这里有 5 个电解电容(C_7、C_8、C_9、C_{10}、C_{11})，注意每个电容上的"+"号，它的方向与示意的标号有关。一个单独的二极管应用在电路中 D_1 的位置，它的阴极一端与 Q_2 的漏极相连，光电晶体管 Q_1 的集电极与电容 C_1 相连，它的发射极接地。场效应管 Q_2 的栅极连接到 R_{15}/R_{16} 的交会处，而它的漏极连接二极管 D_1，场效应管的源极连接分压电阻 R_{15} 的一端。同时也要注意表头的安装，正极与旋钮开关 S_1 连接。

找一个 6in × 8in × 2.5in 的金属盒安装光学转速计的电路。在金属盒面板上钻一些孔，分别为灵敏度控制器 R_2 处、在速度开关 S_1 处、电源开关 S_2 处、运转/测试开关 S_3 处。还需要在面板上钻一个孔来安装 0 ~ 50 μA 的电流表。最后，要钻一个孔让光电晶体管能够露在外面。

在转速计原型设计中，电源开关 S_2、速度开关 S_1、运转/测试开关 S_3，还有表头都安装在金属盒的前面板上。电路板用 4 个 0.25 mm 高的塑料支架和 0.75 mm 4 ~ 40 号机械螺钉固定。电路板的安装方向要按照光电晶体管正对面板上钻好的 0.5 mm 的孔的方向，可以让光电晶体管露在外面。把一个 9 V 的电池盒安装在金属盒的底部。

校准转速计时，首先把分压电阻 R_{16}、R_{17} 设置在中间的位置，量程旋钮设置为 2500 r/min。一个直流电压表连接到 R_{16}。在断开图中 C 和 D 连线的条件下，调节 R_{15} 到电压表显示 1 V，然后把断开的连线重新连接起来，使得量程设置成 10000 r/min。一个幅值为 3 V、120 Hz 的正弦波输入到在图中 A 端和 B 端之间，这相当于提供了 7200 r/min 的转速。

最后检查对低强度的 120 Hz 的调制白炽灯源的阻抗作用，可以将光学转速计对准一个 50 ~ 75 W 的电灯，同时在量程内改变灵敏度控制电阻 R_2，如果在各种情况下表盘读数不是始终为 0，那么可以增加 R_4 的电阻到 10 kΩ 来提高输入阻抗。调整好后，光学转速计就可以使用。表 2 - 2 - 5 为灵敏的光学转速计元器表。

表 2 - 2 - 5　灵敏的光学转速计元器表

元器件	说明
R_{13}，R_{14}	3.9 kΩ, 0.25 W, ±5%, 电阻
R_{15}	5 kΩ, 校准电位计(微调)

续表 2 – 2 – 5

元器件	说明
R_{16}	1 kΩ，0.25 W，±5%，电阻
R_{17}	10 kΩ，校准电位计（微调）
R_{18}	200 kΩ，0.25 W，±5%，电阻
C_1	0.002 μF，35 V 陶瓷圆盘形电容器
C_2	0.05 μF，35 V 陶瓷圆盘形电容器
C_3，C_5	0.1 μF，35 V 陶瓷圆盘形电容器
C_4	0.001 μF，35 V 陶瓷圆盘形电容器
C_6	0.068 μF，35 V 陶瓷圆盘形电容器
C_7，C_8，C_{10}	20 μF，35 V 电解电容
C_9，C_{11}	100 μF，35 V 电解电容
D_1	1N194 硅二极管
Q_1	光电晶体管 ECG – 303L
Q_2	FET 晶体管 ECG312/451
U_1	LM741 运算放大器
U_2	LM555 计时器集成电路
M_1	50 μA，微安（培）计
S_1	两极五位旋钮开关
S_2	单刀单掷开关（电源）
S_3	单刀双掷开关（工作/测试）
其他	印制电路板，导线，集成电路接口，硬件等

单元八　浑浊度测量装置

水是混浊由一些非常细小的悬浮物引起的，如黏土、泥沙、有机或无机物、可溶的有色有机物、浮游生物和其他一些极微小的有机物。浑浊度的测量与水的光学性质有关，因为悬浮物会吸收或者散射光线，使得光路发生变化而不是沿直线传播。一般测量浑浊度的装置是悬浮液浑浊度测量装置（NTU）。

概括地讲，对液态样品浑浊度的测量就是对样品清晰度和浑浊程度的测量，混浊度是对液体悬浮质聚集程度的一种度量。在这个项目里，将应用一种测量液体对光线影响的方法来测量浑浊度。

水的清洁度对于人类消费品的生产和很多人工作业来说都是非常重要的，如饮料生产中，食品处理厂从水源上层取水并依靠流动颗粒隔离处理（如沉淀和过滤）来提高清洁度的，以确保可以应用。自然水体的清洁度对于环境和生产都非常重要。

浑浊度和悬浮颗粒的质量或者浓度之间的相互关系非常复杂，因为颗粒的大小、形式、折射率等都会影响悬浊液的特性。当悬浮颗粒存在时，包含吸收光的物质颗粒浓度不明显的溶液，如含活性炭溶液，会对浑浊度产生一个负的影响。在低浓度情况下，这些颗粒倾向于对浑浊度产生正影响。已溶解的会产生颜色的吸光元素也会产生负的影响。一些商业仪器可能会有对颜色干扰的轻微校正能力或利用光学分析避免颜色的影响。

测量浑浊度的装置叫做浑浊度测量计。浑浊度测量计种类很多，从电池组提供电源的便携式装置到可持续工作的在线监视系统。这些装置的复杂度和价格也在不断地变化。浑浊度过大会损害水的外观而且经常会伴随着难闻的气味。浑浊度可以为水生细菌、真菌和原生动物提供营养，这些水中的生物可以嵌入或黏附在天然水中的颗粒上或者包围在水处理过程中产生的棉丛里；混浊度可以影响处理水中微生物的组成，这些微生物可能会探测不到或者远远超过了我们用现在的方法探测到的那些种类。浑浊水中悬浮颗粒的吸附特性也会导致一个很高的金属离子浓度并且产生杀菌的作用。浑浊度可以影响消毒过程和剩余氯离子的残留，这取决于产生浑浊物的物质，它们对消毒过程的干扰可以从可忽略不计到非常严重。浑浊度也与氯化水中三氯甲烷的形成有关，由氯化水供应引起疾病的暴发也与浑浊度过高有关。配给系统中的微生物的出现和存留也与浑浊度和其他因素有关，浑浊度对消毒效率的影响与水中的微生物的类型和性质有关。特别地，表面水源可能会易受有机元素和不良有机物的影响，它们能够阻止消毒过程进行，导致饮用水的质量问题。

现在已经有合适的技术可以处理和监控水体浑浊度，使其保持在一个比较低的水平。把处理水的浑浊度控制在较低的水平可以使不受欢迎的颗粒和生物进入配给系统的量最小化，这样可使消毒更彻底、更有效。对于低浑浊度水体的生产中的特殊地域特性问题需要给予更多的重视，任何未处理完成水体的浑浊度突然增加预示着天然水变质或处理过程控制失败。某些水源，如地下水，可能含有非有机基质浑浊度，它可能不会很严重地影响消毒。因此，如果可以证明这个水体含有可接受的微生物并且较高的浑浊度值不会损害消毒，可以允许不经过很严格的浑浊度控制的水进入配给系统。

1. 电子浑浊度测量计

本项目中的电子浑浊度测量计是一种单光束传播型的浑浊度测量计，它应用于科学展览项目研究中。浑浊度测量计电路图如图 2 - 2 - 14 所示，围绕一个位置在无光的黑匣中清洁的塑料、玻璃质平面测试盒、或者样本室的周围。可以用一个小的白炽灯或者高输入、高亮度的发光二极管(LED)作为光源，光束通过样本室中的水样传播到一个硅光电池上。光源要与光电池成直线放置，在光源前面的光路上放置一个小导管可以用来将光线对准光电池。

电路中的电子元器件包含一个 LM741 运算放大器作为信号放大器。如图 2 - 2 - 14 所示，硅光电池直接与运算放大器相连，光电池的正(+)极连接运算放大器的正(+)极引脚 3，负(-)极连接运算放大器的负(-)极引脚 2，运算放大器的输出引脚 6 直接连接 Acculex DP - 654 型液晶显示器(LCD)的显示模块，它可以为浑浊度测量计提供一个相当稳定的读数。运算放大器的输出连接到 LCD 显示屏的正(+)极输入引脚，LCD 显示屏的负(-)极导线连接到显示器和电路板的地端。显示数据的保存开关 S_3 和 S_4 可以提供一个暂时的或者持久的记忆功能。保存开关直接与一个 5 V 的电源连接，作为 LCD 的电源。稳压器 U_2 用来将 12 V 的电压源转换成 5 V。注意到电路使用了两组 12 V 电池组或 12 V 的电压源给浑浊度测

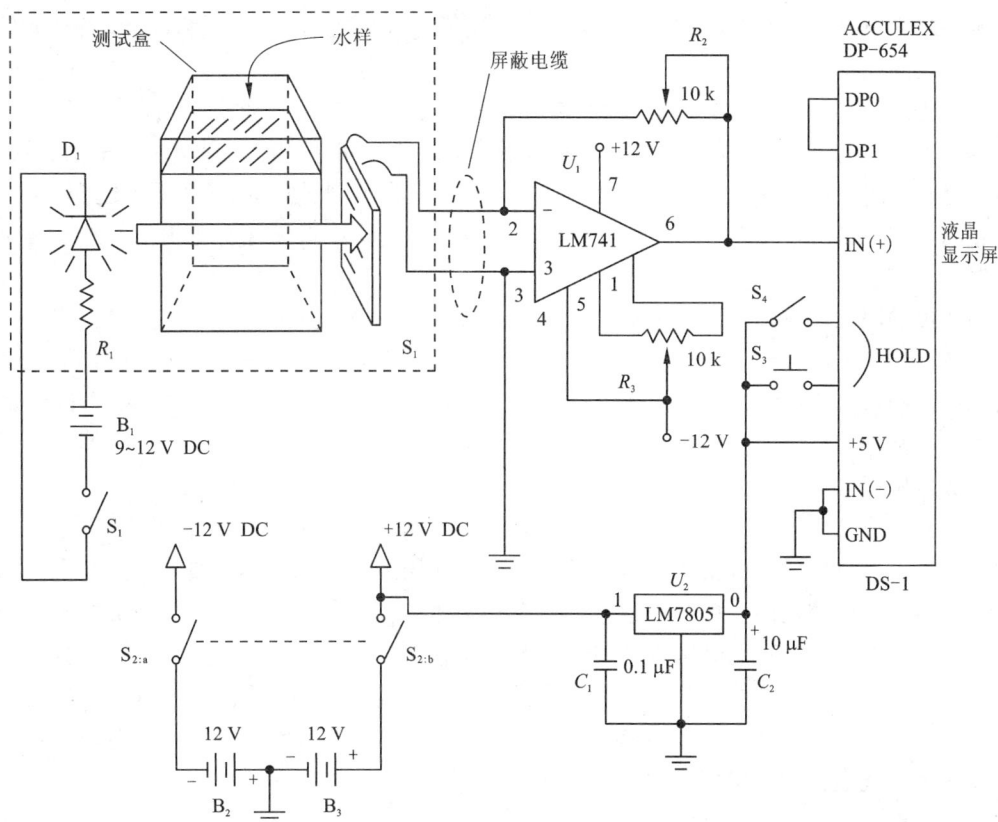

图 2 − 2 − 14　光浑浊度传感器电路图

量计供电,这个运算放大器需要一个 + 12 V 电压和一个 − 12 V 电压,才能正常工作。也要注意到两个电池的连接方式,一个正极连接另一个的负极,公共端接地。电源开关是一个双掷开关,用它来隔离正、负两极电源。图中左面的发光电路使用一个超亮的白色 LCD 作为光源,与一个 1 kΩ 的电阻串接,通过一个电源开关由一个 9 ~ 12 V 的电池组供电。

　　这个电子浑浊度测量计的电路可以搭建在面包板上或者原型电路板上,如果愿意的话也可以在一个小的电路上印制。推荐为运算放大器使用集成电路接口,这样以后芯片损坏时可以省一些麻烦。当安装集成电路芯片时注意运算放大器的方向,以免损坏 IC。大部分的 IC 芯片上都在引脚 1 的左边有一个直角切口或一个圆形凹陷作为标记。在安装 IC 的时候不要着急,避免损坏 IC 的引脚。当安装电解质电容的时候,要确定它的方向,让有" + "号的一端与稳压器 U_2 的正(+)极相连。在连接好电路之后一定要检查电路板,确保没有零落的元件与电路导线交叉。

　　浑浊度测量计的原型安装在一个 6 mm ×6 mm ×4 mm 的金属盒里。两个用来校准的分压电阻安装在金属盒的前面板上,这样在电路工作的时候可以很方便地调节。电源开关和 LCD 显示屏也安装在前面板上以方便控制。安装螺旋接线柱或 RCA 插孔可用来连接远处供电电池组。

　　硅光电池与主线路板分离,通过一根屏蔽电缆连接到装配有光源、电池组和样本室的

"黑匣"上。一个固定的木架和小电路板用来将 LCD 固定在距离黑匣底面 4 mm 的位置。第二个木架将光电池固定在与光源完美地成直线的位置。有矩形平面壁的样本室放置在光源和硅光电池之间。

安装光源、样本室和硅光电池的黑匣子可以用木料、卡纸或聚苯乙烯泡沫塑料制作。最重要的是 5 个面的黑匣子不能透光，要保持里面越暗越好，可以用胶带粘严拐角的板料边缘，或填充缝隙，或在拐角喷漆，只需要留一个凹的缺口让硅光电池的导线能够引出黑匣子。一旦电路装配完成，光电池连接好，光源在黑匣子中准备就绪，就只需要在使用前校准测量计就可以了。

为了校准浑浊度测量计，首先要在样本室中放入自来水或蒸馏水，关闭光源，调节 R_3，使 LCD 输出 0.00 V；接下来通过开关 S_1 打开光源，调节 R_2 使 LCD 电压表输出为 1 V；最后把选择的水样放入样本室，记录 LCD 电压表的读数。现在这个浑浊度测量计就可以帮助你搜集和分析水样了。

2. 测量技巧

在样本提取之后应尽快进行浑浊度检测。正确的测量技巧对于最小化仪器变量、剔除光线偏离和气泡对测量的影响是非常重要的。不管你使用的是什么仪器，如果注意测量技巧的话就可以使测量更加正确和精确。迅速测量有利于防止温度变化、颗粒凝聚和沉淀引起的样本性质改变。如果凝聚物已经出现，要通过搅动溶液打散聚集物，任何时候都要避免稀释。原样本中的悬浮颗粒可能会由于温度改变或稀释而分解或以另外的方式改变性质。在测量以前剔除样本中的空气和其他可能会形成气泡的气体，要进一步排除气泡，使气泡很少或没有能够看得见的气泡存在。可以通过给样本提供局部真空、添加无泡沫型表面活性剂、超声波浴或加热等方法给样本除气泡。在某些情况下，为了更有效地去除气泡，要结合使用两种或两种以上的技术。

制作样本室要求用干净的、无色的玻璃或塑料。要严格保持样本室的清洁，无论是内侧还是外侧，如果有划痕或腐蚀就不能使用了。不要接触仪器上光束经过的地方。使用的样本室要留有充分的额外长度，或者有一个保护套，使它们能安全地移动和搬运。测量前要把已经完全搅拌过的样本溶液和标准溶液放入样本室，等待足够长的时间让气泡逸出。

清洗样本室时，先用实验室肥皂清洗内侧和外侧，然后用蒸馏水或脱离子水多次冲洗，让它在空气中晾干。搬运时只能接触样本室的顶部，避免在光路上留下污垢和指纹。在样本室外表面要涂一层硅油，这样就会自然显示微小的划痕和缺陷，这些划痕和缺陷会增加光线的偏离。需使用折射率与玻璃相同的硅油，并避免多余的硅油，因为它们能够吸附污垢，弄脏仪器的样本室。用一块柔软的绒布均匀地摊开硅油，并且擦掉多余的部分。样本室需要呈现出接近干燥，带有少量的或没有能看见的油。因为两个样本室之间微小的差别就会明显地影响测量结果，所以使用配对的或同一个样本室进行标准溶液和样本溶液的测量。

轻轻地搅拌样本，等到气泡完全消失，将其灌入样本室。可能的话，灌注混合好的样本到样本室里并把它浸入超声波浴中 1 ~ 2 s 或者使用真空除气技术，使气泡完全释放然后直接从浑浊度测量计的显示屏上读取数据。

制作光学浑浊度测量传感器系统的元器件清单如表 2 - 2 - 6 所示。

表 2 - 2 - 6　光学浑浊度测量传感器元器表

元器件	说明
R_1	1 kΩ, 0.25 W, ±5%, 电阻
R_2, R_3	10 kΩ, 分压器(盒面安装)
D_1	超亮的白色光发光二极管
S_1	硅光电池
C_1	0.1 μF, 35 V 陶瓷圆盘形电容器
C_2	10 μF, 35 V 电解电容器
U_1	LM741 运算放大器
U_2	LM7805 5 V 稳压器
S_1, S_4	单刀单掷开关
S_2	单刀双掷开关
S_3	常开式按钮开关
B_2, B_3	12 V 电池组
DS - 1	Acculex DP654 数字电压表组件
其他	印制电路板, 导线, 集成电路接口, 硬件等

项目三
热能探测

热量从一个地方转移到另一个地方有三种方式,即热传导、热对流和热辐射。热传导是热量在物质内分子间传递的过程,当金属棒的一端放在火里时,另一端很快就变热了,这是因为热量通过热传导从金属棒的一端传递到了另一端(以分子间传递的方式)。热对流是热量通过被加热物质的流动来传递热的过程,因此热对流一般通过液体或气体发生,如房子里就是因为流动空气的热对流而变得暖和的。下面认识下热辐射。无论在热传导还是热对流中,热量都是通过移动的微粒如空气分子来传递的,然而在不存在物质的地方,热量也能够传递。例如,太阳发出的热量能跨越 9.3×10^6 英里到达地球,当一朵云挡在太阳和地球的某一点时,那一点的热量将会大大减少或根本没有,这里的热量就是通过波的形式辐射传播的。

热波和光波有着相同的本质,它们都是电磁辐射的一种,不同之处在于它们的波长不同,热波的波长比光波的波长要长。热波光谱中靠近无线点频谱的那部分称之为红外线。

本项目中将设计一种红外线火焰探测器,它能够感应到远达 3ft 的火焰。在本项目中,还会讲解如何设计一种冰点报警器、一种过温监测器和一种用来远距离传送数据的数据处理器。另外还可以了解一些更加高级的设备,包括一支具备液晶显示功能的温度计、一台夜视仪、一台红外运动探测器,它能够检测到 50ft 范围内入侵者身体发出的热能。这种红外运动探测器可作为家庭报警系统使用。

单元一　红外火焰探测器

红外火焰探测器是一种非常敏感的传感器,它可以用来探测火焰、火柴或是热源,如烙铁的有无,可以探测远达 3 m 的距离,如果探测到目标的话就会激活一个继电器。红外火焰探测器电路的核心部分是两个热敏电阻,如图 2-3-1 所示。热敏电阻是一种对温度敏感的电阻,随着温度的变化它的电阻值发生变化。如图 2-3-1 中 T_1 的阻值变化与温度变化成正比,换句话说,就是随着温度的下降 T_1 的阻值上升。在室温下额定电阻为 25～50 kΩ 的玻璃水珠状或是球状电阻适用于该项目。红外探测头开关的核心部分是两个电阻,热敏电阻 T_1 作为一个热传感器,它接在运算放大器输入端的负极作为一个电路比较部分;热敏电阻 T_2 作为在室温下的参考电阻并连接到分压电位计 R_2 上,R_2 作为设置电路比较点的电阻。室内空气

温度的变化将引起 T_1 和 T_2 同时发生变化，但是红外源(如火焰或是热金属)只影响热敏电阻 T_1。热敏电阻 T_1 与一个 33 kΩ 的电阻串联在一起，而 T_2 与一个 50 kΩ 的电位计串联接在一起。在正常情况下电源给电路供电并且保持稳定。电位计 R_2 只有在继电器关闭的时候人为调节，调节后的电压点作为比较点，平时电路输出一般都低于这个比较点，除非热敏电阻探测到红外光源。一旦探测到红外光源，运算放大器就会改变状态并激活晶体管 Q_1，晶体管就会驱动 RY-1 处的单刀双掷继电器，因为该运算放大器用做比较器，所以整个电路可以由一个单独的 9 V 电池供电。

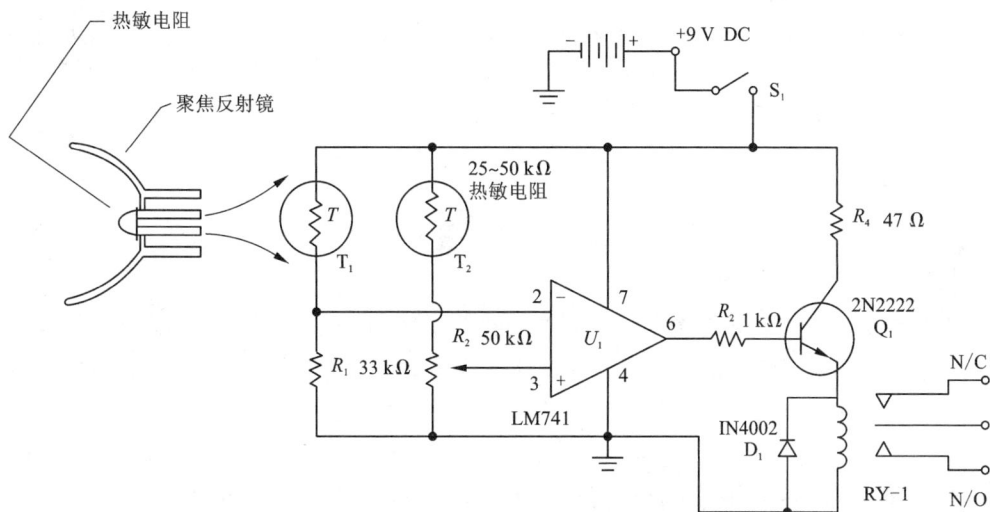

图 2-3-1　红外火焰探测器电路

红外火焰探测器非常灵敏，它在 3 m 外就能探测到红外光源。为了得到这样的灵敏度，热敏电阻 T_1 置于反射镜的焦点处。注意务必确保把热敏电阻置于反射镜的焦点处来获得整个电路的最大灵敏度。

红外火焰探测器的电路可以搭建在一块 2.5 mm × 2 mm 的印制电路板上。电路的布局要求不是很严格，可以在 1 h 内完成这项工作。搭建电路的时候可以使用集成电路插槽，这样在必要的时候可以方便维修。集成电路上有标记来指示引脚的方向，在集成电路封装的表面一般都有一个塑料缺口，该集成芯片的第 1 引脚就在缺口的左边。一些集成芯片在其封装的上部引脚 1 的右侧有一个小圆圈。放置集成电路的时候，要确保它的引脚 1 与插槽上的引脚 1 相对应。另一个需要准确定位的元件是安装在 D_1 处的二极管。该设计中采用的继电器是一种单刀双掷型微继电器，使用这种继电器的理由是它可以根据用途来决定是在常闭状态下触发或者是在常开状态下触发。在搭建完电路板之后，需要检查电路板上是否有零散的导线，还必须确定在焊盘之间没有短路现象发生，如有短路将会烧毁整个电路。

红外火焰探测器置于一个 5 mm × 7 mm 的金属盒中。金属盒的作用是可以使电路成为一个整体，另外可以保护电路不易损坏。S_1 处的开关与电位计 R_2 放置在金属盒的上端。热敏电阻 T_2 放置在电路板上，而 T_1 放置在反射镜的焦点处。

如前所述，热敏电阻必须正好放在反射镜的焦点处，可以在反射镜的焦点处固定一块小圆形电路板，在圆形电路板上打两个小孔，把 T_1 焊接在圆形电路板上，两个小孔用来通过 T_1 的两个引脚，可以通过调节两根引线来使得 T_1 位于焦点上，然后把引脚焊死在圆形电路板上。在金属盒的侧面打一个孔用来安装反射镜，把反射镜安放在金属盒的侧面，并在反射镜后部打一个孔，使得 T_1 的引脚能焊接在电路板上。

继电器也安装在电路板上，继电器引出的三个引脚分别与三个螺钉相连，三个螺钉装在金属盒的反面作为扩展功能用。在金属盒上打三个孔用来把继电器的三个引脚与电路板连在一起。9 V 的电池盒与电路板一起装在金属盒的底部。

现在测试该传感器。连接好热敏电阻 T_1，给电路供电，然后调节电位计 R_2 直到继电器关闭。这个继电器有许多潜在的用途，它可以在物体表面温度过高时切断电源，或是应用于灭火机器人上，因此这种红外探测器有广阔的应用前景。

单元二　冰点报警器

冰点报警器可以用在各种场合，当空气温度低于 0℃ 时，冰点报警器能够用于探测结冰的道路状况，以此来提醒司机减速驾驶或是改变驾驶者的不良习惯。冰点报警器也能够用来提醒什么时候在道路上撒盐或是用来监测需要确定冰点的实验。图 2-3-2 所示的冰点报警器电路的核心是在 T_1 处的热敏电阻。热敏电阻是一种对温度敏感的电阻，它的阻值随着温度的变化而变化，T_1 的阻值与温度成反比。也就是说，T_1 的阻值随着温度的下降而上升。在 0℃ 时热敏电阻产生 361 kΩ 的阻值；在 25℃ 时产生 100 kΩ 的阻值。

热敏电阻连接在 5 V 电源正极与 U_1（低功耗比较器）的反相输入端之间。比较电路的比较电压设定点由 R_2 和 R_3 分压确定，它们连接在电源和地之间。当温度到达 35℃ 时，热敏电阻产生电压输出。U_1 的电压输出通过 Q_1 放大，Q_1 是一个 N 沟道增强型 DMOS 场效应管，当达到 32℉ 时，这个场效应管就驱动一个固态蜂鸣器发声。

冰点报警器由 9 V 的电池供电，9 V 的电池通过开关 S_1 与稳压芯片 U_2 连在一起。电池提供的 9 V 电压首先供给蜂鸣器。它也供电给 U_2，使 9 V 的电压稳定到直流 5 V，再给冰点报警器供电。所有的这些半导体都是低功耗的小封装器件。

冰点报警器搭建在印制电路板或是通用实验板上。电路的布局不是很重要，因为该电路不是一个高频或是射频电路，对大部分器件要求并不严格，并能很容易买到。注意，为了确保电路的准确性，电阻必须精准到百分之一。唯一需要记住的就是在搭建电路时必须注意半导体器件的方向，把半导体器件搭建在电路板上之前要弄清楚所有半导体器件的引脚。在搭建完电路板之后，必须仔细查找是否有虚焊点、焊盘之间是否短路等。除了热敏电阻外，所有元器件都布置于电路板上。

如果需要的话可以把冰点报警器密封在一个小的金属盒中。一个 3.5 mm × 5 mm 的金属盒可以用来封装冰点报警器电路。蜂鸣器和电池开关置于封装外部的前面面板上。电路板与 9 V 的电池盒装在盒的底部。在盒子的侧面要装有一个两线插头用来连接热敏电阻。

接下来，必须准备一根一端接 RCA 接头、另一端接热敏电阻的屏蔽电缆线。根据自己的

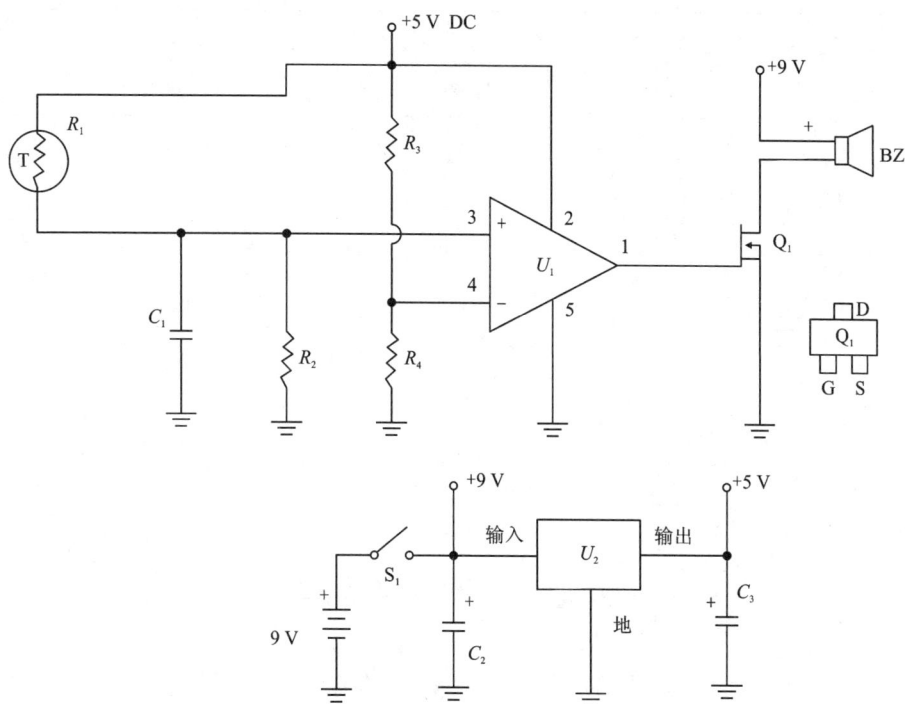

图 2 - 3 - 2　冰点报警器电路

用途，可以用一支废钢笔来包装一下热敏电阻，废钢笔的一端要开口，以便电缆线能穿过去。安装时，首先在热电阻和其导线上喷洒塑料来隔热热敏电阻和其电阻导线的前 1/4 部分，热敏电阻的导线一般都是小直径的引线，所以把屏蔽线焊到热敏电阻上时必须小心。在热敏电阻与屏蔽线的连接处必须装有热塑管，还要提供一些应变消除措施。

　　在把冰点报警器包装完且把热敏电阻连接好后，就可以装上 9 V 的电池。测试电路前，先准备一碗冰水混合物，等 1 min 直到冰把水冷却到接近 0℃，然后给电路供电，并让人们把置于冰水混合物中的电阻移开，此刻蜂鸣器立刻就不响了。如果电路工作正常的话，就切断电源，现在就可以使用冰点报警器了。光学浑浊度测量传感器元器件表见表 3 - 1。为光学浑浊度测量传感器元器表。

表 2 - 3 - 1　光学浑浊度测量传感器元器件表

元器件	说明
R_1，R_2，R_3	499 kΩ，1 MΩ，720 kΩ，1% 精密电阻
C_1	0.1 μF，35 V 陶瓷电容器
C_2，C_3	10 μF，35 V 电解电容器

元器件	说明
Q_1	ZVN4106F，N 沟道增强型 DMOS 场效应管
D_1	超亮的白色光发光二极管
S_1	单刀单掷开关
U_1	LMC7215 低功耗比较器
U_2	S - 812C50SGY - B SMT - type 稳压芯片
B_1	9 V 电池组
BZ	QMB - 12 电子报警器
其他	印制电路板，导线，集成电路接口，硬件等

单元三　过热报警器

过热报警器是一种非常有用的报警仪器，在过热的情况下它会发出警报。过热报警器把它的报警点设定在大约150℃，如果需要的话，可以根据报警器的工作范围改变报警器的温度。当你的计算机过热时报警器会报警。过热报警器还可以用在其他的家用电器上。如果需要的话，可以很容易地用一个小继电器来代替电子蜂鸣器，来激活一个其他类型的报警器或是闪光灯。

过热报警器的核心部分是图 2 - 3 - 3 所示的热敏电阻 T_1。热敏电阻是一种对温度敏感的电阻，它的阻值随着温度的改变而改变，T_1 的阻值与温度成反比。换句话说，随着温度的下降 T_1 的阻值上升。该传感器使用的是 Keystone 公司型号为 RL0503 - 55.36 kΩ - 122 ms 的热敏电阻。这种型号的热敏电阻在150℃时产生 17.89 kΩ 的热敏电阻。在77℃时产生 100 kΩ 的电阻。可以选择其他型号的热敏电阻用于不同的温度范围。

如图 2 - 3 - 3 所示，过热报警器的电路是一个相当独特的电路，该电路中的 U_1:A 和 U_{1B} 使用了型号为 CD4013B 的芯片。CD4013B 是一种 CMOS 双 D 触发器。CD4013B 的第一部分的作用是一个单稳态的多频振荡器，它能够在 U_{1A} 的引脚 1 处产生一组每分钟 12 ms 的脉冲输出，振荡器的频率取决于 R_1 和 C_2 处的电阻值和电容值的大小。振荡器驱动场效应管 Q_1，场效应管把振荡器的脉冲传到 U_{1B} 处的 CD4013B 的第二个部分。注意到当热敏电阻上温度较低时，振荡器产生的脉冲滞后于时钟脉冲的边沿，而当热敏电阻 T_1 处温度较高时，振荡器产生的脉冲就会超前时钟脉冲的边沿，这使得 U_{1B} 的输出会产生一个变化，当温度发生变化而且达到设定的初始电压值时，在 Q 端或是引脚 13 处的触发器的输出将驱动 ZVNL110A 场效应管 Q_2，每隔 5 s 发出一个 1 ms 的脉冲。这个独特的低攻耗电路由 3 V、120 A/h 的锂电池供电，在电路正常工作的情况下可以供电很多小时。

过热报警器的电路搭建在一块原型电路板或是一块通用实验电路板上。整个电路对元器件的布局要求不高，在电路中也没有什么要特别注意的部分。使用的电阻是 0.25 Ω，精度类

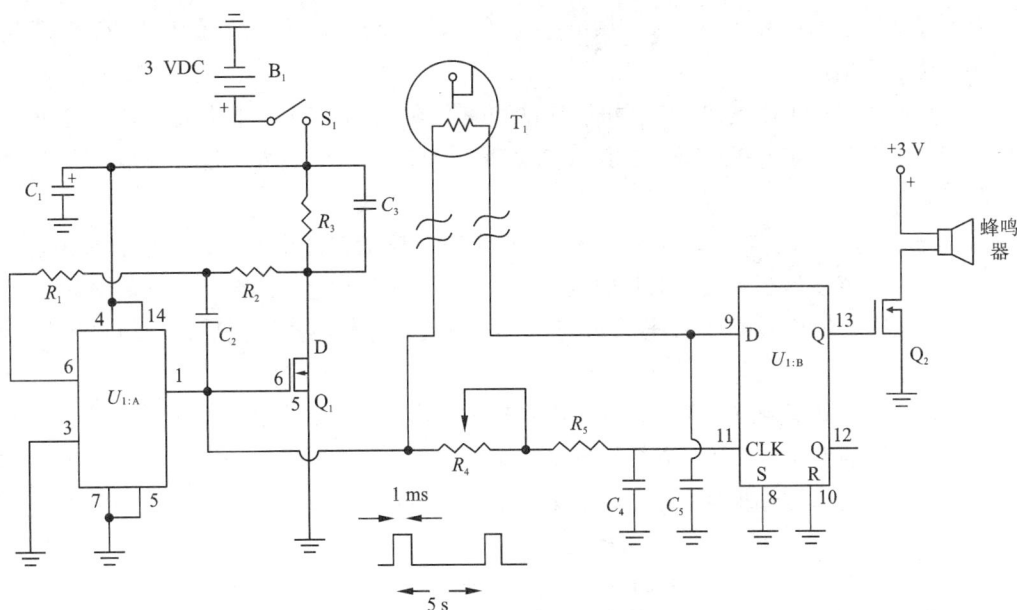

图 2 - 3 - 3　过热报警器电路

型要注意 Q_1 和 Q_2 处的晶体管的引脚。建议在安装 CD4013B 的时候使用集成电路插座，以便以后元器件有损坏时更换。在电路有问题时，集成电路插座将会使得电路中元器件的更换变得方便易行。在安装芯片的时候注意引脚的次序，芯片上要么在塑料封装的上部的中心处有一个方形的缺口，要么在第 1 引脚的右边有一个小圆圈。如果芯片封装的上部的中心处有一个方形的缺口的话，那么第 1 引脚就在缺口的左边。除了热敏电阻 T_1 外，所有的元器件都要焊接在电路板上。

　　在搭建完电路板之后，一定要检查电路板是否有虚焊，焊盘间是否短路。并且要查找在剪裁电路板后是否仍有与电路板连接的零散的元器件。一旦搭建和检查完电路板后，就要开始电路板的封装工作了。

　　过热报警器安装在一个 1/3 mm × 5 mm 的铝质盘的盒子里。开关在 S_1 处，电位计 R_4 及蜂鸣器安装在盒上部的前方。电路板安装在支架上，并与 3 V 的锂电池座一起安装在铝盒的底部。一个有两个定位螺钉的接线条安装在盒的背部用来连接热敏电阻，接线条的一个螺钉与 U_1 的引脚 1 相连，接线条的第二个螺钉与 U_1 的引脚 9 相连。注意两孔的插座不能用于该场合，因为这两个热敏电阻都是处于激活状态的，并且没有一个是接地的。如果需要的话，只要改变热敏电阻的报警点，过热报警器就可以用于更高或者更低温度的报警。当选一种不同的热敏电阻时，要调节该热敏电阻，使得电阻的阻值与原先使用的热敏电阻的阻值相差不大，以保证能够达到报警点。

　　接下来要准备一根能屏蔽干扰信号的电缆线，电缆线的一端连接控制时序的导线，另一端连接热敏电阻。根据用途可以把热敏电阻包装在一支废旧的金属钢笔中，用一根可屏蔽信号的电缆线从钢笔的一头穿出。首先，用塑料涂料喷射到热敏电阻及导线上，来隔离热敏电阻和热敏电阻的前 1/4 mm 导线。热敏电阻的导线一般是直径很小的导线，所以把可屏蔽电缆线焊到热敏电阻时必须小心。在热敏电阻与可屏蔽电缆线的连接处要套上热塑管，还要提供一些应变消除措施。

一旦完成了热敏电阻的封装，就可以测试和校准该过热报警器。把热敏电阻连接到底盘封装的接线条上。确定开关 S_1 是关闭的，然后把 3 V 的锂电池装入。现在要准备校准过热报警器了。

为了测试电路，需要把热敏电阻加热到 150°F 来使蜂鸣器发出响声，一种办法就是把一个校准过的玻璃温度计与封装后的热敏电阻放在一起，然后把这个组合体放在煤气炉或者电子炉旁边，大概离炉子 1/4in 远，打开火炉。注意不要把热敏电阻和温度计的组合体放在炉子上。

一旦这个组合体达到了 150℃，蜂鸣器就会发出响声，那么就说明过热报警器已经校准好了。如果电路正常工作，就可以关闭电路。如果你愿意的话可以根据不同的用途和在不同的温度点进行实验。过热报警器元器件表如 2 - 3 - 2 所示。

表 2 - 3 - 2 过热报警器元器件表

元器件	说明
T_1	RL0503 - 55.36 kΩ - 122 ms 热敏电阻
R_1	4.7 MΩ, 1/4W 电阻
R_2	100 kΩ, 1/4W 电阻
R_3	22 MΩ, 1/4W 电阻
R_4	10 kΩ, 分压计
R_5	15 kΩ, 1/4W 电阻
C_1	47 μF, 35 V 电解电容
C_2	0.01 μF, 35 V 陶瓷电容
C_3	0.22 μF, 35 V 陶瓷电容
C_4, C_5	470 pF, 35 V 电解电容
Q_1, Q_2	ZVNL110A, 场效应管
U_1	CD4013B, CMOS 双 D 触发器
BZ	MMB - 01, 电子蜂鸣器
S_1	单刀单掷开关
B_1	3 V 锂电池
其他	印制电路板, 导线, 集成电路接口, 硬件等

单元四 模拟数据记录系统

模拟数据记录系统是两点之间传送和记录电压值的一种简单方法。例如，可以在一个地方进行温度测量，然后在远处实时地或是以后记录并显示数据。这个系统见图 2 - 3 - 4 和图 2 - 3 - 5，这两种数据记录系统能以两种不同的方式工作。图 2 - 3 - 4 中，一个传感器连接在电压控制的振荡电路上，振荡电路接在磁带录音机上，该录音机在某个地方记录采集到的数据，然后将磁带拿到第二个地方，在那里再把磁带插入另外一个录音机中，连接频率电压电路，频率电压电路接在电压表上，打开录音机，把数据传给电压表。在图 2 - 3 - 5 所示的第二种工作方式下，温度传感器接在一个电压控制振荡器上，该振荡器的输出直接传给无线电发射器的输入。在电路的接收终端，接收器的音频电路直接输给一个频率 - 电压转换器，在这里再传给数字电压表。该数字传送装置中，可以实时地把数据从一个地方传到另一个地方。

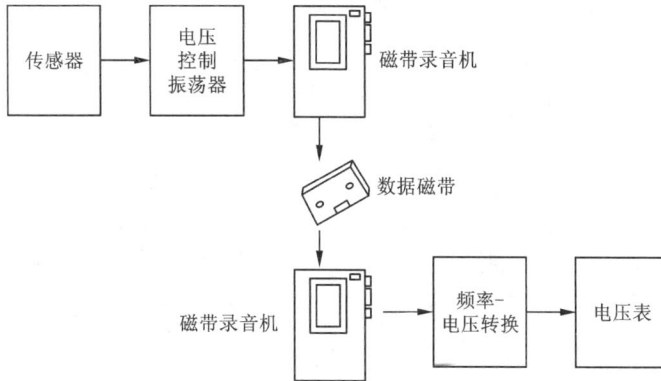

图 2 - 3 - 4 模拟数据记录系统 1

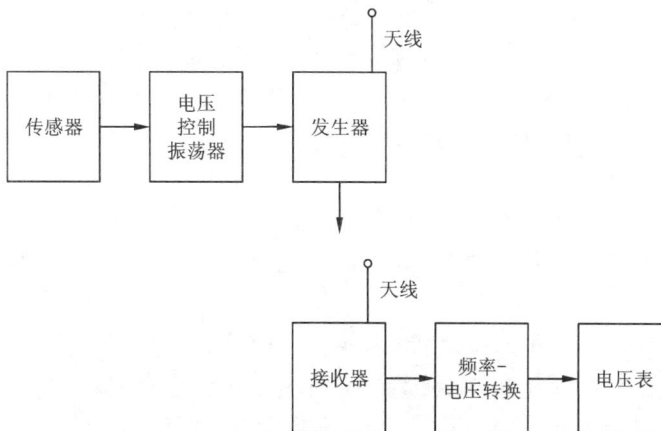

图 2 - 3 - 5 模拟数据记录系统 2

从图 2-3-6 所示的发送器和传感器电路中可以看出温度传感器连接在振荡器/定时器芯片 LM555 的引脚 4 和引脚 7 上。工作时，LM555 的工作频率由 T_1 处的温度传感器的阻值决定。随着 T_1 处的温度改变，阻值也相应改变，因此振荡器的频率也随之改变。对通用录音机而言，选择电容器 C_1 时，要能够使振荡器振荡频率最大。LM555 第 3 引脚的输出传给 C_2 处的电容器，电容器再与 L_1 处的微变压器相连。L_1 是一个 600 Ω–600 Ω 级别的变压器，用来与无线电路连接(600 Ω–600 Ω 的变压器是一个 1:1 的变压器，它的两端都缠绕了 600 Ω 的电阻线圈)。变压器的输出与 C_3 处的耦合电容相连接。电容器与变压器的一个引脚与一个微型的音频接头连接，该音频接头连接到发射器的音频输入端，或者连接到磁带录音机的音频输入端。

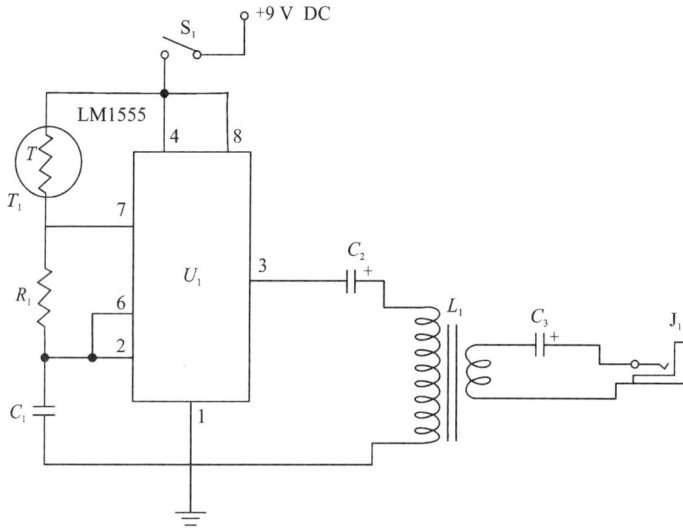

图 2-3-6　温度发送电路

远程数据记录的数据接收和数据重放电路如图 2-3-7 所示。所展示的电路中频率–电压转换器的核心部分是 LM331 芯片，音频输入在电容 C_1 处与频率–电压转换芯片耦合。音频电路然后与微变压器 L_1 相连，变压器 L_1 是无线电通信中使用的 8 Ω–1 kΩ 级别的变压器。变压器 1 kΩ 端的输出与 C_2 处的电容相连，而 C_2 与频率–电压转换芯片的第 6 引脚相连。

工作时，LM331 的一个引脚上的输入电压由 R_2 和 R_3 分压得到。当音频信号输入幅值超过了 R_2 和 R_3 分压得到的参考电压值时，比较器的输出电压就会改变，直到输入信号下降到参考电压值。

比较器的输出与 LM331 里的单稳态多频振荡器(单脉冲触发)相连。每次比较器跳变时，就会产生单脉冲触发来关闭当前的跳变。这允许输出过滤电容 C_5 上的电压充电一段时间，这段时间由 R_6 和 C_4 决定。电阻 R_7 作为一个泄流电阻，它的作用是给电容 C_5 放电，使得 C_5 上的电压在任何时刻都与电流源上得到的平均电压一致。因此，C_5 上的电压直接与输入信号的频率成正比。

LM331 的输出传给高阻抗的电压表或数字仪表显示面板。电位计 R_5 允许在一个特定的

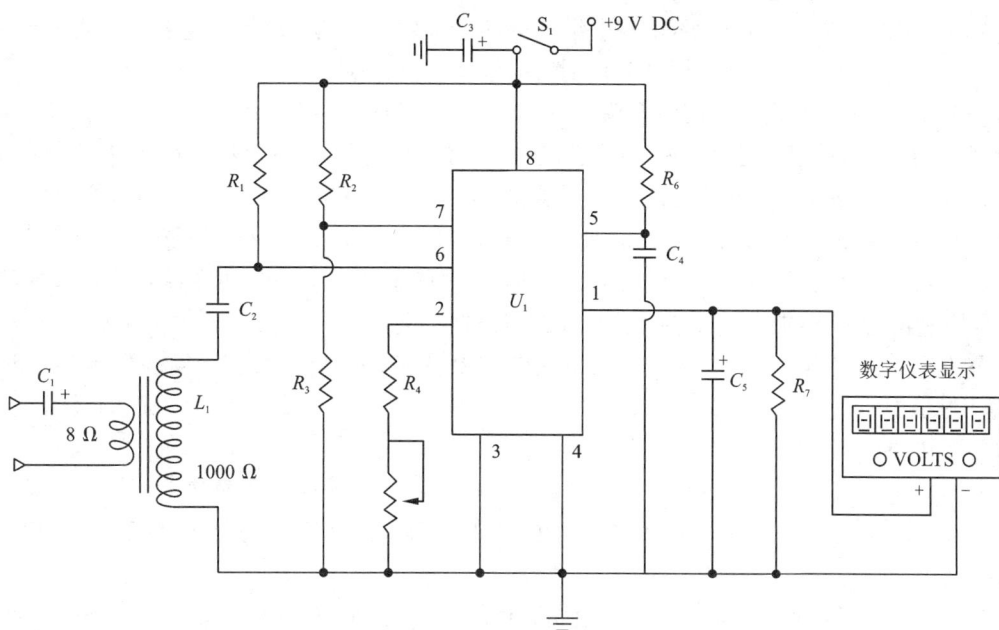

图 2 - 3 - 7　温度接收电路

输入电压频率下校准电路的输出电压。LM331 有一个从 1 ~ 10 kHz 的线性频率响应范围。远程数据接收和显示电路可以由 9 V 电池供电。

搭建远程数据记录器是比较简单的，可以在不到 2 h 内完成。发送数据振荡电路搭建在一个实验电路板上。应当为 LM555 使用集成电路插座，这样在电路有问题时，可以很方便地更换芯片。芯片必须安装正确使得电路能正常工作。集成电路一般有两种标识方法。某些芯片的表面有一个方形的缺口，该缺口就在引脚 1 的右边。另外一些芯片在引脚 1 的右边有一个小圆圈。除了热敏电阻，所有的元器件都安装在电路板上。变压器 L_1 是一个 600 Ω - 600 Ω 的微小型耦合单元，它是一个 1:1 匹配的变压器，其初级和次级线圈都有相同的绕组，所以在安装该变压器时可以不考虑它的极性。但是要注意电容 C_3 的极性。发送振荡电路可以由 9 V 的电池供电，电源由 S_1 处的开关控制。

将发送振荡电路封装在一个金属盒里，变压器与其他元器件一起安装在电路板上，电路板安装在支架上离盒底部 1/4 mm 处。9 V 的电池盒放置在电路板下面。RCA 插座 1/8 mm 的耳机插座和开关 S_1 放置在盒子的上部。RCA 插座用来与热敏电阻连接，而 1/8 mm 的耳机插座用来与音频输出信号连接。

一旦完成了振荡发送单元的搭建，就要仔细地检查电路板，以确保没有虚焊和短路。也要注意查找零散的元器件的引脚，看它们是否与电路板连接。

接着，要准备一根屏蔽电缆线，电缆线的一端连接 RCA 插座，另一端连接热敏电阻。根据用途，可以把热敏电阻封装在一支废旧金属钢笔中，电缆线从钢笔的一端穿出。封装前，首先用塑料涂料喷射到热敏电阻及导线上，把热敏电阻和热敏电阻导线的前 1/4 mm 与外界隔离开。热敏电阻导线一般都是很小直径的导线，因此在焊接电缆线与热敏电阻时必须十分小心。在热敏电阻与电缆线的连接处要套上热塑管,还要提供一些应变消除措施。需要制作或是购买一根 3~5ft 长的电缆线,在电缆线的两端都要有 1/8in 的公插座来连接振荡音频输出和数据发送器的输入。最后把开关打到关的位置装上电池。

搭建接收/显示电路要比搭建振荡/发送电路复杂一些。接收/显示电路可以搭建在类似发送单元用的电路板上,也可以使用自己设计的印制电路板,包括变压器 L_1 在内的所有元器件都应安装在电路板上。元器件的布局不需要太在意,但是要特别注意电容 C_5 的极性和 U_1 芯片的引脚,在 U_1 处应该使用芯片插座。一般有两种识别芯片引脚的方法。一些芯片在引脚1的右边有一个小圈圈,其他的芯片在引脚1的右边有一个小的矩形缺口。当安装芯片时,要特别注意引脚的顺序,以防止通电时芯片被烧坏。

校准电位计 R_5 是一个适宜于安装在印制电路板上的多圈电位计。当安装变压器 L_1 时一定要从封装上辨认两组绕组的方向,这两组绕组是不一样的,一组是一个 8 Ω 的绕组,另一组是一个 1 kΩ 的绕组。

一旦完成了接收/显示电路,就需要检查电路板。首先检查是否有虚焊;然后注意是否有短路;最后注意查找零散的或者不需要的元器件引线,这些零散的引线可能已经与电路板连接上了。

接收/显示电路板最后安装在一个金属底板的盒子里,这个盒子的尺寸是 4.5 mm × 2 mm × 6 mm。电路板安装在 1/4 mm 的塑料支架上,一个 1/8 mm 的微型电话接口和电源开关 S_1 安装在盒的前上方。电路板使用一条带有串口 RS232 输出的万用表,也可以在接收/显示单元的显示面板上装一块廉价的 LED 电压显示屏。如果使用国内的仪表面板显示器,还要用一个两电阻分压来降低输入到仪表面板显示器的电压,因为这个显示器的最大输入电压是 2 V。9 V 的电池盒安装在盒的底部。完成该电路后,装电池前把开关拨到"关闭"挡。最后,需要制作一条电缆线来连接接收、显示电路与驱动输入的音频源。根据用途和输入源,电缆线一端装有一个 1/8 mm 的微型电话接口,在另一端有一个连接头。

在使用数据记录系统前,有必要调节传感器电路,使得电路产生的信号频率在合适的范围内。同样地,也很有必要来调整频率 – 电压转换器。

如果打算手工记下转换的电压值,必须确保每个数据样本至少保持 5 s。这就要求电压表的读数必须保持足够长的时间,以便记录数据样本。

如果打算用一个模拟数据记录系统而不是传送与发送单元,就需要画出一条校准曲线,以便得到最好的结果。为了校准数据记录,需要存储一条已知顺序的音频信号曲线,该曲线均分布在需要测量的信号范围内。把音频信号发生器直接连接在数据记录系统的输入上,在 100~1000 Hz 范围内以 100 Hz 的频率记录 10~15 s 的音频脉冲。输入到数据记录器的音量应该调整到可测范围的 1/4 来确保数据记录系统的输入曲线不会溢出或歪曲。关闭数据记录系统并把它和信号发生器断开,把接收/显示单元的音频输入端连接到数据记录器的输出端,然后把接收/显示单元的输出连接到一个数字电压表上。打开数据记录系统重放录过数据的磁带,注意磁带音调的电压读数,最后在一张纸上记录下数据。沿着图表的底部的 3/8 mm 的间隔处做一个频率的符号,每 3/8 mm 标注 0、1、2、3、4、5、…,乘以 100 Hz。那么第一个标注点是 1 kHz,以此类推。图表上的纵坐标表示电压,每 5/8 mm 标记 0、1、2、3、4、5 V。一旦有一个校准图表,就可以测试该数据系统了。

把热敏电阻与振荡发送单元相连接,然后把该单元的输出连接到一个录音机或是发射机的输入端，给电路供电。如果要记录读数，必须把重播的数据输入到接收/显示单元。如果实验使用的是一个射频接收器而不是录音机，应把接收/显示单元的输入连接到射频接收器的音频输出端。现在把接收/显示单元的输出连接到一个数字万用表或是电压表上，读出从振荡发送单元发出的数据，在显示仪器上应该可以看到电压读出值。让一位朋友去振荡发送单元那里，并把热敏电阻放在一碗碎冰中来校准传感器，当电压表读数开始改变，注意读数并记录下来；此时你就已经校准了模拟数据记录系统，并可以用它进行野外数据采集。表2 -3 -3 和表2 -3 -4 分别为模拟数据记录系统震荡发送和接收/显示单元元器件表。

表2 -3 -3   模拟数据记录系统震荡发送单元元器件表

元器件	说明
R_1	4.7 kΩ，1/4W 电阻
C_1	0.1 μF，35 V 陶瓷电容器
C_2	1 μF，35 V 电解电容器
C_3	4.7 μF，35 V 电解电容器
L_1	600 Ω -600 Ω 的微型变压器
S_1	单刀单掷电源开关
U_1	LM555 定时器/振荡器芯片
J_2	RCA 底盘插座
B_1	9 V 干电池
其他	印制电路板，导线，集成电路接口，硬件等

表2 -3 -4   模拟数据记录系统接收/显示单元元器件表

元器件	说明
R_1，R_2	10 kΩ，1/4W 电阻
R_3	68 kΩ，1/4W 电阻
R_4	12 kΩ，1/4W 电阻
R_5	5 kΩ，电位计
R_6	6.8 kΩ，1/4W 电阻
R_7	100 kΩ，1/4W 电阻
C_1	4.7 μF，35 V 电解电容
C_2	0.1 μF，35 V 陶瓷电容
C_3	10 μF，35 V 电解电容
C_4	0.01 μF，35 V 陶瓷电容
C_5	1 μF，35 V 电解电容
U_1	LM331，频率 -电压变换芯片
L_1	8 kΩ~1 kΩ 微型变压器
其他	印制电路板，导线，集成电路接口，硬件等

单元五 LCD 温度计

当希望测量自己家、商店或是办公室附近的温度时，一种准确、简单地测量温度的方法就是制作如本节所述的数字 LCD 温度计，该 LCD 温度计能够读取和显示温度范围 -20 ~ 150℃的温度值。

LCD 温度计的核心是一个二极管温度传感器、一块 A/D 转换芯片和一个 31/2 位的 LCD 显示屏，如图 2 - 3 - 8 所示。在该项目中一个 1S1588 硅开关二极管用作温度传感器，当传感点的温度变化时，硅二极管的电压以 -2 mV/℃的系数变化。一般来说，20℃时引起的电压大约是 600 mV。当传感点的温度上升 100℃而达到 120℃时，峰值电压大约 400 mV［600 mV - (2 mV/℃ ×100℃)］，此时温度计显示出随着温度变化的电压值。可测量的温度范围在二极管可感应的范围之内，该二极管可以测量 -20 ~ 150℃

图 2 - 3 - 8 LCD 温度计

的温度范围。一般来说，二极管是用玻璃或者塑料封装的，因此，即使环境温度发生变化，二极管的电压也不会立即改变。

1S1588 硅二极管有两种不同的封装形式，应选用小直径的玻璃二极管而不是较大的塑料封装二极管。塑料封装二极管在此处不适用，因为在较大的塑料封装中温度的变化很难扩散开来。二极管的导线用尼龙/布绝缘管绝缘来保护二极管。屏蔽信号线用来连接二极管传感器和 A/D 转换器。

在 LCD 温度计中使用 ICL7136/TC7136CMOS 模 - 数转换器，如图 2 - 3 - 9 所示，ICL7136CMOS 模拟 - 数字转换器接收一个模拟信号，然后转换成一组数字信号输出，通过一个多路复用底板驱动器，把结果显示在 LCD 显示器上。40 个引脚的双列直插式 A/D 转换芯片在 30 引脚可以接收一个 +/ -200 mV 或是一个 +/ -2 V 的直流输入电压。

ICL7136 的模拟部分把测量周期分成四个阶段。首先是自动调零阶段(AZ)，然后是信号求积分阶段(INT)，再就是求微分阶段，最后是信号整合调零阶段。如图 2 - 3 - 10 所示。ICL7136 在 1 s 内完成 3 次测量过程，即 4000 个时钟周期 =4000 × (4/48000 Hz) =0.33 s/次。

在自动调零阶段必须注意三件事，首先，引脚的高输入端和低输入端不连接在一起，它们在内部通过公共模拟端短接；其次，参考电容充电到参考充电压值；最后，关闭系统反馈闭环，充电自动调零电容 C_{az}，为补偿缓冲放大器、积分器和比较器上提供偏移电压。

在信号积分阶段，自动调零闭环是打开的，内部短路消除，内部高输入端和低输入端是与外部引脚连接在一起的，转换器用一个固定的时间对高输入和低输入间的电压差进行积分，该电压差处于一个较宽的模式范围内。在这个阶段的末期，确定了积分信号的极性。

接着，在微分阶段，低输入端在内部连接到模拟公共端，而高输入端跨接在充电参考电容上，模 - 数转换芯片确保电容以正确的方向连接，使得积分器输出返回 0。

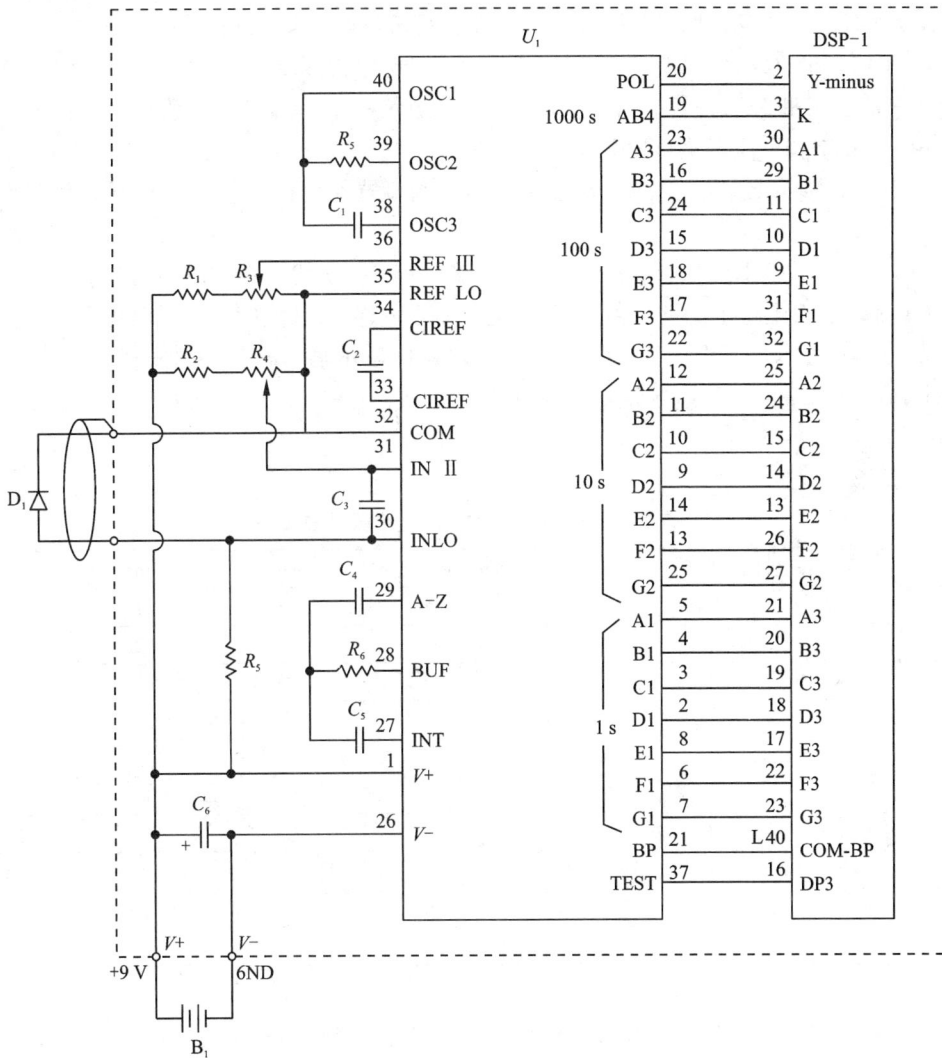

图 2 - 3 - 9　LCD 温度监控电路

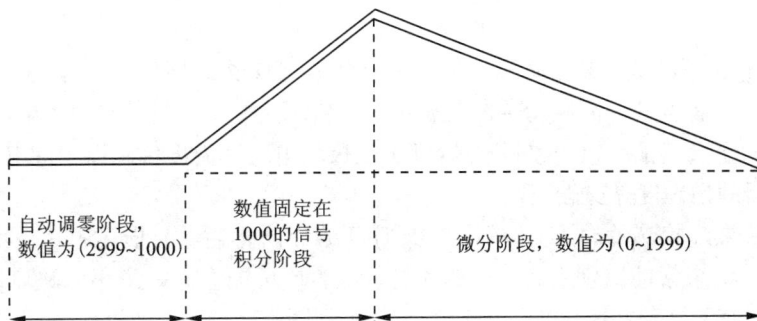

图 2 - 3 - 10　积分放大器的输出波形

最后是信号积分调零阶段。首先，低输入端接到模拟公共端上；然后，参考电容充电到参考电压；最后，关闭反馈闭环，输入高电平使得积分器输出返回到0。

注意LCL7136的第30和31引脚有一个高输入端和低输入端。也注意该芯片有一个分开的公共地连接到引脚32，公共地与引脚26处的电源负极不一样，模-数转换器的样本信号以38、39和40引脚产生的振荡时钟信号为参考。

电位计R_3在模-数转换器的输入端作为零点调节器使用，而电位计R_4用来调节转换器的比例因子。

与LCD的接口占据了芯片输出的大部分引脚。A_1到G_1代表个位的各数字，数字输入从引脚2到引脚8，而十位上的$A_2 \sim G_2$对应的是引脚9~14和引脚25，最后百位是$A_3 \sim G_3$，对应引脚为15~24。本项目中使用31/2位FE0203LCD显示器，该LCD是一个螺旋向列型的LCD，有40个引脚，由5 V电源供电，本项目中用到了三位，采用十进制来显示温度。显示器引脚表如表2-3-5所示。

表2-3-5 FE0203LCD显示器引脚表

Pin#	Seg.	Pin#	Seg.	Pin#	Seg.	Pin#	Seg.
1	BP	11	$C1$	21	$A3$	31	$F1$
2	Y	12	DP2	22	$F3$	32	$G1$
3	K	13	E2	23	$G3$	33	NC
4	NC	14	D2	24	B2	34	NC
5	NC	15	$C1$	25	$A2$	35	NC
6	NC	16	DP3	26	$F2$	36	NC
7	NC	17	E3	27	$G2$	37	NC
8	DP1	18	D3	28	L	38	LO
9	E119	19	$C2$	29	BL	39	X
10	D_1	20	B3	30	AL	40	BP

该数字温度计是低功耗的，可以由9 V电池来供电，能使用三个月。制作LCD温度计是比较简单的，可以在2 h内把它塔建在一块电路板上。如图2-3-9所示，大部分元器件如模-数转换芯片以及它的支撑件包括LDC都焊接在电路板上，但二极管传感器没有放在电路板上。建议为引脚40的模-数转换器使用一块芯片插座，以便日后芯片出现故障可以很方便地更换。

输入端的测量电容都是聚酯薄膜型的，它们会影响仪器的精确度。靠近50 kHz时发生器旁的电容是一个有着良好高频特性的陶瓷电容。在C_6处一个多层的陶瓷电容用作旁路电容。除C_6以外，这个电路中的大部分电容都不是极性电容。温度传感器中的电阻都是1%精度，所以该仪器的精确度是比较高的。

当安装模-数转换芯片时，确保引脚的顺序正确以防止通电时损坏芯片。集成电路芯片一般都有一个标记来帮助识别引脚，在芯片封装的表层可能会有一个小的缺口，第1引脚就在缺口的左边，有些芯片在引脚1的右边有一个小圆圈。

当安装LCD时要十分小心，不要在LCD的前面或是后面施加太大的压力，以免损坏LCD。如果要为LCD安装一个插座时，建议只用一个插座。连接LCD时也要注意，由于许多引脚要连接,所以犯错误的概率很大。

　　把所有的元器件焊接在合适位置后,要仔细检查电路板的底层,查找是否有虚焊点,否则电路板工作时它们会断断续续地困扰你。

　　下面需要制作一根传感器信号线用来连接二极管传感器和模 - 数转换电路。首先,用绝缘喷雾剂或是橡胶塑料管让二极管的导线绝缘,清扫干净电路板,然后把 9 V 的电池盒焊上。接着,准备一根小直径的同轴电缆,比如 RG - 174,用于连接传感器的电路。这根同轴电缆线不能长,否则可能会产生错误的信号而影响读数。一根 2 mm 或 3 mm 的信号线最适合。

　　现在,LCD 温度计已经完成,要进行校准工作了。注意,校准温度计时二极管传感器的导线必须与水绝缘,防止水损坏电路,因此必须采取合适的措施来绝缘导线,如在导线上喷绝缘剂或是用橡胶塑料覆盖导线。

　　在一只中等大小的碗里注满冰和水,过一段时间冰将冷却水。另一种方法是利用一罐快速冷却剂。给电路供电,然后把二极管传感头放在冰块上面或是把冷却剂喷洒在传感头上持续 1min,调整 R_4,来校准 0°C 时的度数。相反,可以测量沸腾的水,通过调整 R_3 来校准 100°C 时的度数。这样就可以标定 LCD 温度计。

　　可以把这个 LCD 温度计装到一个塑料盒子里使它免受损坏。找一个合适的塑料盒来封装该 LCD 温度计的电路和电池,并准备一个开关和螺母接口或是一个 RCA 接头来连接温度传感器。LCD 温度计元器件表如表 2 - 3 - 6 所示。

表 2 - 3 - 6　LCD 温度计元器件表

元器件	说明
R_1	1 MΩ,1/4W,1% 精度电阻
R_2	470 kΩ,1/4W,1% 精度电阻
R_3	100 kΩ,电位计(微调)
R_4	200 kΩ,电位计(微调)
R_5	100 kΩ,1/4W,1% 精度电阻
R_6	390 kΩ,1/4W,1% 精度电阻
C_1	47 pF,35 V 树脂电容
C_2	0.1 μF,35 V 树脂电容
C_3,C_5	0.047 μF,35 V 树脂电容
C_4	0.47 μF,35 V 树脂电容
C_6	0.1 μF,35 V 陶瓷电容
U_1	ICL7136 或者 TC7136
DSP - 1	FE02033 1/2 - 数字 LCD 显示器
其他	各种电路板,插座,电线,连接器,包装盒等

单元六　夜视仪

图 2-3-11 所示的夜视仪是一种能在完全黑暗的条件下观察物体的仪器。不同于其他传统的夜视仪需要借助天空中星星发出的微光或者周围环境所发出的微光才能工作，这种夜视仪含有自己的红外光源，可以隐蔽地观察想要看的事物。整个夜视仪包括两个部分：高压电源以及一个包含光学器件和照明用电筒的最终封装体。

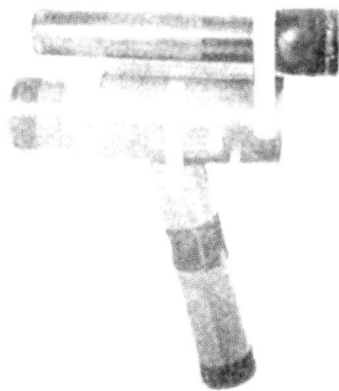

图 2-3-11　夜视仪实物

这种夜视仪又可称为红外观测器可以用来观测某些事物，用作辨识或是证据收集，而不会暴露观测者，使得被观测者觉察不到自己正在被监视。当这种仪器用在侦查、红外报警器的校正、不可见激光枪的视觉系统和通信系统时，是一种无价之宝。该技术还可以用于从空气中探测农作物中有病虫害的植物，还可以观察高温环境的温度记录场景，并生成图像。

该仪器使用普通聚氯乙烯（PVC）作为主要材料，一种特别设计的、取得专利的微型电源用来给图像管供电，这种图像管是一种比较常见的图像转换器。该图像管有一个确定的可视范围，适用于大部分场合，但需要高精度显示时，就不能满足需求了。

可视范围主要由红外光源的强度决定，改变红外光源的强度可以控制可视范围的大小。光源的基本单元用了一个装有两节电池的闪光灯，该闪光灯的镜头上装有滤波片，使得被观察者看不到光源。红外发光二极管和激光都可以用作光源。

该单元也可以用外部光源来工作，如使用超高强度 Q 波段有附加滤波片的手持灯，它把可视范围扩大到 400~500ft，并提供一个大范围的照明视野。注意，如果使用主动形式的红外可视光源，比如激光，就不需要内在的红外光源。

如图 2-3-12 所示。一个超小型的高电压电源可以提供 15 kV 的电压，这个电压是用一个 7 V 或者 9 V 的可再充电的镍镉电池或是碱性电池，通过几百个微型放大器放大得到的。该电压用于红外图像管或者是 IR16，电压的正极接到图像管末端而负极接到物镜端。从电压倍增电路可以得到一个聚焦图像，它大概是从电压的六分之一。

一个可调焦距的物镜镜头（LENS）收集图像，该图像由红外镜头照明，并把图像聚焦到图相关的物镜端。该图像显示在显像管的可视屏上，用一种绿色的色调显示，图像能分辨 50ft 或是更远的距离的物体，一般来说足够满足辨识物体的需要。当然正如上所述，分辨距离由红外光源决定。

晶体管 Q_1 作为一个能引起共振的振荡器使用，它的频率由电容 C_3 变压器 T_1 的初级绕组决定。该震荡电压在 T_1 的次级线圈里变为几千伏特。电容 $C_4 \sim C_{15}$，二极管 $D_1 \sim D_{12}$，形成一个全波电压倍增器，这里的输出电压变为原来的 6 倍并转换为直流电压。如图 2-3-12 所示，在 $C_5 \sim C_{15}$ 的输出，可能是正电压也可能是负电压，这取决于二极管的方向。Q_1 的基

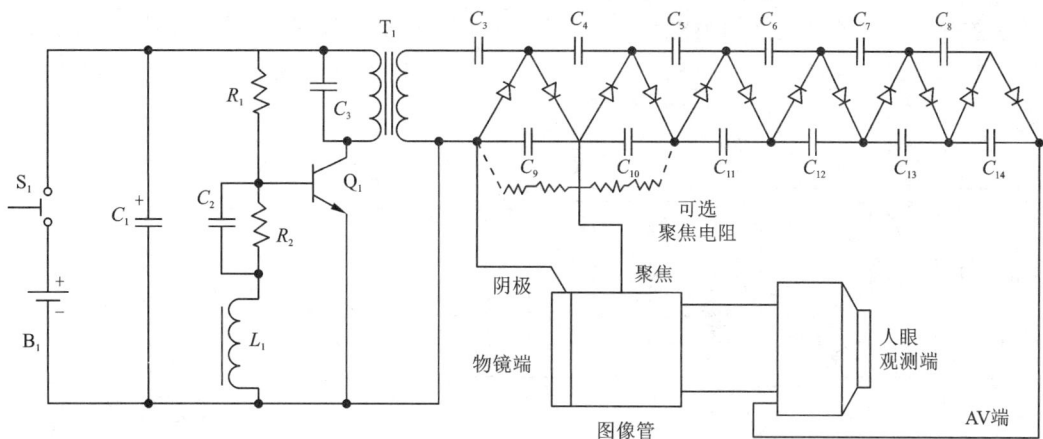

图 2 - 3 - 12 高压电源

极连接到 T_1 的反馈绕组，反馈绕组输出的震荡电压处于一个合适的数值以保持震荡。电阻 R_2 作为基极偏置电阻，用来产生最初的激活电压。电阻 R_1 用来限制基极电流，而电容 C_2 通过提供高频能量加速 Q_2 的钝化。通过开关 S_1 由电路板上的电池来供电。

把元器件插入板的空里，开始组装高电压供电板。组装一定要从右边向左边开始，尝试按如图 2 - 3 - 12 所示的布局进行。实际元器件的引脚用来连接电路焊点。这个时候不用剪裁或是清洁电路板，最好是暂时把引线折叠起来，使引线不会掉入电路板的孔里。注意到电压倍增器部分的焊接接头，包括 $C_4 \sim C_{15}$ 和 $D_1 \sim D_{12}$ 的焊接接头，应该是球状的和光滑的，这样就不会产生高压漏电或是电晕电流。焊点的形状应该是 BB 形的，用手指感触焊点的形状来保证没有什么突出的部分。也要注意 T_1 是侧卧着，并且要把一些短的总线焊接在 T_1 的引脚上，作为连接在电路板上的延长线。

为了测试高电压供电电路，要根据以下的步骤做测试：把高电压的输出线各自分开大约 1in；然后把 9 V 电压接到输入上，并且注意当 S_1 开关按下时流过的电流大概是 150 ~ 200 mA；减少高压输出线之间的距离直到出现微小的蓝色放电现象，可以把引线的距离减小到 1/2in 和 3/4in，注意到输出的电流变大了，增加的电流大小取决于火花的长度，电流增加值不应该超过 300 mA。检查 Q_1 上集电极的发热情况，如果有必要则加上一块小的散热片防止 Q_1 过热。

如果用示波器，就会看到 Q_1 集电极输出的波形很有趣。观察的时候应该在没有火花的情况下，也应该去掉聚焦点处的接头。聚焦点处的电压大概是输出电压的六分之一，该单元应由 12 V 的直流电来供电，在 Q_1 处应该加一块散热片。

高压模块能够从一个标准的 9 V 电池中得到 10 ~ 20 kV 的电压。它搭建在一块印制电路板或是一小块多孔电路板上，并且容易封装。

参考图 2 - 3 - 13 并根据以下步骤组装夜视仪。确认组装的电源板能正常工作。检查高压部分是否有裸露接口，如果需要的话使用绝缘涂漆来减小电压泄露。除去所有锐利的点并用涂料或是其他的东西来绝缘。

把一滤波片紧贴着图像管 TUB1 的物镜端安放，用透明胶把滤波片固定好。把 TUB1 安装如图 2 - 3 - 13 所示的支架上, 然后把 TUB1 的导线与电源板连接好。

注意导线与元器件之间的距离要合适。关闭房间的灯, 然后用红外灯去照图像管。观察屏幕上的图像是否模糊或是太刺眼。

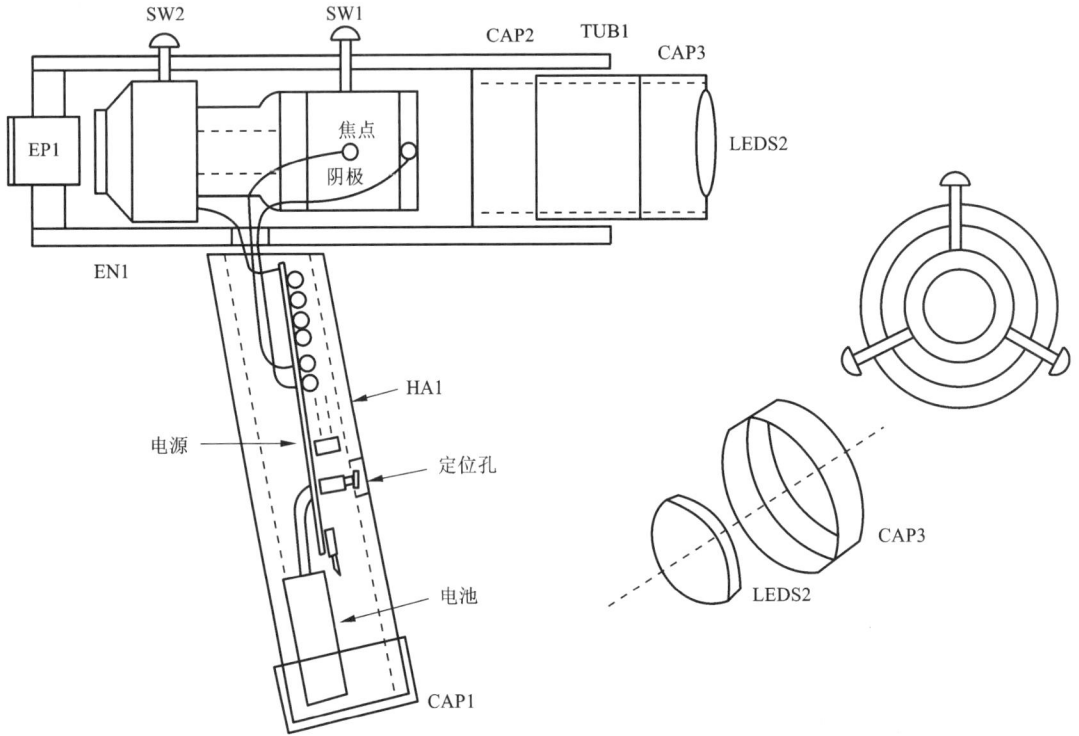

图 2 - 3 - 13　夜视仪原理

用一段 7 mm 长, 内径为 23/8 mm, 型号为 Sched - Ule40 的聚氯乙烯管子制作 EN1。注意到靠近手柄 HA1, 从电源板引高压导线到显像管的孔和 1/4 - 20 的螺纹孔, 用来定位图像管, 这些孔分布在一个 120°的圆弧上。用一段 8 mm 长, 内径为 1.5 mm, 型号为 Schedule40 的聚氯乙烯管子制作 HA1 手柄。这段手柄必须加工好, 能与 EN1 很好地配合。

如图 2 - 3 - 13 所示用一块半英寸, 型号为 22 的铝型材料制作两个支架。注意这些孔要用#6 ×1/4 的金属螺钉, 与支架配合给装配定位。

用一段 3.5 mm 长, 内径为 2 mm, 型号为 Sched Ule40 的聚氯乙烯管子为物镜的镜头制作 TUB1。注意到使用的光学器件与 CAP 或是 T - mount 装置配合时, TUB1 只有 2 mm 长。

为了把 TUB1 压进主支架 EN1 中, 必须制作合适的圆柱垫片 CAP2 和 CAP3。CAP2 和 CAP3 都是 23/8 mm 的塑料垫片。CAP2 在中心段截开, 舍掉截开的末端, 以管壁为基准下刀。CAP3 需要切下一小部分来安装镜头 LENS1, 这种方法简单易行。也可以用铝或者塑料制作合适的部件来替代上面的 CAP2 和 CAP3, 这种方法可以得到更加漂亮的外表, 但是花费高一些。

透镜一般都是一种简单的、未修正的突起的镜头, 对大部分的红外光源来说足够了。尽管这不是一个高质量的可视透镜, 像可调的 50 mm 宽角度透镜或是带有 C - mount 接口和 75

mm 远距离摄像透镜等。当使用透镜时，应该制作或是购买一个接合环（带多层密封件切槽），它可以用于透镜接口并可与主体无缝连接。

图像管 IR$_{16}$有预先连接好线的接头，它的阴极短接头与物镜末端用一根长 10 mm 的导线连接起来。把图像管的一半装到主支架中，再把引线通过图中所示的过孔穿过来。图像管定位好后，用手慢慢地拧进螺钉来定位，然后如图 2-3-14 中所示把图像管的导线与电源板接好。

把电源板装入手柄 HA1 中。一旦该电源板固定在它的最终位置，就要确定它的定位孔。当手柄通过支架固定好位置时，导线应该足够长，这样可以方便装配，所以需要做一些准备工作。当然如果预先确定了正确的走线方式可以缩短引线。把电池装到电源板上后，不需要重新调整图像管参数。一旦安装完毕，马上去掉所有多余的冠状焊点。把电源板安置在手柄靠近定位孔的地方，最好用塑料泡沫或硫化黏合剂等来进一步固定电源板。最后把一种柔软的橡胶薄膜垫入定位孔里，然后装入电池，盖上盖帽 CAP1。

完成如图 2-3-14 所示的最终装配体时，还要把红外滤波闪光灯安装在夜视仪的上方，同时必须用同轴密封方式以免产生光泄露。最后调整目镜和物镜来得到最佳视图。夜视仪包括一个固定的红外光，它由一个带有特殊红外滤波片的、使用两节电池的闪光灯组成。

照明源当然也不一定需要红外线闪光灯，可以用其他的照明方法，甚至不需要灯。可以用 8 节 5 号的镍镉蓄电池代替原来的 2 号闪光灯电池，提供 9 V 电压给一种红外 LED 供电而不用红外闪光灯。还可以用适合的灯泡来替换红外闪光灯，照明度能提高几倍，但灯泡和电池的寿命将会大大减少，因为这种方法要求的是间歇地工作。

为获得更远距离的视图，可以使用更强的光源，比如更高电压的灯、汽车头灯等，但必须有与之匹配的滤波片一起使用，通过这些高压灯可以

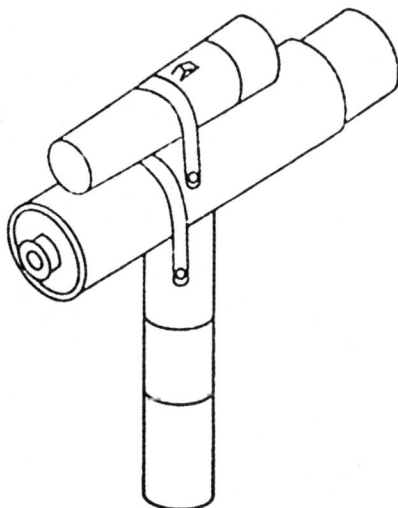

图 2-3-14 夜视仪组装图

得到几百米远距离的图像。为了使系统得到远距离图像，需要选用特殊的镜头。用外部红外光源照明获得视图不需要完整的红外光源。

该设备采用固态镓砷化合物激光系统、LED 或其他任何频谱在 9000 A 下的其他红外光源都能获得良好的视图效果，当用这些光源获取视图时不需要内在的红外光源。夜视仪元器件及可选用元器件表如表 2-3-7～表 2-3-8 所示。

表 2 - 3 - 7 夜视仪元器件表

元器件	说明
R_1	1.5 kΩ, 1/4 W 电阻
R_2	15 kΩ, 1/4 W 电阻
C_1	10 μF, 25 V 电解电容
C_2	0.047 μF, 50 V 塑料电容
C_3	0.47 μF, 100 V 塑料电容
$C_4 \sim C_{15}$	270pF, 3 kV 塑料电容
$D_1 \sim D_{12}$	6 kV, 100 ns, 高压雪崩二极管
Q_1	MJE3055 NPN TO 220 壳封装晶体管
T_1	特殊变压器 info#ZBK077
S_1	按钮开关
PB_1	51/2 mm×11/2 mm 实验电路板(0.1×0.1 栅格)
CLI	电池夹
$WR_2$2	24 mm 长, 22 kV 乙烯基导线
WRHV20	12 mm 长, 20 kV 硅导线
IR_{16}	图像管
EN1	8×23/8 mm schedule 40 灰色聚氯乙烯管
TUB1	31/2 mm 长×2 mm schedule 40 灰色聚氯乙烯管
BRK1, BRK2	9×1/2 mm 薄铝接线带
CAP1	2 mm 塑料盖帽
CAP2, CAP3	$2_{3/8}$ mm 塑料盖帽
$LENS_1$	45/63 双通道玻璃透镜
SW1, SW2	(6)1/4—20×1 mm 长
SW6	(6)#6×1/4 mm 金属螺钉

表 2 - 3 - 8 可选用元器件

元器件	说明
PCPBK	印制电路板
CMT1	预制 C 形接头用于 EN1 封装
EP1	小目镜
FIL6	6 mm 玻璃制红外线滤波片
HRL10	200000 烛光的红外照明源

单元七　红外移动探测器

红外辐射存在于电磁光谱中波长比可见光长的那一部分。红外辐射虽然看不见，但是可以探测到，发热的物体会产生红外辐射，这些物体包括动物和人的身体，它们的辐射在波长为 9.4 μm 处最强烈。

如图 2 - 3 - 15 所示的红外体温移动探测器是用来探测人或动物运动的，不管是在白天还是黑夜。通常它可以根据探测到的情况提供一个继电器的开关输出，这个输出可以用来驱动许多类型的负载。该移动探测器有一个接线端用来连接一个可更换的光电池，以防止负载在白天被激活。

红外体温移动探测器的核心部分是热电堆传感器，它由水晶制成。如图 2 - 3 - 16 所示，当这种传感器暴露在红外辐射产生的热能中时，水晶材料会产生表面电荷。当辐射的强度改变时，产生的电荷也会发生改变，并且这种电荷的变化可以通过嵌入在热电堆传感器内部的场效应管来测量。热电堆传感器对很大一个波长范围内的红外辐射都很敏感，因此必须在该传感器 TO5 的封装前加一个滤波片，使它只对 8 ~ 14 μm 的波段有效，这个波段使传感器对人体的身体辐射最敏感。

图 2 - 3 - 15　红外体温移动探测器

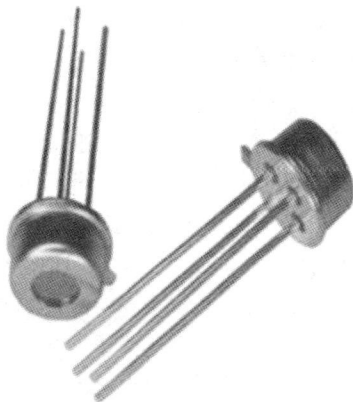

图 2 - 3 - 16　热电堆传感器

图 2 - 3 - 17 图解说明了该红外传感器的构成。场效应管的源极引脚 2 通过一个大约为 100 kΩ 的下拉电阻接到地，并且连接到信号处理电路的两级放大器上，每级放大电路放大 100 倍，因此总的放大倍数为 10000 倍。该放大器的典型带宽低于 10 Hz，这是为了消除高频噪声，在放大器后面接了一个比较电路，使它对于传感器输出无论是正、负都有反应。一个 3 ~ 15 V 的经过滤波的电源连接到场效应管的引脚 1 上。

PIR325 传感器有两个探测头分别输出电压信号。这种设计消除了由于振动、温度改变和阳光照射带来的信号干扰。在传感器前移动的身体会首先激发第一个探测头，然后激发第二个探测头，其他的刺激源也将会同时影响两个探测头并同时被过滤掉。当传感器的引脚 1

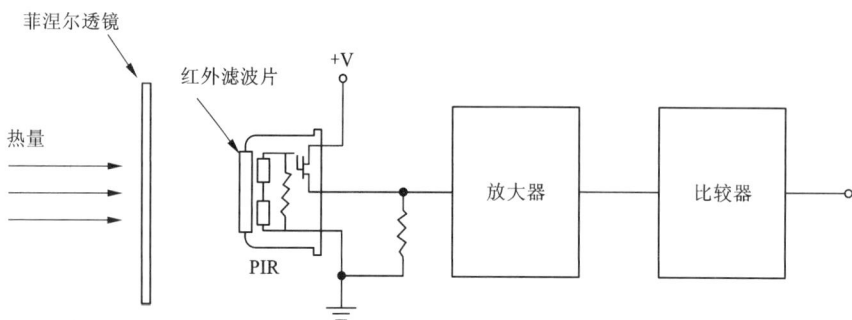

图 2 - 3 - 17　PIR 传感器

与引脚 2 在一个水平面上时，辐射源必须从水平方向对准传感器，这样探测头会一直跟踪到红外光源。

菲涅尔透镜是一个平面凸透镜。它可以用一个平面凸透镜制作成并保持它的光学特性，这种由平面镜制作的透镜要薄得多，因此对光的吸收损失更小，如图 2 - 3 - 18 所示。FL65 菲涅尔透镜由可以透射红外线的材料制成，这种材料在以前的章节中曾讨论过，它有一个 8 ~ 14 μm 的红外透镜范围，对人体的红外辐射特别敏感，使得 FL65 菲涅尔透镜凸出以免朝向红外光源，凸出面就作为封装该红外传感器的外表面了。

图 2 - 3 - 18　菲涅尔透镜

FL65 有一个从透镜到探测头 0.65 mm 的焦距。当 FL65 与 PIR325 热电堆传感器一起使用时，通过实验确定 FL65 大约 10°的视角范围，就可以探测到远达 90 m 的移动目标，如图 2 - 3 - 19 所示。图 2 - 3 - 20 说明了通过 FL65 菲涅尔透镜与 PIR325 传感器探测到的方向与范围。注意从探测头到它前面的滤波片的距离是 1.143 μm。用透明胶能够很容易地安装好滤波片。用硅胶黏剂来防水密封。

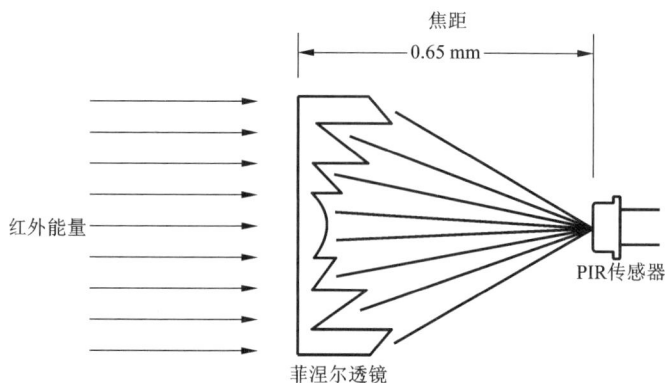

图 2 - 3 - 19　菲涅尔透镜和 PIR 传感器

148

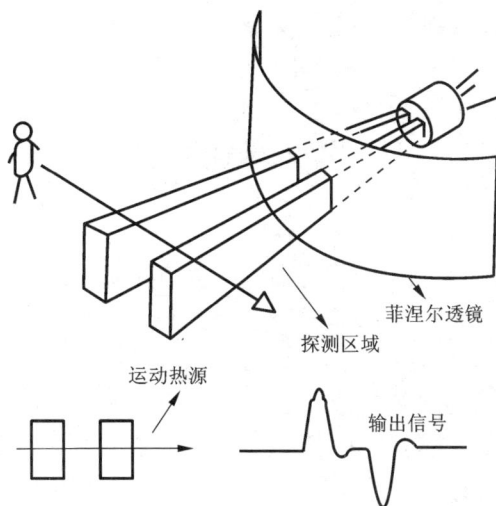

图 2 - 3 - 20　探测范围

图 2 - 3 - 21 是红外体温移动探测器的电路。通过 5 V 的稳压芯片 U_3 给电路和继电器供电。从稳压芯片输出的 5 V 电压通过 R_2 和 C_2 滤波，然后连接到热电堆传感器 PIR325 的引脚 1。热电堆传感器引脚 2 的输出通过一个 100 pF 的旁路电容 C_1 接到地，用来滤掉由无线电发送器或是无线电话所发出的干扰能量。一个 100 kΩ 的负载电阻也从引脚 2 连接到地。

当探测到运动目标时传感器将会在引脚 2 输出一个微电压，该微电压必须多次放大后才能使用。LM324 的两个放大通道用来提供必要的放大。传感器的输出引脚 2 接入放大器 $U_{1:A}$ 的正相输入端引脚 3。这是一个高阻抗输入，它没有把传感器作为负载。一个由 R_4 和 C_4 组成的高通滤波器和反馈网络连接在 $U_{1:A}$ 的输出引脚 1 和反相输入端引脚 2 之间。高通滤波器和偏置网络 C_3 和 R_3 连接在引脚 2 和地线之间。这些网络决定了放大器的静态工作点，它们还形成了一个带通滤波器，只对直流低于 10 Hz 的信号进行放大。热电堆传感器是一种热量传感器，它的响应时间在这个波段中会下降。滤掉响应时间以外的信号可以消除噪声，使得放大输出更稳定。

初级放大器 $U_{1:A}$ 的输出从引脚 1 得到。该输出通过 R_5 和 C_5 输入到次级放大器 $U_{1:B}$ 的反相输入端引脚 13。C_5 隔离了直流电压并与 R_5 一起形成了一个高通滤波。在 $U_{1:B}$ 的输出端引脚 14 与其反相输入端引脚 13 之间连有一个反馈网络（R_{10}、R_{11} 和 C_6）。

R_{10} 是一个电位计，它调节反馈电压的大小，R_{11} 限制反馈电压的大小。在 $U_{1:B}$ 的正相输入端引脚 12 通过电阻分压网络 R_6、R_7、R_8 和 R_9 分压得到 5 V 输入电压的一半，即 2.5 V。该分压点设置了放大器 $U_{1:B}$ 的工作电压点，在没有探测到移动目标时，引脚 14 的输出就是 2.5 V。

$U_{1:B}$ 引脚 14 的输出连接到 $U_{1:C}$ 和 $U_{1:D}$ 组成的窗口比较器中。一个通用放大器作为比较器使用时，如果比较器的一端输入比另一端输入高或是低仅仅几毫伏，它的输出就会完全是高电平或是低电平。使用该窗口比较器的目的是提供一个以 2.5 V 为中心的小电压死区，该电压死区不会对噪声产生的电压或是传感器本身的电压波动产生错误反应。$U_{1:C}$ 反相输入端引脚 9 的电压输出由 R_6、R_7 交点处的偏置电压决定，因此它的输入电压要比 $U_{1:B}$ 的输出引脚 14

的 2.5 V 基准电压高 175 mV。U_{1C} 的正相输入端引脚 10 和 U_{1B} 的引脚 14 相连。除非引脚 10 的电压高于引脚 9 的电压，否则 U_{1C} 不起作用。U_{1D} 引脚 5 的正相输入端的输入电压由 R_8，R_9 间的偏置电压决定，它比 U_{1B} 引脚 14 的输出电压 2.5 V 要低 175 mV。U_{1D} 的反相输入端引脚 6 与 U_{1B} 的引脚 14 相连，当引脚 6 的电压低于引脚 5 的电压时 U_{1D} 才会工作。

当探测到运动目标，并且二级放大器 U_{1B} 的引脚 14 的电压变换输出是正极性，即该电压变换输出必须比 2.5 V 高 175 mV，达到 2.675 V 时，U_{1C} 才会工作，使得 U_{1C} 的输出端电压为高电平。如果在 U_{1B} 的引脚 14 得到的是一个低电压，即比 2.5 V 低 175 mV，也就是 2.325 V，这样 U_{1D} 才会工作，使得 U_{1D} 的输出为一个高电平。因此窗口比较器提供了一个以 2.5 V 为中心的 350 mV 的死区，在该区域内的电压不会得到响应。传感器探测到的任何有用的信号都会得到足够的放大而超过死区电压，从而使比较器输出高电平。比较器的另一个特性是无论 U_{1B} 的引脚 14 的输出电压是高还是低，比较器都会产生一个正电压输出。U_{1C} 引脚 8 和 U_{1D} 引脚 7 的比较输出电压与一个包括二极管 D_1，D_2 和下拉电阻 R_{12} 的逻辑"或"电路相连，D_1 和 D_2 的负极接在一起，无论是 U_{1C} 工作还是 U_{1D} 工作，D_1 和 D_2 的负极电位都会抬高。因此放大比较电路对传感器输出的高低电平都会有反应。

CD4538 双通道单稳态触发器具有两个内置功能和三个可选功能。当运动物体被探测到时，内置功能将会提供一个可调的延时功能以延时负载激活信号，即使运动停止后也会将该信号保持一段时间；可选功能是：重新触发延时，以便负载激活信号在重复的运动时间发生时可以延时更长时间；重新触发保持时间，使得重复的运动时间发生时延长保持时间；白天/晚上的可选功能禁止白天的激励负载功能。

U_2 中两个触发电路的每一个都有正相与反相输入与输出。当探测到运动物体时，D_1 和 D_2 的负极连接到 U_2 的引脚 4 然后触发第一个触发电路，触发后的稳态周期由 R_{13}，R_{14} 和 C_7 决定，这个触发器正相输出端引脚 6 保持高电平，引脚 6 连接到第二个触发电路的输入端引脚 12，它是上升沿触发的触发器，触发后的稳态周期由 R_{19}，R_{20} 和 C_9 决定，这个时间也叫保持时间，这个触发器的正相输出引脚 10 连接到 N 沟道场效应管并让该场效应管导通，给继电器 RY1 供电并改变继电器的状态。

这两个触发器都是由上升沿触发，而不是电平触发。当触发第一个单稳态触发器时，它的输出变为正电压信号并触发第二个触发器。但是它不能再次触发第二个单稳态触发器，除非第一个触发器的输出变为低电平然后再变为高电平。因此第一个单稳态触发器的输出将会在多次触发第二个触发器之间形成了一个时间间隔。这个特点在实际应用中很有用，在不需要快速重复触发的地方，如运动物体被持续探测时就能用到。

第二个单稳态触发器被触发时，在整个保持时间里它都给继电器提供能量，这个特性对于应用来说是非常必要的，如在探测到运动物体时需要有一个持续的激发时间。这两个单稳态触发器都可以重复触发，如果第一个触发器被从 D_1 到 D_2 的上升沿触发，其输出会保持一段时间然后关闭，除非它在保持时间内又得到一次触发。如果在它的保持时间内收到一个上升沿触发信号，那么保持时间将会重新开始计时并且继电器的延时时间将会延伸一个完整的延时周期。重复触发是一种默认方式，如果不需要这种方式，将接线端 E 连到印制电路板上一个固定的电平上，可使得触发电路在保持时间内对触发信号不起作用。

第二个单稳态触发器在保持时间内如果收到一个上升沿信号也会重新触发，然而，这种情况只有在第二个触发器的触发保持时间比第一个触发器的保持时间长，并且第一个触发器

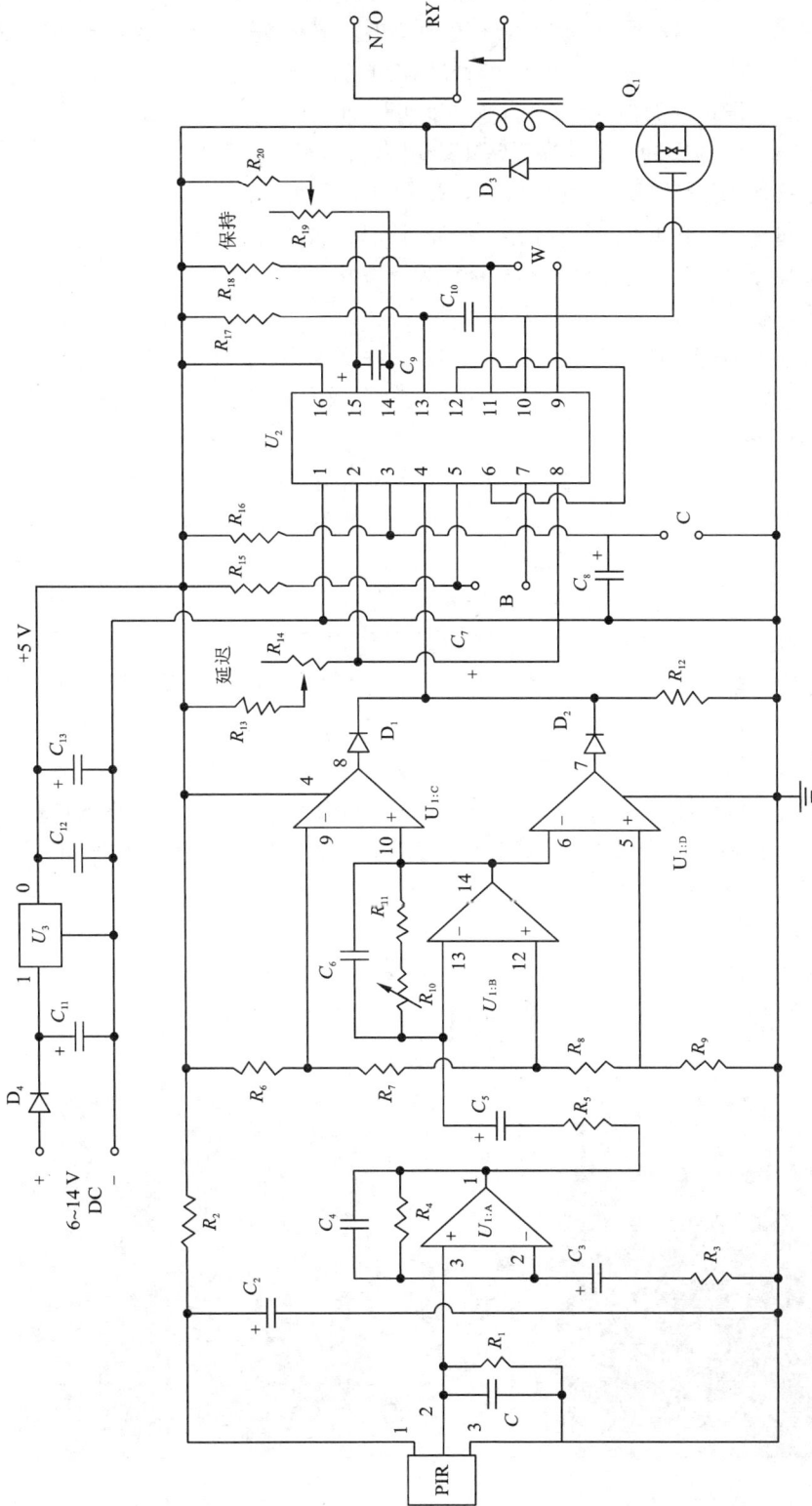

图2-3-21 红外运动探测器电路

151

多次触发后的延迟时间没有超过第二个触发器的保持时间时才会发生。第二个触发器的重复触发也是一种默认方式，如果不需要这种方式的话，可以把接线端 W 连到印制电路板上的一个固定电平上，使得触发电路对处在触发保持时间内的触发信号不起作用。

用来禁止白天触发负载的白天/晚上可选功能可以通过把硫化镉光电池连接到印制电路板接线端 C 来实现。该类型的光电池在黑暗中表现为高阻态，在有光情况下表现为低阻态。默认模式下，第一个触发器的复位引脚 3 通过 R_{16} 拉高到 5 V 电位。当把一个光电池连接到引脚 3 与地线之间时，光电池的阻抗在白天有光的情况下表现为低阻态。这样就把引脚 3 的电平拉低并复位整个电路，使得触发器不会被触发。光电池是没有极性的，可任意连接，因此可以把光电池串联一个开关用来测试它的性能。

继电路 RY1 的电磁绕组一端连接到 5 V 电源，另一端连接到场效应管 Q_1 的漏极。当 Q_1 导通时，电流从电源经继电器电磁绕组 RY1 流入地线形成回路，电流将会触发继电器使之关闭。当 Q_1 截止时，电磁绕组 RY1 将会产生强大的冲击电流，如果不释放该冲击电流的话，会烧毁 Q_1，所以用二极管 D_3 起续流保护作用，防止冲击电流损坏电路。继电器平时处于常开状态，当探测到运动物体时，继电器会关闭。继电器开关的额定电流值为 3 A（交流 120 V 或是直流 32 V）。

流过稳压芯片 U_3 的电流变化很快，从 40 mA 到仅仅几微安。这种电流的变化会在 5 V 电源上产生电压波峰，电压波峰经过放大器放大会使继电器 RY1 反复触发。如果不采用大电容的话，想要对电源进行滤波是比较困难的。第二个触发器的复位引脚 13 通过 R_{17} 一拉低 5 V。

通过电容 C_{10} 来防止继电器的重复触发，当 Q_1 关闭并且 Q_1 的栅极电位置低时，C_{10} 把引脚 13 拉低。引脚 13 被拉低大约为 1 s 的时间，拉低时间由 C_{10} 和 R_{17} 决定。如果此时有反馈的话，且引脚 13 处于复位状态时，该引脚状态将会被第二个触发器忽略，并且在引脚 13 置为高电平之前整个电路均保持稳定。

红外体温运动探测器有一块蚀刻且钻过孔、覆盖屏蔽层的印制电路板，所有的元器件都焊接在该电路板上。这是一块高密度的电路板，需要仔细布局和焊接。图 2 - 3 - 22 展示了电路板的正面，图 2 - 3 - 23 展示了电路板的背面，PIR 红外热电堆探测头也安装在电路板上了。

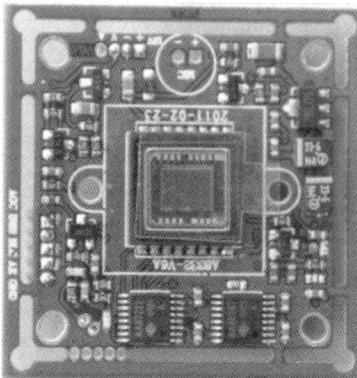

图 2 - 3 - 22　高密度电路板正面

图 2 - 3 - 23　高密度电路板背面

红外运动探测器搭建在一块 1.7 mm×2.4 mm 的印制电路板上，元器件布置在电路板的一面而热电堆探测头安装在电路板的另一面。热电堆探测头垂直安装，以获得对水平移动物体的最大敏感度。电路板的四个角落的孔用来连接支撑螺钉。在热电堆探测头前安装菲涅尔透镜，通过聚焦红外线来增加探测的距离。

印制电路板的元器件面有一个灵敏度调节电阻 R_{10}，它用来调节信号的放大倍数，因此也起到了调节探测距离的作用。该电阻顺时针旋转会增大放大倍数，因而也增大了探测距离。如果人和动物的体温与其周围的物体温度相差较大或环境温度越低，就越易探测到人或动物。

一种可选的光电池可以连接到接线端 C 上，使得白天电路不会被激活。这样电路只会在夜里起作用。如果用红外运动探测器控制一盏灯的话最好选用这种电路。

单稳态触发电路控制探测到运动物体时的激活时间量。不需要探测物体连续运动和不需要快速、反复激发负载的时候，如某人站在门外，采用这种单稳态触发电路很有用。调节 R_{14}，激活时间可以从 1 s 调节到 90 s。触发电路可以重新触发事件，这样连续运动会超过激活的额定时间量，把接线端 E 两端连接起来可以配置成不可重复触发方式。

另外一个触发电路用于控制捕获到物体运动时传感器持续工作的时间。调节 R_{19}，负载工作的时间可以是 1~90 s，这也是很有用的。例如，可以控制灯的亮和灭，除非有人进入房间，否则保持灯一直亮着。该触发电路也是可以重复触发的，这样连续的物体运动将会使得延时时间超过额定的时间量，把接线端 W 两端连接起来可以配置成不可连续触发方式。

6~14.5 V 电池可以作为电路电源。电源连接到传感器上标有"PWR""＋"和"－"的两端。没有探测到运动物体时，电路中流过的电流不会大于 150 mA；探测到运动物体时，电路流过的电流不会大于 50 mA，继电器会工作。一般来说，大部分情况下电路中的电流为 150 mA，9 V 的碱性电池可以用好几个月甚至更长的时间。

电源系统采用了反接极性保护，在电源极性接反的情况下不会烧毁电路。用交流－直流适配器也可以给该系统供电，但大部分的适配器的输出电压都要比它们的额定电压高，因此一定要确保适配器的输出电压不会高于 14.5 V。

放大器和定时电路里的电容在电路正常工作之前需要有时间来充电。供电以后大概需要 1 min 的时间系统才能正常工作。

把电源连到电路板上标有"＋"和"－"的两端。把负载连接到继电器接线端 RY 上。接线端 RY 不是用来给负载供电的，只是在探测到运动物体时 RY 两端才连接到一起。必须用外部电源给负载供电，并且外部电源可以由继电器控制闭合。

用来增加探测距离的菲涅尔透镜应该封装好，并用硅树脂把它安装在恰当的地方。目前还没有哪一种材料可以用来黏合透镜而不损坏透镜的表面。尽管不能用硅树脂来黏结透镜，但可以用硅树脂覆盖在透镜的边缘处来安装透镜。如果使用 Glolab FL65 的焦距为 0.65in 的菲涅尔透镜且把该透镜紧贴传感器内部安装时，要使用四个 7/8 mm 长的螺钉来固定电路板，以保证透镜和探测头之间的合适距离。

开始制作该传感器时，首先把二极管和电阻的管脚插入到电路板中，然后在电路板的反面把管脚焊好，剪去多余的管脚部分，确保二极管的极性没有弄错。然后，根据电路板上的箭头指向，把电位计（R_{10}、R_{14} 和 R_{19}）装到电路板上，然后焊死。接着，把电容 C_1、C_4、C_6、C_{11} 和 C_{12} 装在电路板上，焊好，把多余的引脚剪掉。再把极性电容 C_2、C_3、C_5、C_7、C_8、C_9、

C_{10}和C_{13}装在电路板上，注意电路板上的正极要与电容的长引线相连。焊好引线，把多余的引线剪掉。接下来把晶体管 Q_1 和稳压芯片 U_3 安置在电路板上的标注处，它们至少要比电路板高 1/8 mm，焊好引脚，并把多余的引脚剪掉。根据电路板上的标注安装好 U_1 和 U_2 的芯片插座，先焊上几个引脚用来固定芯片插座，然后把所有的引脚都焊上。接着，把继电器 RY1 焊好。把一个 O 形圈套在 PIR325 的引脚上，并把引脚插入到电路板中，把引脚剪短，然后焊上，焊接时注意不能太烫，用适度的热量来焊接以获得较好的焊点，然后要把 U_1 和 U_2 的引脚弄直，这样可以方便地插入到芯片的插座里。可以用工具来把芯片的引脚弄直，轻轻地用工具把引脚弄直，并重复弄直芯片的另一侧。拿好芯片防止损坏。最后，根据引脚 1 的方向把芯片插入到芯片插座里。

现在准备接上电源和继电器的负载。在接上电源后要等 1 min，这样电路才能正常工作。也可以把光电池连接到接线端 C 的两端，这样传感器只会在晚上工作。

顺时针旋转 R_{10} 可以增大放大器的倍数，顺时针旋转 R_{14} 可以延长激活继电器的时间量，顺时针旋转 R_{19} 可以延长继电器的触发保持时间。把 R_{10} 调到最大，没有透镜作用时，传感器能探测到 1 m 远的移动物体和 3 m 远的人体。

红外运动探测器元器件表如表 2-3-9～表 2-3-10 所示。

表 2-3-9　红外运动探测器元器件表

元器件	说明
R_1，R_{11}	100 kΩ，1/8 W，5% 碳膜电阻
R_4，R_{12}，R_{15}	1 kΩ，1/8 W，5% 碳膜电阻
R_{16}，R_{17}，R_{18}	1 kΩ，1/8 W，5% 碳膜电阻
R_6，R_9	2 kΩ，1/8 W，5% 碳膜电阻
R_7，R_8	150 kΩ，1/8w，5% 碳膜电阻
R_{10}，R_{14}，R_{19}	1 kΩ，电位计
D_1，D_2，D_3	1N914 二极管 Fairchild 1N914
D_4	BAT46 肖特基二极管
C_1	100 μF，50 V 陶瓷电容
C_2，C_3，C_5	10 μF，16 V 电解电容
C_4，C_6，C_{11}，C_{12}	0.1 μF，50 V 金属薄膜电容
C_7，C_8，C_9，C_{13}	100 μF，16 V 电解电容
C_{10}	1MFD，50 V 电解电容
Q_1	2N7000 场效应管
U_1	LP324 或与其有相同作用的运算放大器
U_2	CD4538，CMOS 双通道单稳态触发器
U_3	Seiko S-812C50AY B-micropower 稳压芯片
PIR	PIR325 热电堆红外探测头（Glolab PIR325）
O-ring	O 形环，Spacer Polydraulic 的 BUNN009 型号
PY1	单刀单掷继电器，5 V 40 mA 绕组
其他	芯片插座，导线，连接头，印制电路板

表 2 – 3 – 10　可选元器件表

元器件	说明
FL65	长距离菲涅尔透镜 Glolab
CD – 1	CDS 白天/晚上两用光电池（PDV – P8001）
其他	红外运动探测器成套配件及印制电路板

项目四
液体传感器

本项目的研究对象为液体传感器，液体传感器是传感器中非常重要的一部分。本项目将研究简单实用的雨水探测器和制作液体传感器和液位指示器。天气迷们将学到如何制作一个适度监测器来测量家中或者商店附近的湿度。初学者将学到关于 pH 的知识以及如何制作并使用 pH 标尺来确定某液体是酸性溶液还是碱性溶液。关注自然和生态的读者们将会学到如何制作和使用流量检测和液位监测仪，并将它们用于对河流、射流及一流的研究之中。

单元一　雨水探测器

雨水探测器能够探测到即将下雨之前的少量雨滴，以提前关上汽车车窗、收衣服及其他的一些物品。当它与天气数据收集系统连接时，能够精确记录降雨时间。

图 2-4-1 展示了雨水探测器的传感器部分，它由两条黏结在一块塑料片上的铝箔组成。如图中所示，一块单独的方形铝箔通过下面的两条导线黏结到塑料片上。这两根导线都剥掉了外皮，使得铝箔能够和导线保持良好的电接触。但是裸露的导线不要太突出，这样铝箔就能保护导线免受腐蚀。在铝箔上刻有一条锯齿形的缝隙以截断两条导线间的电通路。雨滴能够连接狭缝使得两根导线导通，然后被如图 2-4-2 所示的电路环路接收。同样你也可以使用一小块零碎的电路板做传感器，只要它能够腐蚀出或者能割出一条间距很小的锯齿狭缝便可。

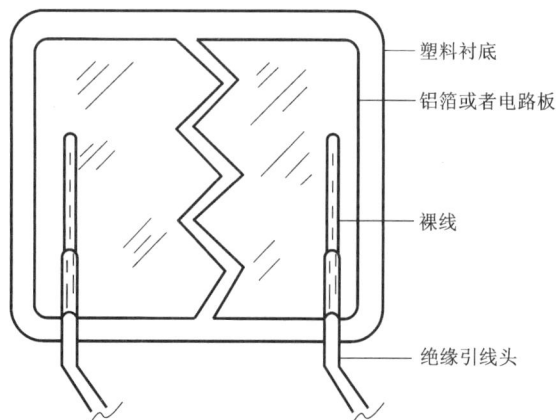

图 2-4-1　雨水探测器

塑料衬底

铝箔或者电路板

裸线

绝缘引线头

156

图 2-4-2 描述了雨水传感器的电路部分。如图中所示，传感器的一端接地，而另一端连接到一个 1 kΩ 的电阻，这个电阻作为第一个晶体管 Q_1 的反馈电阻。晶体管 Q_1 是 2N4403 型号的 PNP 型晶体管，Q_1 的输出通过一个 220 Ω 的电阻连接到第二个晶体管 Q_2，Q_2 是 2N4401 型号的 NPN 型晶体管。作为集流器的晶体管 Q_2 连接到一个蜂鸣器或者音调发生器的黑色极（负极），蜂鸣器的红色极（正极）连接到供电电源的正极。样机使用 3 节 5 号纽扣电池或能直接提供 9 V 的电池。在 S_1 使用一个单刀单掷开关把电源连接到电路中。

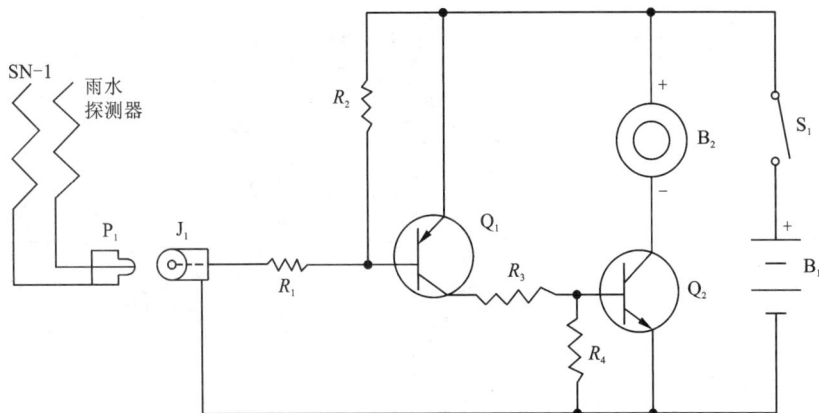

图 2-4-2　雨滴探测器电路

　　制作一个雨水探测器非常简单，能够在一块面包板或者试验板上装配好。这些试验板上的敷铜圆形焊盘孔距非常小，这一点对于这个项目来说是非常理想的。电路中不存在特别需要注意的部分，所以实验板上的连接点也就都可以使用。在制作雨水探测器时，尤其是安装晶体管和蜂鸣器时要特别注意引脚的极性。确保在安装晶体管前已经确定了各个输出引脚以免损坏这些元件。

　　制作好雨水探测器后，可以通过短路两个输出引脚（也就是将输出端 1 kΩ 电阻引线连接到地，或者电源负极，这时蜂鸣器应该会发出蜂鸣）来简单测试它。如果一切运行正常，电路板工作良好，接下来就该考虑如何封装这块电路板。在样机中，将电路板包装在一个塑料盒里，这个项目用的塑料盒尺寸为 4 mm×6 mm×2 mm。一个可以安装 3 节 5 号纽扣电池的电池盒安装在塑料盒内部一侧。电路板安装在绝缘圆柱上，这样可以抬高电路板使其离开塑料盒底部一定距离。将一个 RCA 型听筒插孔安装在塑料盒外一侧，孔的中心引线连接到 1 kΩ 电阻的自由端及地线，或者将 RCA 插孔外部引线连接到电池的负极，从而连接到雨水探测器电路板的地端。拨动开关安装在塑料盒外部一侧，紧靠着 RCA 插孔。

　　下一步需要将传感器接到一端接有 RCA 插孔的双芯导线的另一端。最后，需要决定传感器导线的长度。而传感器自身应该安装在木棒的顶端，而且应该放在外面宽敞的草坪上。另一种方法是把传感器通过一个搭扣安装到屋顶边沿。为了能得到最好的结果，传感器和天空之间应没有任何阻隔，这样雨水就能直接落到传感器上。表 2-4-1 为雨水探测器元器件表。

表 2 - 4 - 1　雨水探测器元器件表

元器件	说明
R_1、R_4	1 kΩ, 1/4W, 5% 电阻
R_2	100 kΩ, 1/4W, 5% 电阻
R_3	220 kΩ, 1/4W, 5% 电阻
Q_1	2N4403, PNP 型晶体管
Q_2	2N4401, NPN 型晶体管
BZ	电子蜂鸣器或者固体音调发生器
S_1	单刀单掷电源开关
B_1	3 节 5 号电池(4.5 V 直流电)
P_1	RCA 插头
J_1	RCA 插座
SN - 1	雨水传感器(见正文)
其他	各种电路板, 插座, 电线, 连接器, 包装盒等

单元二　流体传感器

　　流体传感器可用于检测液体位置, 随后闭合一组相关触点, 这些相关触点能够用于启动一台水泵或者能告知水淹情况的报警系统。

　　如图 2 - 4 - 3 所示流体传感器的核心实际就是传感器和 CMOS 四路双输入与非门电路。电路的控制作用是通过传感器检测浸没在流体中的导体的阻抗实现的。导电流体能够减小 C_1、C_3 处两传感器探针间的阻抗, 从而使得由 U_{1A}、R_1、C_2、C_1 组成的振荡器频率发生变化。随着传感器引线间阻抗的减小, 振荡器就不停地将交流信号发送到二极管 D_1、D_2。

　　二极管 D_1、D_2 用来调整信号, 调整之后这个信号用于驱动第二个与非门 U_{1B}。接下来直流信号通过电容 C_4 滤波后送到分压电位计 R_2。这个分压电位计用来调节电路的灵敏度。与非门 U_{1B} 接着驱动晶体管 Q_1, 而 Q_1 将使继电器开关 RY - 1 轮流闭合。并联在继电器线路中的二极管 D_3 用来消除由继电器线圈引起的电压瞬间波动。在 S_1 处设有复位开关。需要注意的是, 在与非门中没有用到的 8、9、12 和 13 引脚应该接地, 以免发生错误触发。而没有使用到的输出引脚应当悬空。

　　流体传感器电路中使用了一个单刀双掷继电器, 允许同时关断输出及接通一组触点, 就可以用来启动一个大的电铃, 一套报警系统, 或者电话拨号电路。这个流体传感器设计的工作电压是 12 V 直流电, 可以通过 12 V 直流电池供电, 而电池可以通过充电器用 12 V 直流电源充电, 或者可以选用 12 V、1A 的交 - 直流适配器电源供电。

　　这个流体传感器只有两路触点要连接到电路板上。该传感器应当用像不锈钢一样耐腐蚀材料制造, 从废旧自行车上拆下来的铬合金材料的刹车板就可以用来制作这种流体传感器,

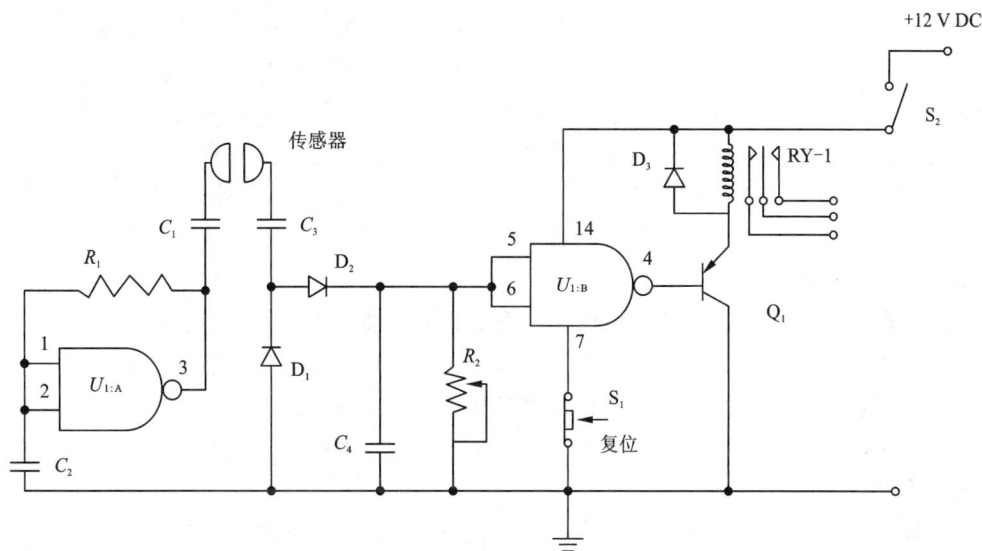

图 2 − 4 − 3 流体传感器电路

传感器的两个探针应当相当靠近但是又不能碰到一起，如果使用不锈钢探针，那么就可以使用塑料垫块、树脂玻璃垫块或者木块把两个探针固定在一起。可以设计一个如图 2 − 4 − 4 所示的安装探针的固定件，将两个探针吊挂在一块平整的压板上。

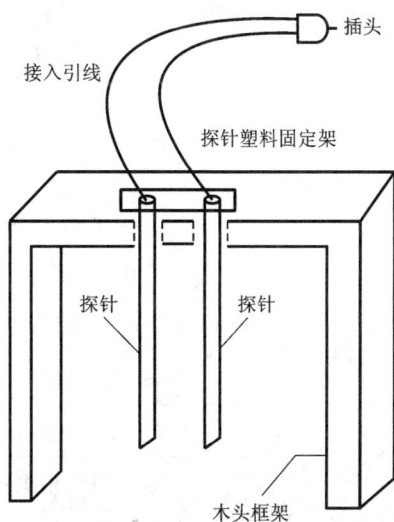

图 2 − 4 − 4 探针的安装

制作流体传感器非常简单。制作时可以用专用电路板，为了快速制作可以使用试验板或者面包板。电路板使用集成电路插座是明智之举，如果电路板出现故障，使用插座使得安装和修理起来都要容易得多。注意二极管、晶体管和集成电路芯片都有特定的极性或方向性，这些都应当引起注意。要使电路板实现正常功能,二极管必须安装正确。二极管箭头指向的是它的阴极,确保在安装前观察清楚。晶体管一般有三个极:基极、集电极和发射极。在图中基极一般都是在集电极和发射极的另一侧;发射极一般都标有指向晶体管或者指出晶体管的指向箭头。在这个电路板中用到了一个 PNP 型晶体管,发射极的箭头指向晶体管中心。在安装集成电路时要仔细观察元件的方向,集成元件的表面一般都会留有切口或者凹槽,而一般引脚 1 就在凹槽的左边。其他集成元件一般在引脚 1 附近有一个小圆圈。制作好电路板后,仔细检查电路板上杂散或者切断的引线,这些引线都有可能会黏连到电路板上。确保在电路板上没有短路回路。

电路板制作完成之后,可以接上 12 V 电源,通过合理的操作来测试电路板。把电路板放在平整的绝缘表面上,连接电源,在容器 C_1、C_3 之间跳接一根导线来模拟探针之间的流体。此时,应该能听到或看到继电器触点开关状态发生改变。如果继电器触点闭合,电路就正常工作了。如果继电器触点没有闭合,那么就必须重新检查电路板,以确认导线和元器件是否正确连接安装了。

将流体传感器电路板安装在一个小型金属盒中。样机安装在尺寸为 5 mm × 6 mm × 3 mm 的盒中。电路板用支架固定在盒底面。将一个同心电源插孔安装在盒的后部。传感器探针的输入插孔以及复位开关、电源开关安装在盒的前部。根据选用安装的分压电位计的不同,特别是当安装的是微型电位计时应该留出合适的圆孔。如果使用的是一个大点的机架安装的电位计,将需要钻一个圆孔以方便调节控制旋钮。

流体传感器元器件表如表 2 - 4 - 2 所示。

表 2 - 4 - 2　流体传感器元器件表

元器件	说明
R_1	470 kΩ, 1/4W 电阻
R_2	15 MΩ, 分压电位计
C_1、C_2、C_3、C_4	2.2 nF 35 电容
D_1 D_2	1N4148, 硅二极管
U_1	MC1493B, 四路双输出与非门
D_3	1N4004, 硅整流二极管
Q_1	2N3906, PNP 型晶体管
RY - 1	小型 12 V 继电器
S_1	普通按键开关
S_2	单刀单掷开关
其他	各种印制电路板,插座,导线,硬件,连接线

1. 液位指示器

如图 2 - 4 - 5 为一种液位指示器电路。这个电路不仅能够实时指示出高价罐内的水量，而且当水灌满时还能发出警报。这个项目设计的目的是用来指示罐内或者容器中剩余的水量。这个电路的核心是一个简单的传感器，如图 2 - 4 - 5 所示，它使用蚀刻有 5 根不同长度铜线的小块电路板材料制成。样机中传感器非常容易制作，它用了一块 5 mm 长 1.25 mm 宽的电路板材料。刻在板上的 5 条铜线是为了指示 4 个不同的液位。注意到这里有 4 根传感器引线和一条安置在探测器底端的公共引线。在 5 根传感器铜线一端放置方形或者圆形的铜焊盘，这些焊盘作为液位监测点。根据不同的检测情形，可能需要短的或者长的检测铜带。通过使用印制电路板的方式，制造适合不同应用的各种长度的检测铜带是非常容易的。同时注意到，能够通过多使用一些 CMOS 开关及发光二极管增加一些检测通道，这样就使得电路板能够检测更多的液位。

图 2 - 4 - 6 画出了液位指示器的主要工作电路。液位传感器的核心是 $S_1 \sim S_4$ 的

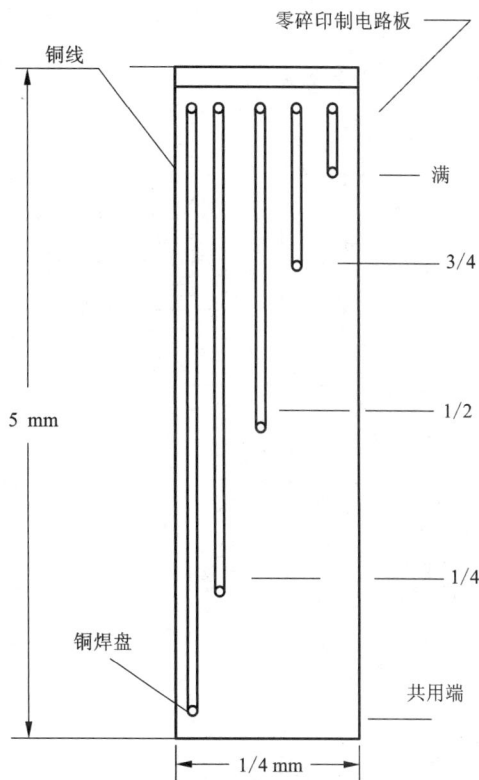

图 2 - 4 - 5 液位传感器传感条带

4 个 CMOS 开关。该电路使用双向 CMOS 集成电路模拟开关 CD4066，通过发光二极管来显示液位。印制电路板传感器的检测铜线通过引脚 5、6、12 和引脚 13 接入到模拟 i 开关，而这些引脚就作为了检测线路的输入。液位指示器使用一个 CMOS 封装的 CD4066 芯片用于检测，芯片内部模拟开关的另一头在引脚 2、4、9 及引脚 11 连接在一起并连接到电路板的地端。如图中所示，CMOS 芯片的其他开关通过引脚 1、3、8 及引脚 10 处串联电阻连接到指示发光二极管，芯片通过引脚 14 供电，引脚 7 接地。第 5 条引线也就是传感器检测线路的公共端连接到电源的正极作为基准电压端。

传感器工作时，如果罐中没有水，罐中的检测线路开路而且 180 kΩ 电阻拉低开关，使得开关断开，发光二极管处于断路状态。随着水的注入，罐中连接到开关 S_1 的第一条检测铜线以及接到电源正极的公共端被水短路，这使得开关 S_1 闭合，从而点亮发光二极管 LED1。随着水的不断注入，发光二极管 LED2、LED3、LED4 将逐个点亮。如果在类似的环境下使用两个 CD4066，那么液位指示器的液位显示数就可以增加到 8 个。

当水罐水满时晶体管 BC1748 的基极由于水满而被拉高，使晶体管饱和导通，从而使蜂鸣器或者固体音调发生器发声。注意到当水罐灌满水后，单刀单掷开关应该打开，关闭蜂鸣器。

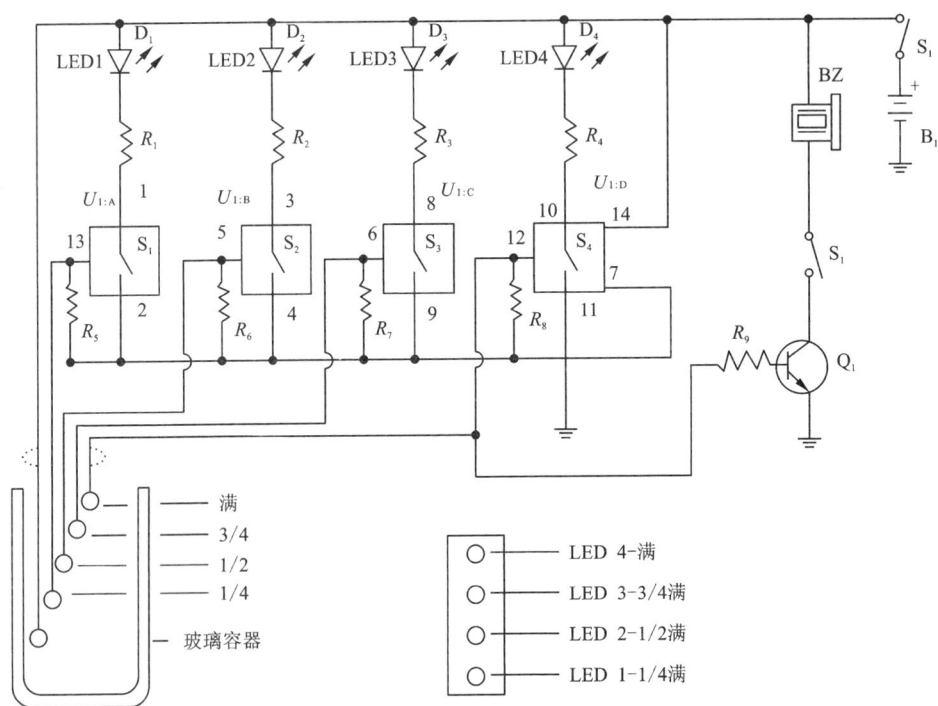

图 2-4-6 液位监测器电路

这个电路简单明了而且非常容易应用到不同场合。液位显示器样机是用一块试验板制作的，这种试验板上钻有很多孔，孔的一头有铜引线并连接到铜线上，这里的部分铜线可能来自母线。这块电路板很小，因为该板仅用到一片集成元件、一些电阻及一个晶体管。制作这块电路板时记得为 CMOS 芯片使用集成电路插座。

在安装集成芯片时注意观察引脚的极性。集成元件通常都会有一些不同形式的标记来指示引脚号。一些集成元件在封装的顶部留有切口或者凹槽。其他一些集成元件通常在引脚 1 附近刻有一个小圆圈。当安装发光二极管时，小心地插到电路板上，同时确保极性正确。如果发光二极管装反了，通常不会损坏，但是集成电路装反了，极可能损坏。

最后在安装晶体管前确保检查了各个引脚。晶体管有 3 个引脚，即基极、集电极及发射极。晶体管同样非常敏感，如果安装不当很容易损坏。根据你的特殊应用，可以把发光二极管安装在印制电路板上，或者是通过导线连接安装到封装盒上，把所有发光二极管安装在印制电路板上使得布局整洁明了，同时盒子周围的连接用导线的数量也最少。如果选择安装发光二极管在印制电路板上，那么将要确定在封装盒的何处流出合适的安装孔来。

这个液位指示器的样机安装在 5 mm×6 mm×3 mm 的铝盒中，单刀单掷开关和电子蜂鸣器安装在铝盒的顶部。因为样机电路把所有的发光二极管安装在电路板上，所以以了使发光二极管能露出来，需要精确地测量钻孔的位置。电路板通过支座安装到铝盒底板上，这样只要孔钻好了，发光二极管就能露出来。一个 9 孔 RS232 母接头安装在铝盒的后部，用来与 9 针 RS232 公接头配合，使得传感器能与电子硬件联机。液位指示器使用 6 V 电压源，因此把可以安装 2 节 5 号电池的塑料电池盒安装到铝盒的底板上。最后可以给几个发光二极管做上液位标号，即 1/4、1/2、3/4 及水满标志。

　　一旦所有元器件及电路板安装完毕，就可以测试电路板以确认其是否能正常工作了。用一根一端接有 9 针 RS232 公接头的 5 线电缆连接传感器电路板，把传感器的接头插到铝盒上的 9 孔母接头上，并给电池盒装上电池。给电路板接通电源，然后将传感器铜线缓慢放入到不导电的大口杯容器或者碗中，此次发光二极管应该开始点亮。每个发光二极管应该都会逐个点亮而且最后电子蜂鸣器应该会发出蜂鸣告知水满了。液位指示器元器件表如表 2 - 4 - 3 所示。

表 2 - 4 - 3　液位指示器元器件表

元器件	说明
R_1, R_2, R_3, R_4	330 Ω, 0.25 Ω 电阻
R_5, R_6, R_7, R_8	180 kΩ, 0.25 Ω 电阻
R_9	2.2 kΩ, 0.25 Ω 电阻
D_1, D_2, D_3, D	发光二极管
Q_1	BC148 或者相当的 NPN 型晶体管
U_1	CD4066，CMOS 模拟开关
BZ	电子蜂鸣器
S_1	单刀单掷开关
B_1	4 节 5 号纽扣电池
其他	电路板，导线 RS232 母接头，公接头，插座，电池盒等

单元三　湿度监测器

　　如果你对掌握天气状况以及拥有属于自己的气象站感兴趣，从制作电容式相对湿度监测器起步是非常不错的选择，因为它不仅容易制作、成本低廉，而且具有长期的稳定性和可靠性。

　　如电路图 2 - 4 - 7 所示，这个电容式湿度监测器的核心就是 SEN - 1，即通用东方 G - Cap 相对湿度传感器。这个湿度监测器能够检测 0% ~ 100% 的相对湿度。

　　传感器镀层的特性使得传感器能够浸泡在水中而不损坏。这个电容式传感器的电容可以从相对湿度为 0% 时的 148 pF 变到相对湿度为 100% 时的 178 pF。湿度监测器电路使用 G - Cap 湿度传感器，该传感器通过检测 TCL555CP 的变化频率输出来监测湿度的变化。CMOS TCL555CP 设置为一个稳定的多谐振荡器或者一个根据 R_3 及 SEN - 1 来确定频率范围的振荡器。随着湿度的变化，振荡器的频率将在 13 ~ 15 kHz 之间变化。电位计 R_5 能调整输出信号，因此湿度监测器就能被标定。U_3 输出的变化频率转换成直流信号并耦合到一个运算放大器 LM356，这个放大器能够根据 0% 到 100% 的相对湿度的变化输出 0 ~ 5 V 的直流电压，运算放大器的负输入端设置为参考源，而正输入端接入的是湿度传感器输出的变化信号。LM358 在引脚1处的输出提供 0～5 V 的直流电压。一个 Acculex DP652 液晶显示面板用来显示从传感器电路输出的 0～5 V 电压。$U_{4:A}$ 的输出反馈到一个电压分压器，这个分压器使得电压下降到 2 V，可以作为液晶显示面板的输入。被液晶显示器引脚8处负输入端接到引脚1处的地端。湿度传感器电路的输出电压被送到液晶显示器的输入引脚7。这个液晶显示器通过连接到 5 V 稳压源 U_2 出的引脚1供电。引脚 4，5，6 处可让这几个引脚悬空。

湿度监测器通过 B_2 处的 12 V 电池供电。电磁通过 S_1 处的电源开关接入到电路中。U_1 处的第一个稳压器将电池的 12 V 电压下调到 10 V 的直流电压并通过引脚8提供给 $U_{4:A}$ 处的运算放大器。第二个稳压器直接连接到第一个稳压器的输出端。U_2 处的稳压器用来提供 5 V 的直流电压，这个电压不仅作为 R_{10} 处的参考电压，而且同时作为液晶显示面板电路电源。

为了能够得到理想的结果，这个湿度监测器应该制作在印制电路板上，但是也可以通过使用短的点对点导线将电路制作在一块试验板上。一块 2.5 mm×4 mm 的玻璃环氧电路板用在了这个湿度传感器的样机中。设计电路板时，需要考虑将传感器 SEN-1 放置在电路板的顶端。以便它能从封装中露出来，也可能选择安装传感器时使其脱离电路板，但是这里不推荐这样做，这是因为长的导线和传感器电容将给电路工作带来不良影响。

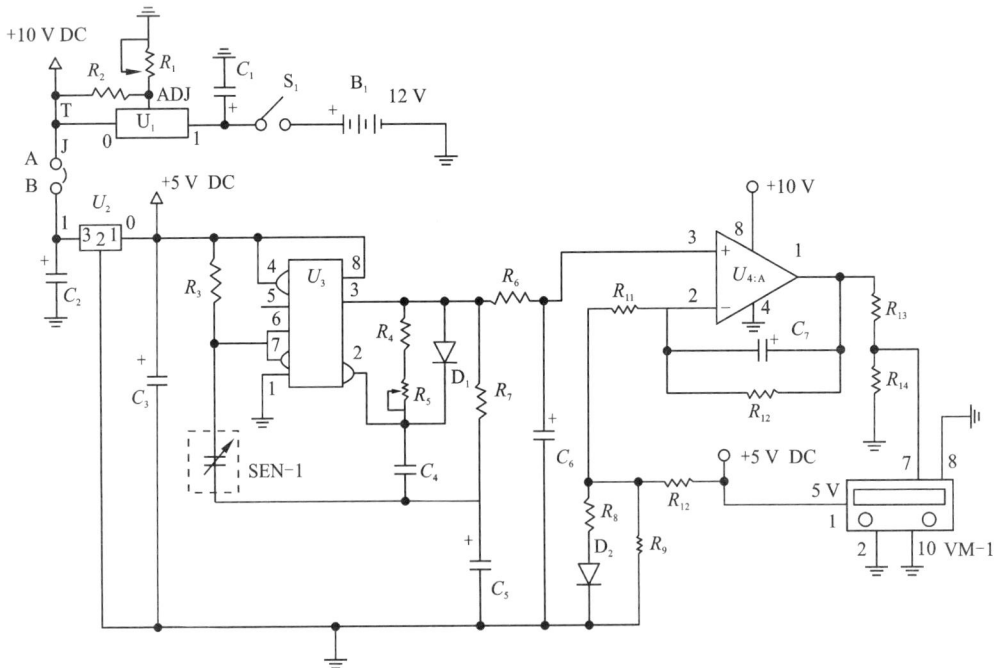

图 2-4-7 湿度检测器电路

为了避免将来电路出现问题时更换芯片，推荐使用集成电路插座。为了避免上电时损坏电容，安装电容时要仔细观察电容引脚的极性。这个湿度监测器用到了两个二极管，所以安装它们时也需要留意。在安装稳压器之前需要区分它的输入、输出引脚，以免安装错误导致上电后损坏电路板。需要通过调节 R_1 使得稳压器输出 10 V 直流电，在安装集成电路插座前

164

必须确保 U_4 已接上 10 V 电压源。一旦已经确认稳压器提供了正确的电压，就可以在 A，B 两点间跳接导线了。

这个湿度传感器电路样机安装在一个小型金属机架盒中。将电路板与机架盒的一端齐平，然后放在机架盒内部。在机架盒一端钻一个 0.5 mm 的孔以便传感器能够从盒中伸出来。如果需要的话，可以给这个孔盖上一块塑料材料的布料。在电路板的四个角钻上 4 个 0.5 mm 的孔，然后就可以将电路板安装到 0.5 mm 的塑料柱上了，再用 0.75mm 的 4 – 40 型号螺钉固定到机架盒的底部。使用模板来支撑液晶显示面板，为了正确安装需要，在机架盒顶部打出一个定位孔。接下来要为液晶显示面板切出一个操作窗口，可以通过在面板四周钻上一圈小孔，然后将中间的小块压出来，再用锉刀将四边修理整齐。另一种选择就是使用步冲轮廓机为面板冲出一个方形窗。电源开关 S_1 同样安装在机架盒的顶部。两个 4 节 5 号电池安装盒安装在机架盒的底部。8 节 5 号电池可以提高 12 V 电压以直接提供给电路使用。

一旦将湿度监测器组装完成，就需要标定它了。将电池放入电池盒中并合上电源开关。通过用万用表测量来确保第一个稳压器的输出为 10 V，第二个稳压器的输出为 5 V。在这种前提下就可以标定湿度监测在一壶沸腾的水附近，或者在下雨时将它拿到户外。如果将传感器放置在一壶沸腾的水附近，需要保证传感器仅放在水蒸气云团的边缘，而且放置时间不能太长，只要调节分压电阻 R_5 使得能够输出 5 V 满偏电压即可；同样可以在暴雨天将传感器带到户外，但要注意保护传感器不被雨淋湿。（表 4 – 4）

表 2 – 4 – 4　湿度监测元器件表

元器件	说明
R_1	5 kΩ，分压电位器
R_2	240 Ω，相对误差 5% 电阻
R_3	100 kΩ，0.25 W，相对误差 5% 电阻
R_4	51.1 kΩ，0.25 W，相对误差 1% 电阻
R_5	20 kΩ，分压电压器
R_6，R_7，R_{10}	30.1 kΩ，0.25 W，相对误差 1% 电阻
R_9	150 kΩ，0.25 W，相对误差 5% 电阻
R_{11}	20 kΩ，0.25 W，相对误差 5% 电阻
R_{12}	845 Ω，0.25 W，相对误差 1% 电阻
R_{13}	221 kΩ，0.25 W，相对误差 1% 电阻
R_{14}	149 Ω，0.25 W，相对误差 1% 电阻
C_1	1 μF，35 V 电解电容器
C_2，C_7	0.1 μF，35 V 钽电容
C_3，C_5，C_6	4.7 μF，35 V 电解电容
C_4	270pF，35 V 陶瓷 NPO 电容
D_1，D_2	1N4148 型硅二极管
SEN – 1	G – Cap，双电容性湿度传感器

续表 2 - 4 - 4

元器件	说明
U_1	LM317，三脚可调校准仪
U_2	LM2936Z - 5，三脚，5 V 稳压器
U_3, U_4	TLC555CP 定时器 / 振荡器，LM358，双运算放大器
S_1, B_1	单刀单掷开关，8 节 5 号纽扣电池或者一节 12 V 的电池
VM - 1	DP - 652 液晶显示面板 + / - 2 V 电压
其他	电路板，插座，导线，4 - 40 螺栓螺母，脚数，终端跨接器等

单元四 pH 计

数世纪以前，人们发现某些材料具有特定的特性也叫做酸，而另外不同的特性叫做碱，酸碱之间就是中性区域，它既不表现成酸性也不表现成碱性，人们称之为盐。

正如温度的冷、热一样，酸碱性并没有给出一个可以使用的科学数值。需要使用一个普遍认同的描述酸碱度的标度。一种酸必须含有电离的氢离子 H^+，一种碱必须含有电离的氢氧根离子 OH^-。pH 直接与 O^+ 和 OH^- 的比例有关。如果 H^+ 比 OH^- 要多，那么这种材料呈酸性；反之则为碱性。如果两者相等则是中性盐。

pH 标度的规定为：1 mol 氯化氢酸溶液的质量分数为 3.6%，人们将这种溶液的 pH 定义为 0。1 mol 氢氧化钠碱溶液的质量分数为 4%。人们定义这种溶液的 pH 为 14。现在如果用 1 mL 酸溶液并加 9 mL 纯水来稀释这种酸溶液，将得到 10 mL 的溶液，人们将这种浓度的酸溶液 pH 定义为 1。用同样的方法，用 1 mL 氢氧化钠溶液加 9 mL 纯水来稀释，此时人们定义这种溶液的 pH 为 13。

可以注意到酸稀释到 1/10 浓度使得 pH 从 0 上升到 1，碱溶液同样的稀释度使得 pH 从 14 下降到 13。现在将出现一个非常重要的点：在这两种情况下，都会出现 pH 值为 7 的情况。不久将看到，pH = 7 正式标度的正中心，它既不表现出酸性也不显碱性而呈中性。

继续以 1/10 的比例稀释酸溶液及碱溶液，每次都要增加酸溶液的 pH，减小碱溶液的 pH，结果将如下面所述。首先，一个 pH 探针（后文将进行更深入地探讨）能够产生一个电压，而这个电压与放有探针的溶液的 pH 有直接关系。其次，pH 值计机壳中的电路板接收了探针产生的电压信号，并通过刻度尺表现出来。探针产生的这个电压能够使指针移动，指针停下来后指向的刻度值就是溶液的 pH 值。

这个探针可以看做电压随着溶液 pH 值变化而变化的一块电池。它包括两个部分（实际上很多 pH 测量仪器都使用了两个独立的探针）：①对氢敏感的玻璃灯泡（图 2 - 4 - 8）；②参考电极。这个特殊的玻璃灯泡具有传递 H^+ 的能力。这个能力使得 H^+ 能够进入灯泡的内部，能够使它们与灯泡外的 H^+ 比较从而产生电压差。这样这个灯泡就成了半个电池，它需要一个相关的参考源才能起作用。

在图 2 - 4 - 8 中，注意到在灯泡上方就有一个参考电极，这实际上就是玻璃上的一个小窗口，里面填充的溶液可以通过它慢慢地渗透出来。现在参考电极与溶液间也能够形成一个电压差，而这就是另外半个电池。把 pH 敏感灯泡和参考电极结合起来就构成了一个完整的探针。

　　非常幸运的是，探针产生的电压与溶液的 pH 呈线性函数关系。例如，在 pH = 7 的时候产生 0 V 电压，而 pH = 6 时将产生 + 0.06 V 即 60 mV 电压。注意识别正极标志。如果电压为负，那么指针将指向右边刻度 8。一般说来，每改变 1 个单位的 pH，探针将产生 60 mV 的电压变化量，因此如果探针产生的电压为 300 mV，那么得到的 pH 指针读数为 2（ + 300/60 = 5 单位，7 - 5 = 2）。

　　因为 pH 计和探针都是电子设备，需要一些标准 pH 溶液来检验设备是否已经安全标定正确了。这些溶液是能够买到的，通常称作标准缓冲剂。标准缓冲剂是 pH 检测仪器非常关键的一部分，它是一种特定 pH 的溶液，具有维持 pH 恒定的能力。比如人们血液系统这种的缓冲剂指的就是维持人生命及健康的物质。使用一个超低输入电流的放大器，这是基于 CMOS 技术的微功耗运算放大器，以及一个数字万用表，就能制作一个实用的 pH 计。图 2 - 4 - 10 就是一种通用的 pH 计的电路原理。

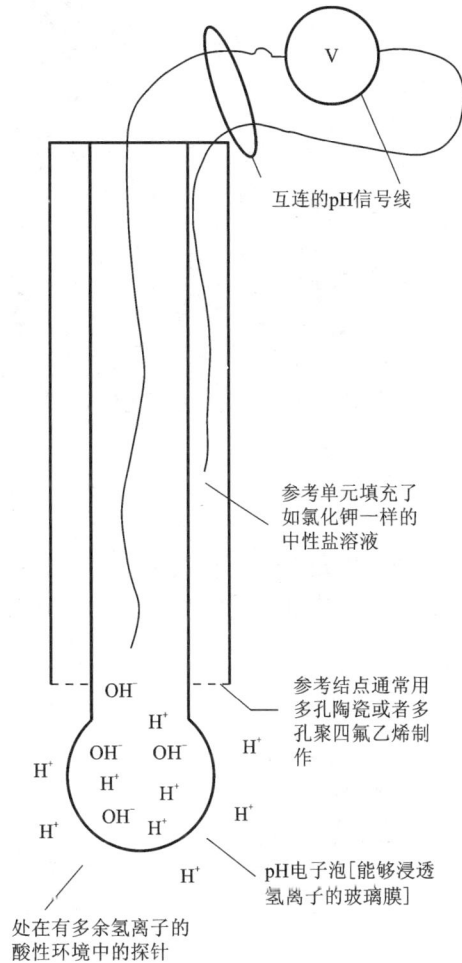

图 2 - 4 - 8　pH 玻璃泡

　　这个 pH 计的核心就是图 2 - 4 - 11 中接在超低电流放大器输入端的廉价的银质或氯化银质的探针。从 pH 计探针输出的信号典型阻抗为 10 ~ 1000 mΩ，因为阻抗高所以放大器的输入电流特别小，这一点是非常重要的。LMC6001 放大器，输入电流 < 25fa，这正是 pH 计所需要的理想元件。标准的银/氯化银质的探针在 25℃ 室温下理论输出电压是 59.16 mV/pH，而在 pH = 7 时输出电压为 0 V。输出电压与绝对温度也呈线性关系。为了补偿温度的影响，在反馈回路上串入了一个温度补偿电阻 R，这就避免了探针受温度的影响。这个电阻必须安装在被测液体温度相同的位置。

　　超低输入电流放大器 LMC6001 放大探针输出的信号使之相对于 pH = 7 时能够达到 + / - 100 mV/pH 计的整体增益可以通过可调电位器 R_3 调节。第二个微功耗放大器 LMC60471 提供反响偏置，使得在探针的整个测量范围内输出电压跟 pH 保持线性关系。参考电路或者称为偏置电路，包括一个齐纳二极管、两个电阻及可调电位器 R_8。V_2 的输出则可以直接接入到万用表，通过计算就可以读出 pH。同样可以选择用一个价格低廉的数字显示表来代替万用表。整个 pH 的电流消耗大约只有 1 mA。pH 计电路需要通过如图 2 - 4 - 12 所

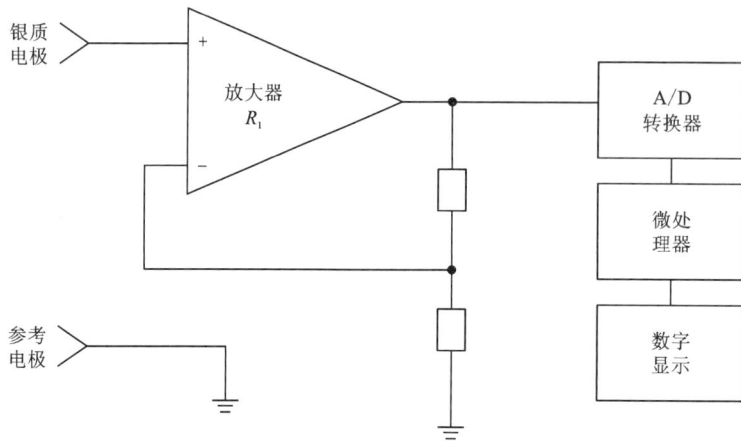

图 2 - 4 - 9　pH 计电路模块

示的双路正负电路提供 5 V 直流电源。这个双路正负电路的电源由两块 9 V 的晶体管收音机电池提供。第一块电池提供给元件 V_3 负电压，第二块电池提供给元件 U_4 正电压。

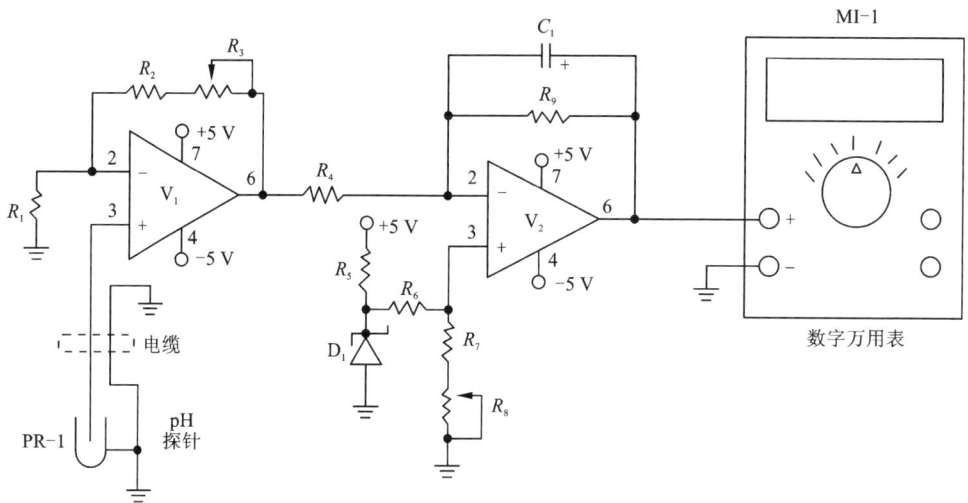

图 2 - 4 - 10　pH 计电路

　　本项目中的 pH 计能够制作在一块 2 mm × 3 mm 的印制电路板上。两个超低输入电流放大器布局时应该尽可能地靠在一起，这样可以避免信号的损失、出错及产生噪声。为了以防将来电路出现问题，这里强烈建议使用集成电路插座。集成电路都有标记，因此能够鉴别各个引脚。一般来说，在集成电路封装的左侧要么刻有一个小圆圈，要么留有一个小缺口。集成电路的引脚 1 一般都会在圆圈或者小缺口的左侧附近。这个 pH 计电路里包含有一个齐纳二极管，为了保证电路能够正常工作必须正确安装它。二极管上那个黑色的标记代表阴极，这个阴极必须连接到电阻 R_5、R_6。注意电容 C_1 是无极性的。电阻的误差在 1% 以内，这样才

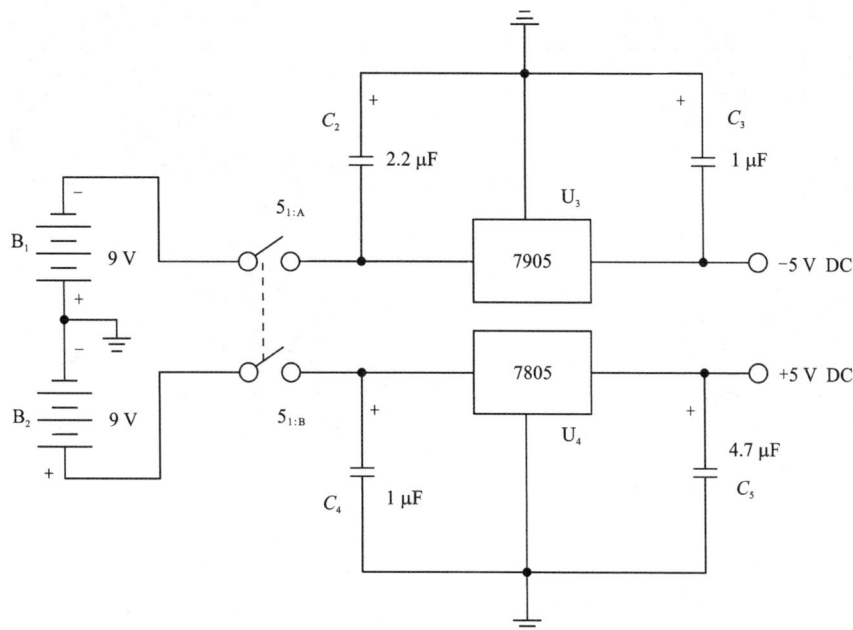

图 2-4-11　pH 计电源供应模块

可以保证 pH 计的精度。

　　制作好印制电路版后要仔细检查电路板上是否存在短路环节,这种情况可能出现在两个铜焊盘之间,或者由于焊料点滴的黏结导致两个铜焊盘短路,再有可能就是杂散的元件引脚之间。需用一个 4 mm×6 mm×2 mm 的金属机器盒来包装 pH 计电路板。找两个 9 V 晶体管收音机的塑料电池盒并把它固定在金属机架盒的底部,把电路板安装在塑料柱上面以避免电路板接触金属机架盒而发生短路。还需要在机架盒的上部留出一个接头用来连接探针。pH 计样机采用了由艾新格公司生产的高速模型探针 TSP60001。这个探针是一个玻璃泡,银/氯化银类型,能够检测 0~14 的 pH。

　　一旦电路板及电池封装完毕,就可以开始进行标定了。标定的过程比较简单,一般不会有什么问题。首先,合上电源开关,然后断开 pH 的连接,调节 R_3 到合适阻值并使放大器 LMC6001 的输入端接地,再调整 R_8 的阻值到输出电压为 700 mV。接下来将 414.1 mV 电压加到放大器 LMC6001 的输入端,最后调节 R_3 使得输出电压为 400 mV。标定到此就已经完成了。由于不同 pH 探针可能还是存在一些不同,所以应该在测量精确的标准溶液时来调节它的增益及偏置。

　　pH 计元器件表见表 2-4-5。

表 2-4-5　pH 计元器件器件表

元器件	说明
R_1	100 kΩ,温漂 3500 ppm/℃
R_2,R_4,R_5	68.1 kΩ,9100 kΩ,36.5 kΩ,1% 精密电阻

元器件	说明
R_3, R_8	100 kΩ, 10 kΩ 可调电位器
R_6, R_7	619 kΩ, 97.6 kΩ, 1% 精密电阻
D_1	LM4040D, 1Z, 2.5 V 基准电压
C_1	2.2 μF, 无极性电容器
C_2, C_5	2.2 μF, 4.4 μF, 35 V 电解电容
C_3, C_4	1 μF, 35 V 电解电容
U_1	LMC6001 超低输入电流放大器
U_2	LM6041 CMOS 微功耗放大器
U_3, U_4	LM7905, LM7805 稳压器
S_1, B_1, B_2	单刀单掷开关, 9 V 电池
PR – 1	银╱氯化银质探针
M1	数字万用表或者数字显示模块
其他	电路板, 插座, 导线, 硬件等

单元五　河流水位测量

　　在洪水期或者春天的雨季期间, 水文学家常常需要测量河流、小溪或者江流的深度。他们需要一种精确测量深度的方法来研究洪水和雨季的河流、小溪及江流等, 并且研究化学物质、微粒是如何在水中传输的。

　　水深是通过测量压力间接测量的, 这是因为不同深度的水压力与水位呈函数关系。一个固定深度的水压力是水的压力与外界大气压力之和, 有一种通过测量压力来测量水位的差动检测仪器, 它能够隔绝外界每天都在变化的大气压力的影响。如图 2 – 4 – 12 和图 2 – 4 – 13 所示的河流检测系统可以用来检测河流、江流等的深度了。

图 2 – 4 – 12　河流检测系统(一)

图 2 – 4 – 13　河流检测系统(二)

这个河流水位测量系统的核心就是图 2 - 4 - 14 所示的 Honeywell ASCX01DN，它是一个分辨率为 6894.76 Pa 的压力传感器。较小的分辨率使得可检测水位深度的最大值减小，但可增加测量的精度。一个 6894.76 Pa 分辨率的传感器最大可检测 0.72 m 的水深。

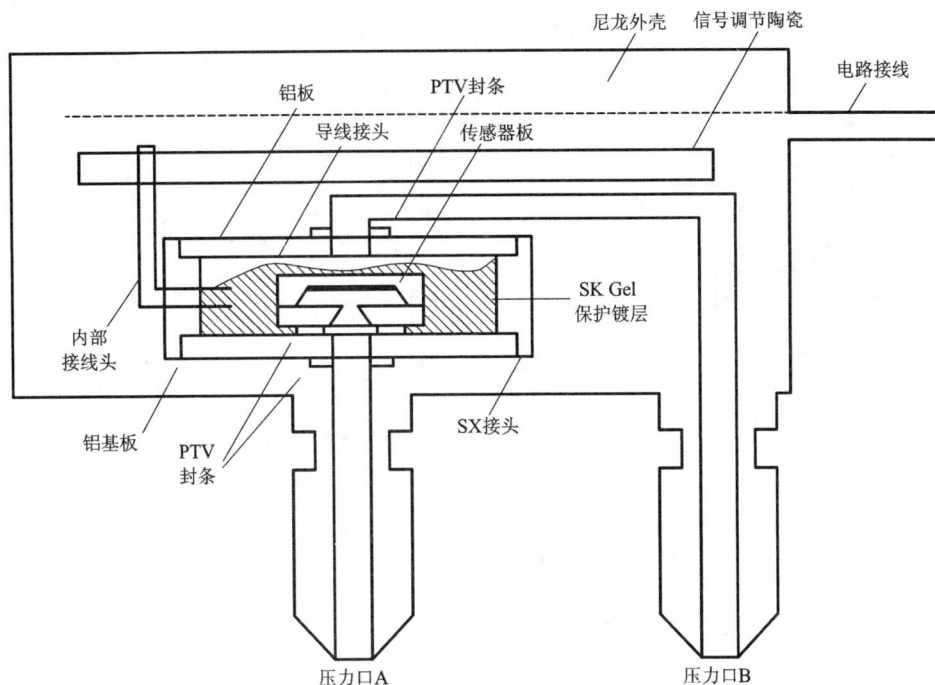

图 2 - 4 - 14　Honeywell ASCX01DN 压力传感器

假设电压输出范围为 0 ~ 5 V，通过一个 8 位 AD 采集(也就是 0 ~ 255 份)，则每一单位代表水深位 0.28 cm。

这个河流水位检测系统的整体电路如图 2 - 4 - 15 所示。传感器通过两个电池盒内安装的 6 号电池供电，稳压芯片为压力传感器提供 5 V 直流电，而这个 5 V 电压通过压力传感器的引脚 2 接入。由 R_1、R_2、R_3 及 R_4 组成的电阻桥，通过引脚 1 供给压力传感器零电位或者用调节电压平衡。在制作电路时应将电位器的调节端置于中间位置。压力传感器的第 5 和第 6 号引脚没有使用。压力传感器在引脚 3 输出的信号连接到由电阻 R_5 和 R_6 组成的电阻驱动网，然后耦合到一套 HOBO 数据记录器，用来记录压力传感器检测到的数据。

HOBO 数据记录器有 8 位和 12 位两种型号。HOBO 08 - 002 - 02 压力传感器是一种廉价的双通道数据记录器，一节小纽扣电池供电就能满足一年的数据收集。这个双通道数据记录器带有一个内置温度传感器，以及一个用来读取数据的空闲端口。HOBO 系列的数据记录器有两种输入配置，一种是 4 ~ 20 倍放大输入，另一种是 0 ~ 2.5 V 电压输入。我们的河流水位检测项目使用的是 0 ~ 2.5 V 电压输入。HOBO 数据记录器塑料外壳安装了一个小的发光二极管，二极管点亮时表示正在采集数据。外部输入接头是一个 2.5 mm 的双线插孔。这个数据记录器塑料外壳的另一边还有一个 0.125 mm 的双线插孔用作输出接头。

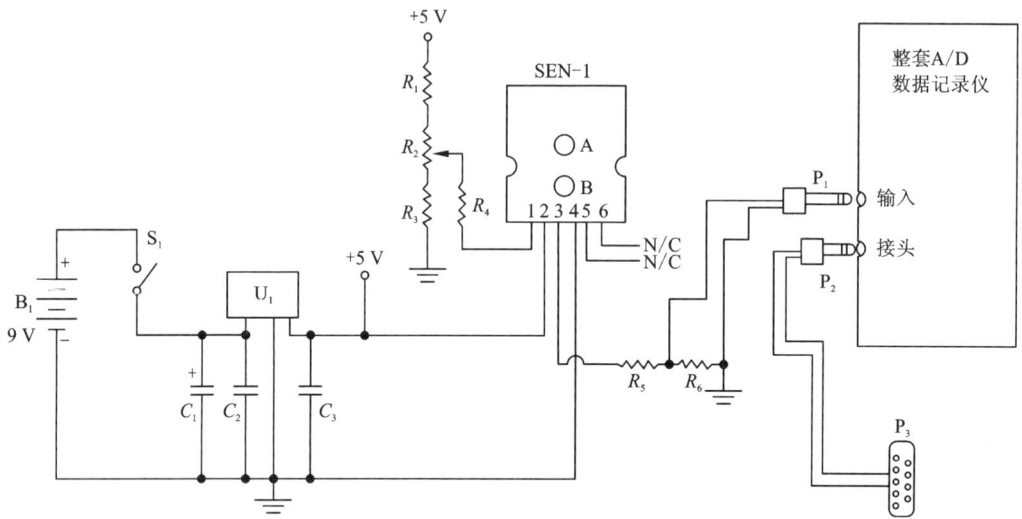

图 2 - 4 - 15　河流水位检测系统电路

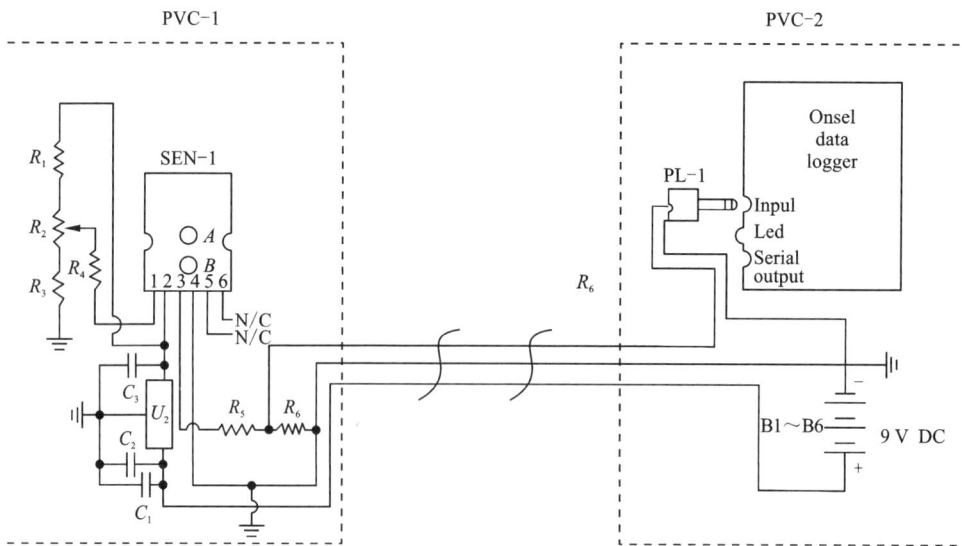

图 2 - 4 - 16　河流检测压力传感器

　　上面提到的河流检测系统包括两个单元，即发送单元和接受单元。如图 2 - 4 - 16 所示，发送单元安装在河流或小溪底部，它由 5 V 稳压芯片、压力传感器、压力器偏置调节电路及输出分压电路组成。发送单元封装在 3 mm 的 PVC 圆筒中，仅仅引出 3 根导线将发送单元与接收、单元相连封装在 3 mm 的 PVC 管中，同样还装入了一套数据记录器及 9 V 的电源，这个电源还要给远端的发送单元供电。连接发送单元与接收、记录单元的 3 根导线包括 1 根数据线、1 根 9 V 电源线。这种双模块系统，便于传感器或者发送单元安装在小溪或河流底部，而将接收、记录单元安装在河流或小溪岸边，这样就能够很容易地从数据记录器中收集数据。图 2 - 4 - 17 说明了两个 PVC 圆筒如何容纳两个单元组合构成一个完整的河流检测系统。压力传感器 SEN - 1、稳压芯片、调零电路和输出分压电路全部装在发送单元并封装在 PVC - 1 中。这个 PVC - 1 是一个 10 mm 长、直径 3 mm 的 PVC 管。

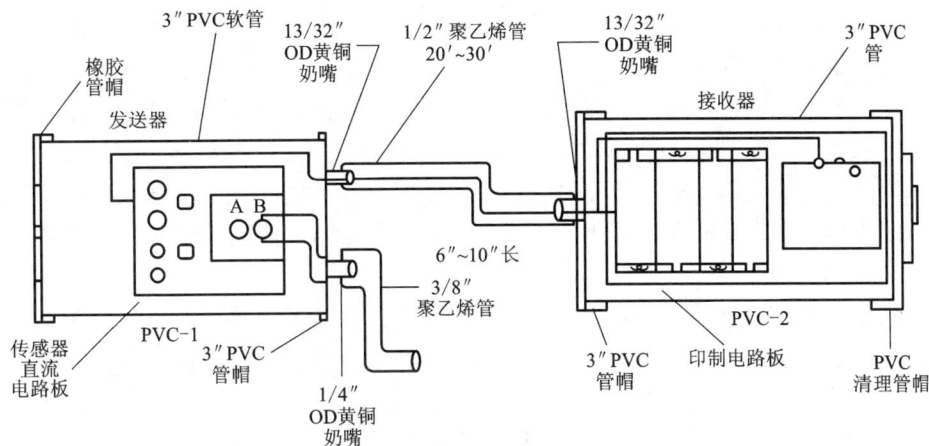

图 2 - 4 - 17　河流检测传感器数据记录器系统

　　压力传感器和电路制作在一块小试验电路板上，然后固定在一块 3 mm × 2.75 mm 的电路板上。电路板完全封装在内径为 3 mm 的 PVC 管中。在 PVC - 1 管的一端使用了 Fernco 的 3 mm 橡胶管帽，这样封装就能彻底防水了。但是如果应用需要也能让内部电路与水接触，在管帽上钻了两个孔并安装了两个铜线接头，使用一个外径 0.25 mm 的铜线接头及一段直径稍小的塑料管伸入到河床。在塑料管的外部加装了加紧的塑料软管。第二个铜接头安置在平头管帽上，用来通过一定长度的外径 0.5 mm 的塑料管连接 PVC - 1 外壳与 PVC - 2 外壳。可以让信号线、电源及地线穿过 PVC - 1 和 PVC - 2 之间的这根 0.5in 的软管，并连接发送单元和接收记录单元。在这根塑料管外也装有夹紧软管以保证它跟铜接头之间能够实现密封。那个 0.75 mm 的聚乙烯软管使得外界大气能够进入到 PVC - 外壳中，作为压力传感器的压力参考。安置在河流底部的 PVC - 1 测量压力然后发送到固定在水边树上或树桩上的 PVC - 2，由 PVC - 2 中的数据记录器记录数据，以后我们要调用数据就相当方便了。HOBO 数据记录器和由 6 节 5 号电池组成的 9 V 电源全部固定在一块 6 mm × 2.5 mm 的试验电路板上，然后将这块板子封装到 PVC - 2 中。一块 2.5 mm 的空白试验电路板粘结在主电路板上，以此作为把手，以顺利地将主电路板送入到外壳 PVC - 2 中。

　　这个项目中，需要三个内径为 3 mm 的 PVC 平头管帽来实现 PVC - 2 的密封。在这个平头管帽中心钻一个 0.25 mm 的孔，然后在管帽外侧安放一个铜接头，这个铜接头将用来连接电源、底线及信号线，同时还可以让大气能够在外壳 PVC - 1 与外壳 PVC - 2 之间交流，在铜接头及钻孔处缠上一些绝缘胶带。然后将管子两端清理干净，用胶水将管帽黏结到外壳 PVC - 2 的一端。接下来将一个干净的内径为 3 mm 的管帽用胶水黏结到外壳 PVC - 2 的另一端。在需要处理数据时，将可以通过这个管帽，包括电池在内的数据记录器放入到外壳 PVC - 2 中或者从中取出来。

　　从外壳 PVC - 1 中接出来的电源线接入到外壳 PVC - 2 中 6 节 5 号电池盒。把传感器输出分压电路输出端信号线及地线制成一个 2.5 mm 的插头，然后接入到 HOBO 数据记录器插入插孔，外壳 PVC – 1、PVC – 2 之间的聚乙烯管使得大气压力能够作为压力传感器 A 口的参考压力。记住在直径为 0.5 mm 的管子外缠上夹紧用的软管，以保证内接头能够与铜接头良好地结合。

最基本的部署压力传感器的方法有两种，它们都需要将压力检测口暴露在特定位置的水下，而将大气压力口暴露在大气当中。第一种方法是将整个系统封装好后放入水下。也就是将检测电路、数据记录器及电池全部封装在外壳中，然后放入水底，并通过大气压力口通过软管连出水面与大气相通。而压力检测口直接暴露在水中，还需要接出一根软管，并将软管缠到河床附近的树或树桩上；第二种方法是将传感器放在水底，通过一根软管将大气压力连接出来，而检测压力口暴露在特定水位下，并连接到水面的数据记录器上。这两种方法各有优缺点。

整个系统放在水位下的方案可以说是"不在视线内，也就不在控制中"，而且被破坏和偷盗的可能性就更小了。在寒冷的冬季这个方案使得我们能够将传感器放置在冰面以下，而且检测精度更高。然而，水下部署使得系统暴露在腐蚀、水藻及洪水之中，而且使用起来很不方便，一旦需要数据时，必须将整个系统从水下捞上岸才行。

而采用第二个方案的话，不需要弄湿衣服或进入河流中，可以直接走到岸边的外壳 PVC – 2 旁边，打开管帽取出数据记录器，将 0.25 mm 的 9 针插头接插到记录器，就可以使用笔记本电脑采集数据了。采集完数据之后只需要将数据记录器复位之后放入外壳中，拧紧管帽就又能够使用它采集数据了。

每套设备配有价格低廉的配套软件。这个软件非常容易使用，只需要简单地配置一下与 HOBO 数据记录器通信的通信接口，另外配置所选择的 HOBO 数据记录器的型号，并选择电压输入即可。接下来确定是需要即可采集数据还是稍后采集。当连接 HOBO 数据记录器后，向它发送必要的参考之后，只需要用笔记本操作软件就可以很迅速地将数据采集回来了。数据采集完之后，还可以使用该软件分析数据，也可以将它换成其他格式，比如 Excel 格式，然后用 Excel 软件做进一步的分析处理。

河流检测器原件表如表 2 – 4 – 6 所示。

表 2 – 4 – 6　河流检测器原件表

元器件	说明
R_1, R_2	5 kΩ，1/4W 电阻
R_2	50 kΩ，可调电位器
R_4	200 kΩ，1/4W 电阻
R_5, R_6	10 kΩ，1/4W，电阻
C_1	50 μF，35 V 电解电容
C_2	0.1 μF，35 V 电解电容
C_3	10 μF，35 V 电解电容
U_1	LM78L05，5 V 稳压芯片

续表 2 - 4 - 6

元器件	说明
SEN - 1	ASCX01DN　0～6894.76 分辨率 Honeywell 公司的压力传感器
B_1	6 节 5 号电池
P_1	2.5 mm 迷你型输入插座
HOBO	HOBO08 - 002 - 02 整套数据记录器
2 个外壳	10 mm 长、3 mm 内径的 PVC 厚管壁
3 mm	平头管帽 2 个
Fernco	3 mm 橡胶便捷管帽, QC - 103 顶端管帽
配件	2 个加紧铜接头, 0.75 mm 的倒钩及 1 个 0.25 mm 的加紧铜接头
其他	5 号电池盒, PC 板, 导线, 接头, 6 mm×0.125d 的聚乙烯软管, 连接 PVC - 1, PVC - 2 的 0.375 mm 及 0.5 mm 的聚乙烯软管

项目五
气体检测

检测空气和气体的一般认为是比较困难的，因为它们是无色无味的。但是借助现代电子技术，人们能够检测到空气和大气中各种各样的气体。在本章中将探讨如何设计一个空气压力传感器，这种空气压力传感器可以用来探测移动的门或是靠近的车辆。接下来设计的项目是一个电子嗅探器，它可以探测到许多不同的气体并发出警报。利用图形条压力传感器，可以监控水或者空气的压力变化并通过一个 LED 图形条显示器指示出它们的数值变化。本项目中还要了解一种新的粒化电阻易燃气体传感器是如何工作的，并介绍如何设计有毒气体传感器。气候爱好者将会了解如何设计一个电子气压计，并用来构建一个天气观测站。

单元一 空气压力传感器

空气压力传感器是一种有用的传感器，它可以用来探测入侵者。实际上这个项目是一个很好的用空气压力变化引起警报的实例。把一个敏感的压力传感器连接到一根比较长的外径为 1/4 mm、内径为 5/16 mm 的聚乙烯管上，把这根聚乙烯管埋在浅地层，可探测越过这根管子的人或者车辆。这个空气压力计有两个输入端口，其中一个端口作为参考端口，而另一个端口埋在地下，根据埋在地下的聚乙烯管的长度来检测气体压力的变化。这个传感器也可以用来探测水的压力并通过一个蜂鸣器发出警报。

空气压力传感器的核心部分是 Motorola MPX2100DP 差分压力检测头。如图 2 – 5 – 1 所示，该压力探测头是硅压阻型的，它输出一个高精度的线性电压，该电压与实际电压成正比。这个压力探测头有两个口，分别是 P_1 处的压力口和 P_2 处的真空口。

空气压力传感器的电路如图 2 – 5 – 2 所示。压力探测头有 4 根引线，引脚 1 接地，引脚 3 接到 5 V 电源上。压力探测头的引脚 2、4 分别连接到一个两级放大器 U_{1A} 和 U_{1B} 的输入引脚。U_{1A} 的放大输入倍数由电阻 R_3 和 R_4 决定，而 U_{1B} 的放大输出倍数由 R_5 和 R_6 决定。U_{1C} 作为比较器使用。从空气压力探测头出来的电压信号经放大后输入到比较器引脚 9 的负输入端。包括 R_7 和 R_8 的一个电压分压电路给 U_{1} : C 的正向输入端提供一个参考电压。该分压电路为比较器提供一个比较电压。为了提高测量的范围，可以在电阻 R_7 和 R_8 之间串联一个 5 kΩ 的可变电位计。电位计的中间输出端连到 U_{1} : C 的正向输入端。

引脚 8 处的比较器的输出耦合到电阻 R_{10} 上，通过 R_{10} 来驱动晶体管 Q_1。晶体管 Q_1 是一个继电器驱动器，用来控制 RLY 处的微继电器。这个继电器提供一个常开或是常闭的状态来控制警报器。

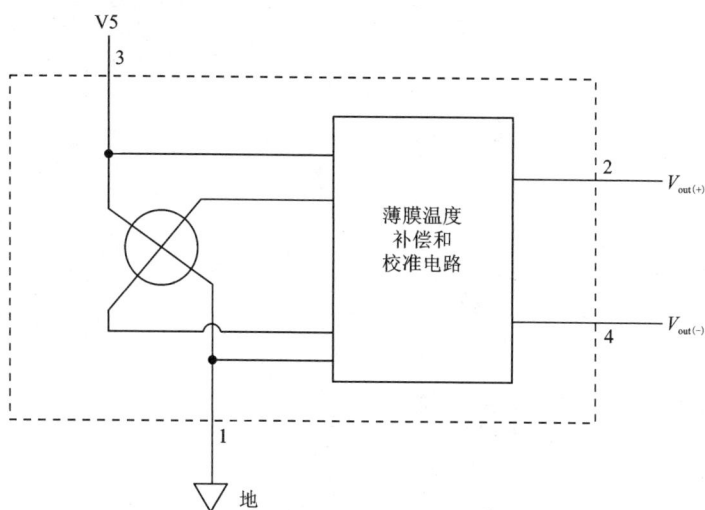

图 2 - 5 - 1 MPX2100 压力探测头方框图

　　空气压力传感器的电路由 9 V 的电池供电,该 9 V 的电池由 6 节 1 号电池组成。电源开关 S_1 把电池与 U_2 处的 5 V 电压稳压器连在一起。U_2 处的稳压器是 3 个引脚的 7805 芯片,用来给空气压力传感器电路提供稳定的供电电压。注意电源在固定的应用场合下可以用 9 V 的插座电源供电。

　　传感器电路可以用来搭建在一块小的印制电路板或是一块面包板上,包括压力传感头在内的所有元器件都可以安装在该印制电路板上。把传感头安放在电路板的一端并把继电器安放在另一端,一般来说,这是一个比较好的电路布局。U_1 处的放大芯片应该使用芯片插座,Q_1 的晶体管应该使用晶体管插座,以便电路出现故障时更换。注意该电路中用到了一些精度为 1% 的电阻,对其他元器件没有什么特殊的要求。在电源的供电部分用到了一些电解电容,安装这些电解电容的时候要注意它们的极性。U_1 处的运算放大器芯片 LM324 和 U_2 处的稳压芯片很容易安装。在安装半导体芯片,如晶体管和运算芯片时,一定要仔细观察它们的引脚,晶体管有三根引脚,即基极、集电极和发射极。把晶体管焊接到电路板之前应查阅相应的手册,对晶体管的引脚有所熟悉。一般来说,芯片在包装的外部中心有一个小的矩形缺口或是在封装的左上部有一个小圆圈。如果芯片有一个圆形的缺口,那么该芯片的引脚 1 就在缺口的左边。如果芯片在封装的左上部有一个小圆圈,那么引脚 1 就在该小圆圈的左边。

　　在搭建完电路板后,要仔细地检查是否有虚焊的地方。接着,要检查是否有零散的元器件引脚。最后,要检查电路中是否有短路的部分。

　　然后,就可用一个盒子来封装电路板了。空气压力传感器的样机安放在一个金属底盘盒里,它的尺寸是 51/2 mm × 7 mm × 21/2 mm。电路板安装在盒子底部的一端,放在一个支架上,用 1 mm 的螺钉固定。如果选用电池供电的话,需要在盒的底部或是侧面安装 3 节 1 号电池的电池支架。如果打算使用 9 V 的插座电源,需要在盒子的一边安装一个同轴的电源插座。在盒子内靠近压力探测头的一边必须钻一个小孔,这样使得聚乙烯管能够与压力探测头

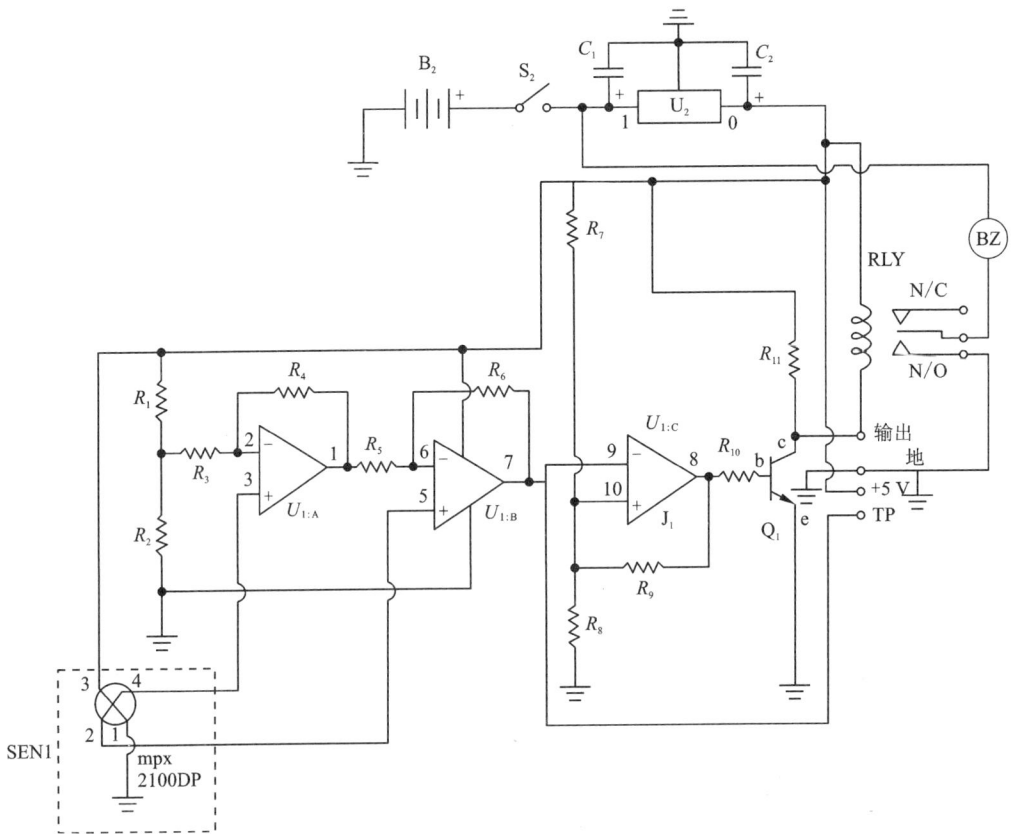

图 2 - 5 - 2　空气压力传感器电路

连接在一起。在压力测量和真空所在的地方测量时,需要注意观察压力口的标记,在传感器中要把聚乙烯管接到 P_1 口,即压力口上。

如果使用电源开关和蜂鸣器的话,可以把它们安装在盒的顶部,这样使用起来比较方便。需要的话,在继电器工作的情况下,可以用报警器、电动机或是其他的发音设备来替代蜂鸣器。如果选用了一个更高电压或是更高电流的负载,那么就要用另外的电源来给发音设备供电。

现在空气压力传感器搭建好了,可以测试传感器的电路是否正常工作了。装上电池或是把外部电源连接上,然后打开 S_1 处的电源开关。在聚乙烯管的末端测试一下,蜂鸣器立即就会响起来。该压力传感器是比较灵敏的,它能显示出 1 Pa 精度的压力。

把聚乙烯管放在地毯下或是埋在一个能够探测到车辆的地方即可使用,也可以使用该电路来探测真空的状态或是把聚乙烯管浸入水中来探测水的压力。

空气压力传感器元器件表如表 2 - 5 - 1 所示。

表 2 - 5 - 1 空气压力传感器元器件表

元器件	说明
R_1	12.1 kΩ, 1% 精度, 1/4 W 电阻
R_2	15 kΩ, 1% 精度, 1/4 W 电阻
R_3	20 kΩ, 1% 精度, 1/4 W 电阻
R_4, R_5	100 Ω, 1/4 W 电阻
R_6	20 kΩ, 1/4 W 电阻
R_7, R_8	10 kΩ, 1/4 W 电阻
R_9	121Ω, 1/4 W 电阻
R_{10}	24.3 kΩ, 1% 精度, 1/4 W 电阻
R_{11}	4.75 kΩ, 1% 精度, 1/4 电阻
C_1	1 μF, 35 V 电解电容
C_2	10 μF, 35 V 电解电容
Q_1	MMBT3904LT1 晶体管
U_1	LM324 运算放大器
U_2	LM7805 5 V 稳压芯片
SEN1	MPX2100DP Motorola 差分压力探测头
RLY	5 V 微型单刀双掷继电器
BZ	9 V 压电蜂鸣器
BI	6 节 1 号电池
管件	内径 1/4 mm, 外径 5/16 mm 聚乙烯管
其他	各种印制电路板, 电线, 接口, 螺钉, 支架等

单元二 电子嗅探器

电子嗅探器是一种有着许多潜在用途的有趣的仪器。它可以帮助确定在空气中的各种气体浓度, 确保某块地区的空气对于居住是否安全。通过在电子嗅探器的电路里更换不同的传感探测头, 能够用来探测易燃气体、有毒气体和有机可溶解的氯氟化碳。如图 2 - 5 - 3 所示。Figaro TGS 传感器是一种低成本、厚膜金属氧化半导体, 在简单的电路里使用时, 它寿命较长且对待测气体灵敏度较好的特点。Figaro 传感器使用时其中的 SnO_2 微粒已经经过

图 2 - 5 - 3 Figaro 传感器

高温加热，这就使得氧气能够被吸附到这些微粒上，并在微粒分子间的电荷中产生一个正电位。当某种气体（如丙酮、酒精、丙烷和二氧化碳）通过探测头时，探测头的电阻会下降。电阻在一定气体浓度范围，如从几 ppm 到几千 ppm 内，与阻值的对数值呈线性。图 2 – 5 – 3 所示的是基于 Figaro TGS826 有毒气体探测头（SEN – 1 处）的电子嗅觉器电路，它对二氧化碳极其敏感。

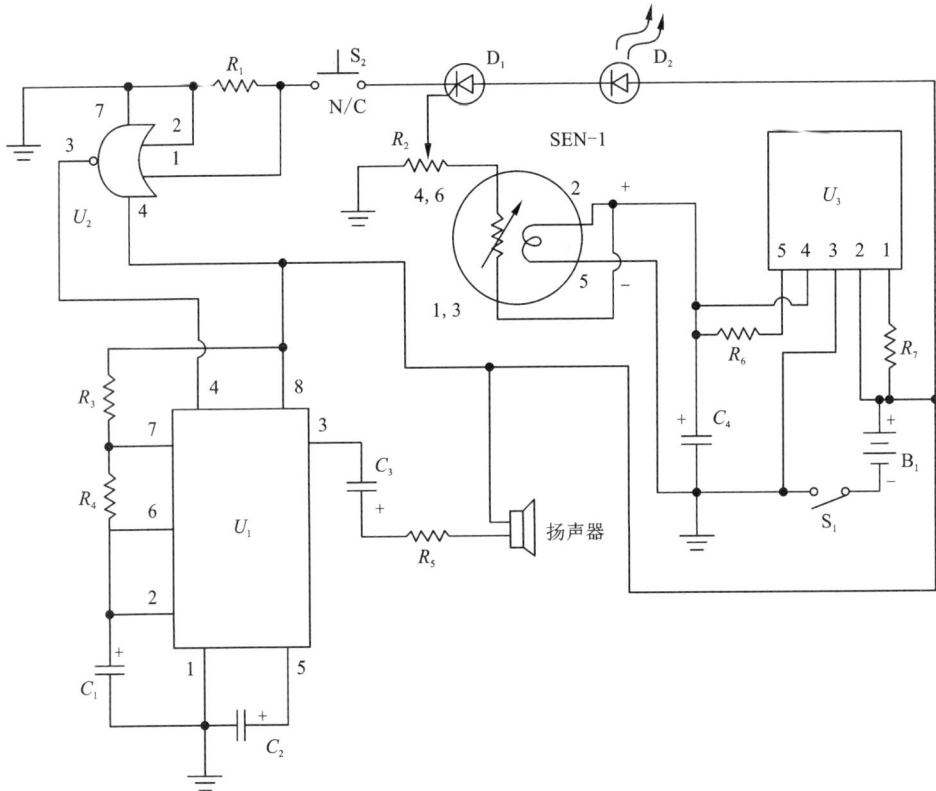

图 2 – 5 – 4　有毒气体传感器电路

大部分的 Figaro 传感器中都有一个加热卷丝，它可以吸收大约 130 mA 的电流，必须由稳定的 5 V 电源供电。在本项目中的 6 个引脚有毒气体探测头由低功耗 National LP3850 稳压芯片供电，该稳压芯片需要 4 节 2 号电池供电，为气体探测头提供一个电压源或者电流源，使得探测头得以正常工作。

正如前面提到的一样，对气体敏感的半导体在有毒气体中像可变电阻一样工作，当有毒气体接触到探测头的表面时它的电阻下降。一个 25000 Ω 的可变电阻 R_2 连接到探测头上来为负载分压，起到灵敏度调节作用，可变电阻 R_2 的中间调节输出到 D_1 的门极。当有毒气体接触到探测头时，探测头的电阻下降，电流流过负载分压器 R_2。电压通过 R_2 分压作用到 D_1 的门极上，触发可控硅工作。可控硅工作时，D_2 处的 LED 点亮，显示已经探测到气体。

随着可控硅工作的开始，CD4071 的输出端输出一个触发电压给 LM555 定时器。一旦已经探测到气体，并且触发信号被激活了，LM555 定时器开始驱动扬声器 SPK，扬声器发声，显示有毒气体存在。为了使电子嗅探器恢复安静，可用一个普通按钮来复位该电路。

　　注意，当传感器第一次使用时，电阻值下降很大是正常的，一旦加热器开始工作，整个传感器就会正常工作，探测头也会在数秒内产生反应。Figaro 传感器是相当结实的，但是它不能置于水中。如果传感器湿了，一定不能让它结冰，因为这会导致传感器爆裂并损坏。

　　电子嗅探器可以搭建在一块小的印制电路板或者是面包板上。稳压芯片和传感器应该安装在一起，这样两者之间的电流损耗最小。最好把探测头置于电路板的一侧，这样当电路板安装在盒中时，可以在盒子上打一个孔使得气体可以接触到探测头。电源的稳压芯片与加热器的引脚 2 和引脚 5 相连。探测头的传感部分为一个整体，因此其引脚 1 和引脚 3 连接到稳压芯片的正向补偿端，引脚 4 和引脚 6 连接到分压计 R_2 上。当给 CD4071 接线时，一定要把所有未使用的输入引线连接到地线，避免删触发 LM555 定时器的输出频率由 R_4 和 C_1 决定，如果需要频率可以随 R_4 阻值的改变而改变。

　　制作电子嗅探器时，需要特别注意某些元器件的引脚方向予以特别注意，如二极管、可控硅、集成芯片及电容。二极管一般都有一个箭头指向一根直线，表示二极管的阴极。若有极性电容，会在封装上标注正极或负极。强烈建议使用芯片插座，这样在以后的使用中会很方便。当安装集成芯片时，注意在芯片的封装上部有一个矩形的缺口或者在左上部有一个小圆圈，一般来说，引脚 1 就在缺口或者是小圆圈的左边。

　　完成电路板的搭建后，需要再次核对元器件的布局来确保元器件都安装正确，也要确保元器件(没有零散的引线)，避免电路板短路并烧坏整个电路。最后查找是否有虚焊点，以免影响电路的正常工作。

　　电路板搭建好后，就可以对其进行封装。电路嗅探器样机装在一个小的金属底盘盒里，盒子的大小是 4 mm × 5 mm × 6 mm。S_1 处的电源开关，S_2 处的复位开关，D_2 处的发光二极管和扬声器都安装在盒子的面板的前上部，这样操作起来比较容易。电路板中使用了一个面板盘式的电位计，也安装在盒子的前上部。电路板安装在盒子的一端，这样有毒气体探测头能通过盒子一边钻的孔与气体接触。可以随意选择一个探测头插座安放在盒子的顶部，这样可以快速且方便地更换探测头。电路板通过支架和 1/4 mm 长的 4 ~ 40 机器螺钉固定在盒子里。两个 2 号电池盒安装在盒子的底部，方便地更换电池。

　　现在需要通过合适的操作检验该电子嗅探器。首先，装入 2 号电池，闭合电源开关 S_1。逆时针方向调节电位计到它的最低点。当电源首次打开时，会听见扬声器发出吱吱的声音。让电子嗅探器预热大约 2 min 使传感器稳定，然后慢慢地顺时针调节电位计 R_2 直到传感器的工作点，有可能需要按下复位键并重新调整 R_2，使传感器获得最大的灵敏度，正如前面提及的，电子嗅探器可以帮你侦测有毒气体，还可以用来侦测如表 2 - 5 - 2 所示的其他气体。大部分的气体传感器以相同的原理工作，并且只需要做小的改变，它们就能可以互相代替，这样就可以只通过更换探测头来扩大气体的探测种类。

表 2 – 5 – 2　Figaro 气体探测头

气体	探测头	
易燃气体		
LPgas/丙烷(500 ~ 10000 ppm)	TGS813	TGS2610 *
自然气体/甲烷(500 ~ 10000 ppm)	TGS842	TGS2611 *
一般性易燃气体(500 ~ 10000 ppm)	TGS813	TGS2610 *
有毒气体		
一氧化碳(50 ~ 1000 ppm)	TGS826	
氨气(30 ~ 300 ppm)	TGS825	
氢化硫(5 ~ 100 ppm)	TGS825	
有机气体		
酒精, 甲苯, Zylene(50 ~ 5000 ppm)	TGS822	TGS2620 *
其他挥发性有机气体	TGS822	TGS2622 *
户内污染物		
二氧化碳	TGS4160	TGS4161 *
空气污染物(< 10ppm)	TGS800	
氟氯化碳		
$R_2$2, R_{11}2(100 ~ 3000 ppm)	TGS830	
$R_2$1, $R_2$2(100 ~ 3000 ppm)	TGS831	
R_{13}4a, $R_2$2(100 ~ 3000 ppm)	TGS832	

对于传感器使用而言, 注意必须避免把 TGS 传感器头暴露在硅树水蒸气中也应该避免把探测头置于强腐蚀性的环境中, 尤其是在 H_2S, SO_x, C_{12}, HCL 中长期使用会腐蚀或破坏导线和加热材料。确保探测头没有接触到水并且没有在低于冰点的温度下使用, 过低温度会使传感器损坏。

电子嗅探器元器件表如表 2 – 5 – 3 所示。

表 2 – 5 – 3　电子嗅探器元器件表

元器件	说明
R_1	470 Ω, 1/4W 电阻
R_2	25 kΩ, 电位计
R_3, R_4	47Ω, 1/4W 电阻
R_5	10 Ω, 1/4W 电阻
R_6, R_7	10 kΩ, 1/4W 电阻
C_1	0.006 μF, 35 V 陶瓷电容

续表 2 - 5 - 3

元器件	说明
C_2	0.01 μF, 35 V 陶瓷电容
C_3	2 μF, 35 V 钽电容
C_4	10 μF, 35 V 钽电容
U_1	LM555 定时器
U_2	CD4071 四路双输入或门
U_3	LP38755 V 稳压芯片
D_1	可控硅
D_2	发光二极管
S_1	单刀单掷开关
S_2	常闭按钮开关
B_1	4D 电池
SPK	8Ω 微型扬声器
SEN - 1	TGS826 Figaro 有毒气体传感器
其他	电路板, 芯片插座, 电线, 电池座, 硬件等

单元三　图形条压力传感器

压力传感器在现实生活中的许多场合用于测量和控制。事实上许多人可能没有意识到压力感知、测量和控制技术存在于人们的家庭、办公室和工厂的许多家用电器、设备和机器中。一般压力测量有三种基本的方法(表 2 - 5 - 4)。

图形条压力传感器可用于制造实验传感器, 以及根据周围的坏境测量压力的变化。压力传感器可以作为一个敏感的设备感知和测量空气压力、真空压力和各种不同的差分压力(表 2 - 5 - 5)。

表 2 - 5 - 4　压力测量的种类

压力类型	描述
绝对压力	绝对压力传感器测量的是相对于 0 压力点(即真空)的压力, 真空压力点在制造时密封在一个盒子。相当于在测量的相对压力上加上大约 15 pa 或是一个大气压, 测量外部压力是通过测量在传感器压力端的相对负压力而实现的
差分压力	差分压力传感器测量的是同时加在传感器两端隔膜上的压力差。正向压力加在传感器的压力探测端, 而负压加在传感器的真空端
标准压力	标准压力是一种特殊情况的差分压力, 它测量的是绝对压力与大气压之间的差值

表 2 - 5 - 5　图形条压力探测头的应用

监控用途	应用实例
通过工业液体过滤器监控压力下降	食品生产工程；化工生产过程；污水过滤工程
通过工业气体过滤器监控压力下降	气体质量；气体分离；流体监控高真空系统
其他监控用途	过滤用途；计算机隔离；清理空间；医药设备

本项目是基于一个灵敏的低成本差分压电压力探测头而制作的传感器，该探测头提供一个与被测压力成比例的输出信号。差分压力传感头有两个压力口，允许压力在隔膜的任一边输入，可以用来测量压力，也可以测量压力差。Sensym（Honeywell 的分公司）的集成压力传感器是一个四引脚的压力探测头，不需要信号调节。如图 2 - 5 - 5 所示。两个压力口在 P_1 处和 P_2 处。P_1 口是高压口。压电传感头有 4 个内置的 500 Ω 的电阻，它们组成了一个惠斯通电桥，跨接在探测头输出端的是两个 500 Ω 电阻。

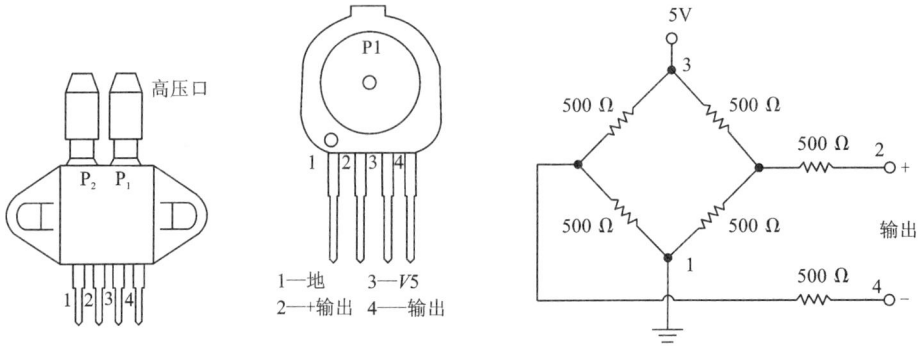

图 2 - 5 - 5　Honeywell SenSym SPX 50D 压力探测头

图 2 - 5 - 6 所示的方框图说明了图形条压力传感器电路。图中所示在压力传感头的上部是压力校准电路，在传感头的另一端是温度补偿电路。压力源作用于探测头。探测头输出信号通过放大电路放大，放大后的信号送到显示驱动电路，最后通过 LED 模块显示。

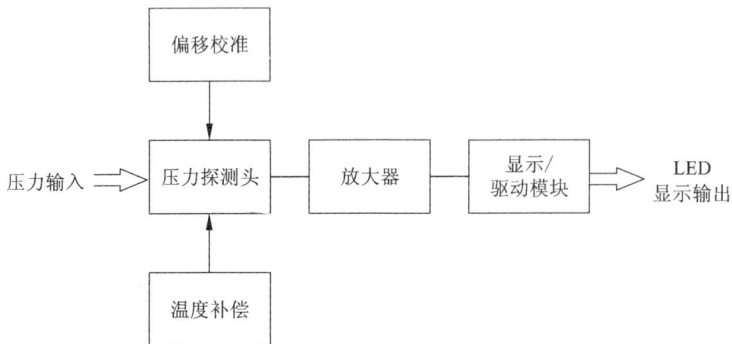

图 2 - 5 - 6　SPX 50D 压力探测头方框示意图

图 2 - 5 - 6 所示的图形条压力传感器电路由 sensym SPX50D 探测头开始，该探测头的测量范围是 0 ~ 7 Pa。压力传感器由一个 5 V 稳压电源供电，电源上连接 3 个二极管，作为一个温度补偿源连接在探测头的引脚 3 上。探测头的引脚 1 接地，引脚 2 正相输出端连接到一个参考电位计和二级放大器 U_{1B} 的引脚 5 输入端。引脚 4 反向输入端与第一级放大器的引脚 3 输入端相连。第一级放大器的输出由增益电阻 R_0 和 RP 决定。通过改变增益电阻，可以选择 0 ~ 1 Pa 或是 0 ~ 10 Pa 的量程。第一级放大器的输入通过电阻 R_3 连到第二级放大器上。在 U_{1B} 的输出引脚 7 信号送入显示驱动器 LM3914N 输入端引脚 5。无论是在 0 ~ 1 Pa 还是 0 ~ 10 Pa 的范围，显示驱动器将驱动 10 个发光二极管到满量程读数，显示驱动器通过电位计 R_{13} 调节控制满量程范围。显示的 0 点可以通过电位计 R_5 调节。该电路提供了两个测试点，即 TP_1 和 TP_2。TP_1 提供一个满量程的输入电压，而 TP_2 提供了 5 V 电压。D_{14} 处的发光二极管是系统电源指示灯。10 个发光二极管分别连接在引脚 10 到引脚 18 及引脚 1 上。

图形条压力传感电路由 U_2 处的 5 V 的稳压芯片供电。稳压芯片为 LM358 提供 5 V 电压 9 V 电池通过开关 S_1 给稳压芯片供电。也可以使用插座电源来代替电池。

图形条压力传感器搭建在一小块印制电路板上，如图 2 - 5 - 8 所示。当给电路板进行布局设计时，应该考虑把压力探测头放置在电路板的一边，这样可以让压力探测头露在封装的外面。传感器补偿电阻 R_7，R_8 和 R_9 都是 1% 精度的电阻，和放大器的增益电阻精度一样。电路中其他电阻都是 5% 的精度。电路中用了 3 只电容，C_1 和 C_2 是电解电容，而 C_3 是陶瓷电容。传感器中使用的电位计都是多圈的，当安装压力探测头时，一定要仔细观察 4 个引脚的方向。当焊接电路时，使用集成电路插座是非常重要的，以电路出问题时便更换芯片。集成电路有方向性，必须特别注意管脚的方向。一般在集成电路塑料封装的上部有一个小圆圈或一个矩形缺口。如果有一个小圆圈，那么引脚 1 就在圆圈的左边；如果有一个矩形缺口，那么引脚 1 就在缺口的左边。

当安装 LED 时，要特别注意它们的极性以避免安装错误。压力传感器使用一组 10 位的 LED，这比使用独立的 LED 更容易安装，采用 10 位的 LED 时，可以用集成电路插座。D_{11}，D_{12}，D_{13} 处的 3 个二极管都是小型号信号二极管，二极管有条码的一端就是二极管的阴极。查阅稳压芯片的数据手册，确定稳压芯片输入与输出管脚。

一旦焊接好所有的元器件，应该仔细检查电路板上的焊点，确保焊盘和连线间没有短路，也要注意查看电路板上是否有虚焊的地方，如果有虚焊，以后会带来很多麻烦，所以在供电前一定要仔细查看是否有虚焊的地方。最后再检查一遍电路板，确保没有多余的元器件引脚黏在电路板上，以免短路。

在检查完电路板之后，就要准备把电路板安装到包装盒里，可以选择一个塑料或是金属的盒子。应考虑把电路板安装在盒子的侧端，使得压力口能够很容易地与外界接触。也要考虑到把电路板装在支架上，这样就可以在盒的上部或者前部给 10 位的 LED 打一个孔让它露出来。这种安装方法需要打扫干净电路板。电源开关和电源指示灯可以安装在盒子前面或是上面的面板上。如果打算用电池供电，可以在盒子的底部安装一个电池盒。如选择使用插座电源，可以把电源插座安放在盒子的背部。

因为压力探测头是差分型的检测头，因此有两个探测端口。需要一根 1/4 mm 内径，5/16 mm 外径的聚乙烯管来连接这个探测头。记住压力口 P_1 是高压力口，实际应用时要确定把聚乙烯管插到哪个口上，如果想测量进来气体的压力，把管子接到 P_1 口上，如果想测量

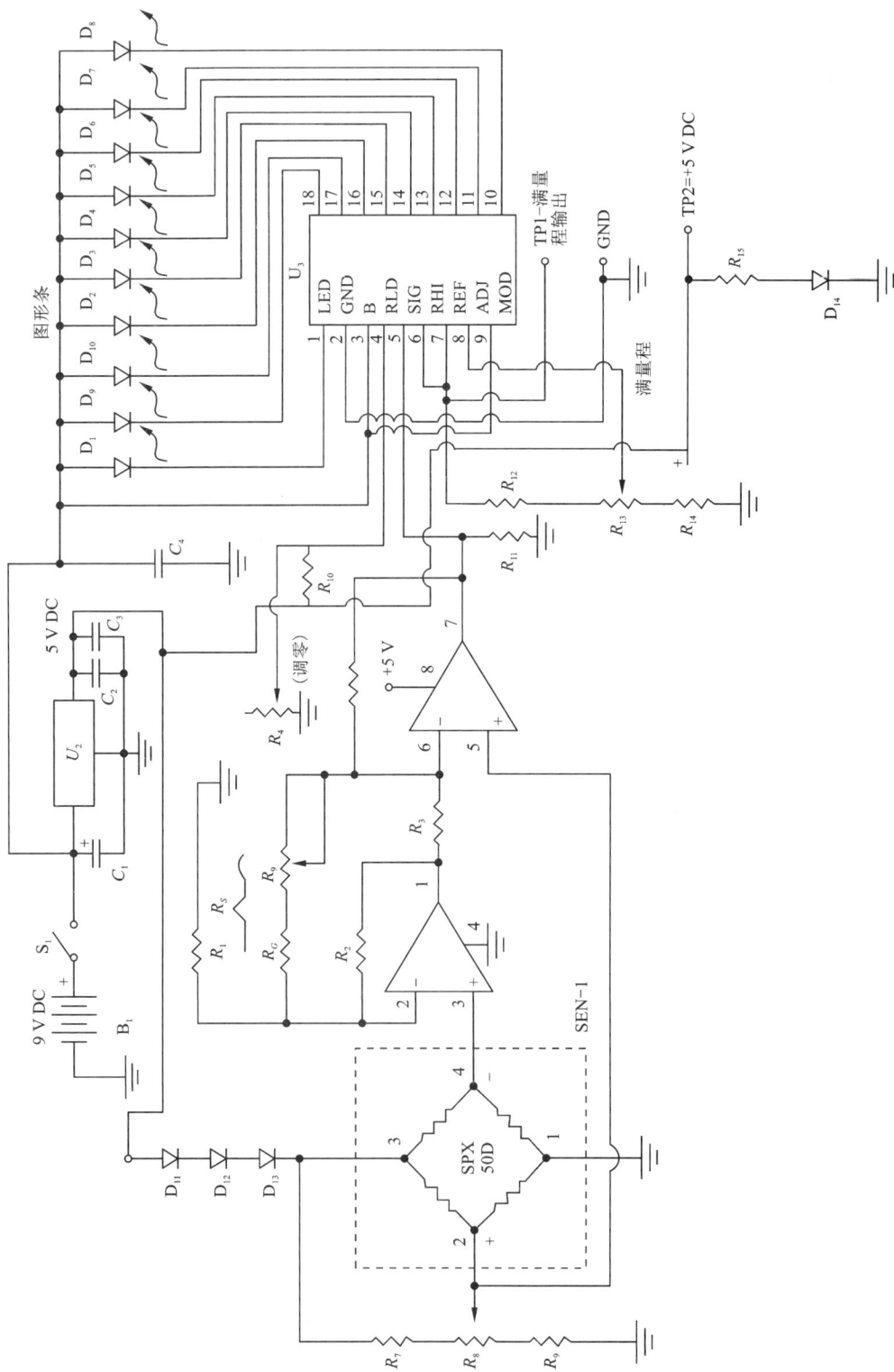

图2-5-7 图形条压压传感器电路

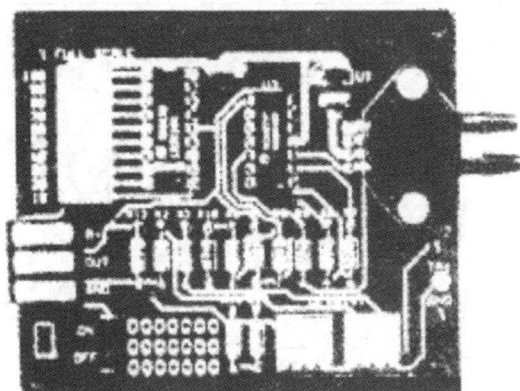

图 2 - 5 - 8 图形条压力传感器印制电路板

真空的压力,把管子接到 P_2 口上。(表 2 - 5 - 6)。

校准图形条压力传感器是比较简单的,只需要两次简单的非交互调整来设置起始补偿点和满量程点。调整补偿时,把 0 差分压力加到传感器上,然后调节 R_8,使得在 VD 处的电压为 0 V。调节量程时,把 10 pa 的压力加到传感器上,然后调整 R_p 直到第 10 个 LED 灯点亮为止。这样就完成了传感器的校正过程。现在可以用图形条压力传感器测量空气或是真空的压力变化了。表 2 - 5 - 7 ~ 表 2 - 5 - 8 列出了压力测量中可能遇到的多种压力单位变换。

表 2 - 5 - 6 气体图形条 - 全量程增益电阻选择

压力范围	型号	R_s	R_s	
			R_6	R_p
0 ~ 1 pa	SPX50DN	909	909 Ω	2K
0 ~ 10 pa	SPX50DN	909K	909 kΩ	20K
0 ~ 15 pa	SPX100	6.9K	6.9 kΩ	20K
0 ~ 30 pa	SPX200	6.9	6.9 kΩ	20K

表 2 - 5 - 7 压力转换表

需转换单位	乘的系数	转换为
pa ~ VG	2.3	mm 水柱
mm 水柱	0.434	pa ~ SG
pa	0.68595	bars 或 kPa
bars 或 kPa	0.1450326	pa
bars 或 kPa	4.0147	mm 水柱
bars 或 KPa	0.2953	mm 汞柱

需转换单位	乘的系数	转换为
bars 或 kPa	10.000	mbars
bars 或 kPa	10.1973	cm 水柱
bars 或 kPa	7.5006	mm 汞柱
in 水柱	0.036127	psi
in 水柱	0.073554	in 汞柱
in 水柱	0.2491	bars 或 kPa
in 水柱	2.419	mbars
in 水柱	2.5400	cm 水柱
in 水柱	1.8683	mm 汞柱
in 水柱	0.4912	pa
in 水柱	13.596	in 水柱
in 水柱	3.3864	mbars 或 kPa
in 水柱	33.864	mbars
in 水柱	34.532	cm 水柱
in 水柱	25.400	mm 汞柱

图形条压力传感器元器件表如表 2 - 5 - 8 所示。

表 2 - 5 - 8　图形压力传感器元器件表

元器件	说明
R_1，R_2，R_3，R_4	100 kΩ，1/4 W，1% 精度电阻
R_5	200 Ω 电位计(微型封装)
R_6，R_p	(见表 2 - 5 - 6)
R_7	24 kΩ，1/4W，1% 精度电阻
R_8	10 kΩ，电位计
R_9	15 kΩ，1/4W，1% 精度电阻
R_{10}，R_{11}	1 kΩ，1/4W，5% 精度电阻
R_{12}	1.2 kΩ，1/4W，1% 精度电阻
R_{13}	1 kΩ 电位计(印制电路板封装)
R_{14}	2.7 kΩ，1/4W，1% 精度电阻
R_{15}	470 kΩ，1/4W，1% 精度电阻
C_1，C_2	1 μF，35 V 电解电容，10 μF，35 V 电解电容
C_3	0.1 μF，35 V 陶瓷电容
U_1	LM358 放大器

续表 2 – 5 – 8

元器件	说明
U_2	LM7805 稳压芯片
U_3	LM3914N 显示驱动集成电路
$D \sim D_{10}$，D_{14}	红色发光二极管
D_{11}，D_{12}，D_{13}	1N914 硅二极管
SES – 1	SPX50DN, SenSym 压力探测头
B_1	9 V 电源
S_1	单刀单掷开关
其他	各种印制电路板，电路，插座，电池支架，机盒等

单元四　粒化电阻易燃体传感器

自 20 世纪 60 年代中期发明了接触反应性的粒化电阻（即 pellistor）后，接触燃烧反应就成为工业应用中探测易燃气体的最常用方法。

粒化电阻其实就是一圈铂绕线，覆盖在铂周围的是一圈以惰性材料为基底的接触反应材料和一种用于加快氧化反应速率的金属催化剂，这种接触反应材料称为敏感元件。催化材料选择范围很广，但要选用最适合的催化剂以获得最好的传感效果。图 2 – 5 – 9 展示了一种具有代表性的典型的催化剂。

除了敏感性原件外，还要制造一种非敏感性元件。非敏感性的物质有两种，第一种适用于高压装置，在这种情况下可以用玻璃替代接触反应物，玻璃在可燃气体中不会氧化；第二种适用于低压装置。非敏感元件与敏感元件在测量气体时同时适用，并且非敏感元件与敏感元件用相同的方法制造。在制造过程中使用一种合适的物质（如氢氧化钾）来避免元件的氧化、避免催化剂的中毒。

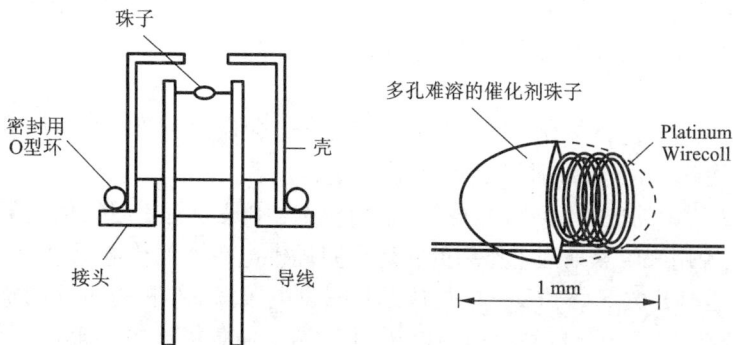

图 2 – 5 – 9　粒化电阻气体探测头

粒化电阻总成对制造,如图 2 - 5 - 10 所示。处于激活状态的需要催化的元件即敏感元件由与电有关的相匹配的其他元素来提供催化作用,这种相匹配的元素不含催化剂,并可以保证在它的表面不会有易燃的气体氧化物。非敏感元件作为一个参考电阻,与敏感元件获得的传感器信号进行比较以排除环境因素的影响。粒化电阻可以方便地装在 TO - 4 封装的壳里,或者作为一个完整的防火气体探测头在混合气体探测系统中使用。探测可燃性气体时使用该技术的优势是它可以直接测量气体的可燃性。

传感器工作时,敏感元件和对应的不敏感元件配对使用。在制作过程中每对敏感和非敏感元件的电压和电流信号都是配对的,因此一起使用时不需要任何补偿。这对元件安装在惠斯通电桥里,该电桥把它们加热到 400 ~ 500℃。当没有气体时两个元件的电阻保持平衡,电桥提供一个稳定的基值信号。可燃性气体使敏感元件的一端氧化,使之温度上升,因此该元件的电阻值也随之上升,从而导致电桥上产生非平衡信号并使输出电压发生相应变化,这个变化可以通过外部电路进行测量。

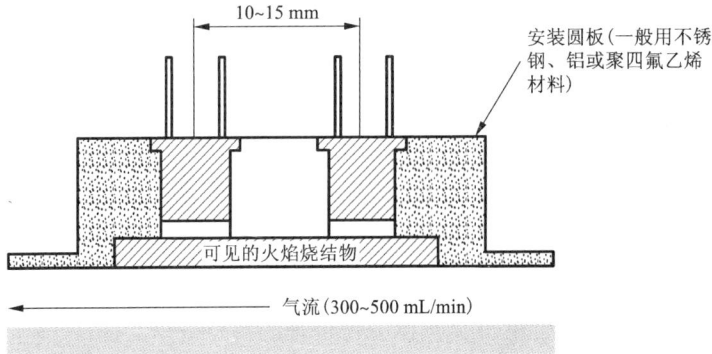

图 2 - 5 - 10 粒化电阻双通道探测头

图 2 - 5 - 11 为粒化电阻气体探头电桥电路。电桥供电电压一般为 2 ~ 3.5 V,根据传感器而定。V_1 处的电压由敏感和非敏感元件分压决定,当没有气体时,电压 V_1 是电桥供电电压的一半。电压 V_2 也是电桥供电电压的一半并由 R_1 和 R_2 分压决定。RV_1 用来微调 V_1 和 V_2,这样当没有气体出现时 V_1 和 V_2 的电压值是相等的,并使电桥的输出为 0。当有气体时,敏感元件的电阻增加使 V_1 下降,从而使输出增加。非敏感元件作为参考端,作用是消除环境干扰的影响,因为任何变化对于敏感和非敏感元件都是一样的,所以有干扰信号时,V_1 处的电压和输出电压保持不变。

在恒压或是恒流状况下粒化电阻工作状态最稳定,恒流源一般用在高压装置上。当考虑到电池寿命时,可选用恒压源。低压系统中应首选恒压源。

图 2 - 5 - 12 所示的电路说明了可燃性气体传感器中是如何使用粒化电阻技术的。电路在左边的加热电源用来给惠斯通电桥中的粒化电阻提供电源。加热电源包括一个 3 V 或 4.5 V 的电池电源,通过开关 S_{1B} 给 U_1 处的稳压芯片提供电压。R_2 处的电位计调整电源的输出到 3 V 电压。电源输出的正极连接到惠斯通电桥的 V_2 处,而负极连接到 V_1 处。惠斯通电桥包含 4 个电阻,电阻 R_3 和 R_4 是固定的 1 kΩ 的电阻,R_5 是粒化电阻探测头的参考部分,而 R_6 是 SEN1 处的粒化电阻探测头的感应部分。

惠斯通电桥在 E_1 和 E_2 处输出一个电压,当探测头检测到易燃气体时电桥变得不平衡,

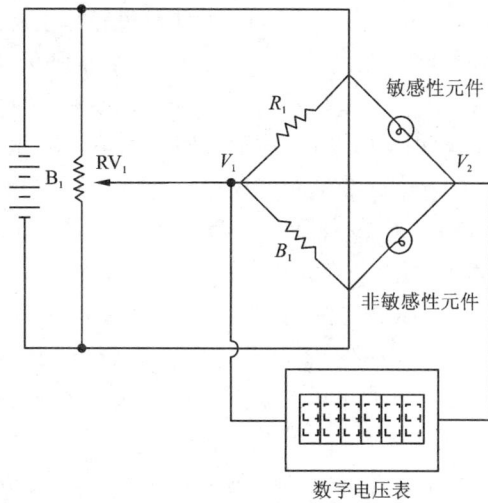

图 2 – 5 – 11　粒化电阻气体探测头电桥电路

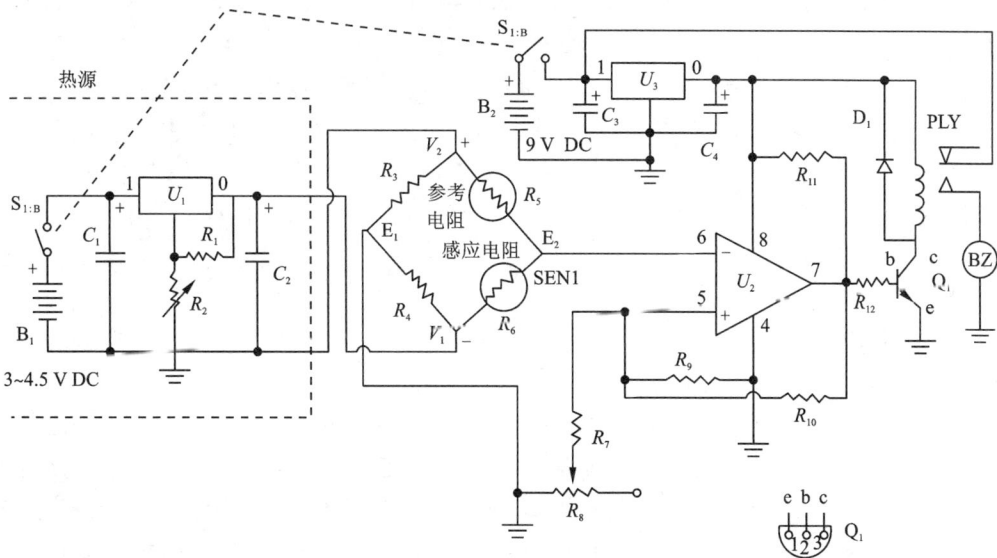

图 2 – 5 – 12　粒化电阻有毒气体传感器电路

E_1 处的电桥输出连接到电路探测头部分的公共端，E_2 处的电桥输出连接到 LM393 比较器的负输入端。比较器的引脚 5 正相输入端连接到包括电阻 R_9 和 R_{10} 的反馈电路上，比较器的引脚 5 也连接到 R_8 处的电位计上，该电位计是用来设定参考电压的。放大器的引脚 7 输出连接到电阻 R_{12}，R_{12} 又连接到 Q_1 处的 PNP 晶体管上。晶体管 Q_1 用来驱动一个单刀双掷继电器，继电器可以用来驱动负载。本单元中继电器用来驱动一个电蜂鸣器，当惠斯通电桥不平衡时，蜂鸣器就会发声。继电器的常开部分连接 9 V 电源并通过蜂鸣器接到地。可以用该继电器来驱动一个大负载，如一个水泵警报器。比较电路由一个 9 V 的电池和稳压芯片 U_3 组成的 5 V 电源系统供电。$S_{1:B}$ 是稳压芯片的供电开关，而稳压芯片又给比较电路供电。注意在该例子中的负载蜂鸣器连接稳压芯片之前由 9 V 直接供电,而比较器由 5 V 供电。

易燃性气体传感器搭建在一块 3 mm×4 mm 的印制电路板上。除了粒化电阻探测头,其余的元器件都没有什么需要特别注意的地方。所有元器件都焊在电路板上,包括稳压芯片、集成电路、晶体管和继电器。应该在稳压芯片上都安装散热片,粒化电阻也应该安装在散热片上,因为电源一直在给元器件加热,所以粒化电阻会变热。粒化电阻应当安装在电路板的边沿,这样探测头才能安装在盒子的侧端。建议电路板上使用芯片插座,以便更换芯片。一定要正确安装集成电路的引脚,这样才能使得电路正常工作。在焊接集成芯片时一定要特别注意它们的管脚方向。在集成电路上,你会发现在芯片封装的左上部有个小圆圈或矩形的小缺口。如果有一个小圆圈,引脚 1 就在圆圈的左边;如果在芯片封装的上部有一个小矩形的缺口,引脚 1 就在缺口的左边。电容 C_1、C_2、C_3 和 C_4 都是极性电容,在焊接时要注意它们表示正极的方向,并把正极焊接在电源正极。查阅手册确认稳压芯片的各个引脚,保证焊接正确,以免烧坏电路。Q_1 处的晶体管有 3 个引脚,分别以 1、2 和 3 标记,如图 2-5-12 左下角所示。晶体管的引脚 1 对应发射极,引脚 2 对应基极,引脚 3 对应集电极。

在把元器件焊接到电路板之后,要重新仔细检查电路以免在焊盘间发生短路;也要查找是否有虚焊点,最好在给电路供电前找出虚焊点。最后,检查电路板表面,看是否有零散的导线。这些零散的导线如果不清除的话供电时可能会使得电路板短路甚至烧坏整个电路。在检查完整个电路后,可以把集成电路安装在一个机盒中。

找一个合适的机盒来安装可燃性气体传感器。传感器样机的电路板安放在一快 5.25 mm ×7 mm×2.5 mm 的金属底机盒中。在盒的一端要钻一个 3/8 mm 的孔,这个孔应与电路板上的孔匹配。电路板用支架支起来,这样可以从盒的外面看见探测头。如果选用 B_1 处的电池,那么在盒的底部要安装可以容纳 3 节 1 号纽扣电池的电池盒。也可以选用 6 V、500 mA 的电源适配器。B_2 处的电源可以安装容纳 3 节 5 号或是 3 节 1 号纽扣电池的电池盒。电池盒可以安装在机盒的底部。

双刀双掷电源开关与压电蜂鸣器装在机盒的上部。如果为 R_8 选用一个装在里面板上的电位计,那么电源开关也可以安装在机盒的前上部。

完成了易燃性气体传感器后,需要标记电路参数。易燃性气体探测器对很多易燃气体都是很敏感(表 2-5-9)的。注意到传感器对甲烷、氢、乙烯和甲醇最敏感。为了使该传感器只对某种气体敏感,打开探测头并把探测头暴露在特定的气体中,使用电位计 R_8 设定整个电路的敏感点,每种气体都需要各个不同的设定点来获得最大的敏感度。SixSense 制造了两种不同的接触反应粒化电阻探测头,即 CAT16 和 CAT25(表 2-5-10)。

表 2-5-9　粒化电阻气体传感器-接触反应型传感器对应反应

气体/蒸汽	相对反应/%
甲烷	100
氢	107

续表 2-5-9

气体/蒸汽	相对反应/%
乙烷	82
丙烷	63
丁烷	51
戊烷	50
（正）己烷	46
庚烷	44
辛烷	38
乙烯	81
甲醇	84
乙醇	64
丙烷-2-ol	49
丙酮	50
丁烷-2-one(MEK)	48
MIBK	—
环己胺	—
（二）乙醚	40
乙酸乙酯	46
甲苯	44
二甲苯	31
乙炔	47

表 2-5-10 粒化电阻接触探头参数

特性	CAT16 探测头	CAT25 探测头
型号	2111B2016	2111B2125
工作场合	恒流源	恒压源
可探测的气体	大部分易燃气体	大部分易燃气体
测量范围	0～100% LEL	0～100% LEL
工作电压	2.7 V ±0.2 V	3.3 V ±0.02 V
工作电流	200 mA	70 mA
最大消耗功率	580 mW	230 mW
输出敏感度	>12 mV% 甲烷	>25 mV% 甲烷
响应时间	<10 s	<10 s
线性度	±110% LEL～100% LEL	±110% LEL～100% LEL

这里选择 CAT25 探测头，它耗电量最小。要避免把传感器暴露在硫化氢和六甲基二硅这两种气体中。

粒化电阻易燃气体传感器元器件表如表 2-5-11。

表 2-5-11　粒化电阻易燃气体传感器元器件表

元器件	电阻
R_1	240 Ω，1/4W 电阻
R_2	5 kΩ 电位计（微型封装）
R_3，R_4	1 kΩ，1/4W，1% 精度电阻
R_5	参考元件粒化电阻 CAT25#2111B2125（SixthSense）
R_6	敏感元件电阻 CAT25#2111B2125（Sixthsense）
R_7，R_9，R_{10}	1 MΩ，1/4W 电阻
R_8	50 kΩ，电位计（微型封装或圆盘封装）
R_{11}	3.3 kΩ，1/4W 电阻
R_{12}	1 kΩ，1/4W 电阻
C_1，C_3	1 μF，35 V 电解电容
C_2，C_4	10 μF，35 V 电解电容
Q_1	2N2222 晶体管（PNP）
U_1	LM117T 可稳压芯片
U_2	LM393 比较运算放大器
U_3	LM7809，9 V 稳压芯片
RLY	6 V 微型继电器，单刀双掷（Radio Shack）
BZ	压电式蜂鸣器
B_1	3 节 C 型电池；直流 4~5 V
B_2	6 节 5 号电池；9 V
S_1	双刀双掷开光
其他	电路板，导线，芯片插座，支架，螺母，螺钉等

单元五　电子气压计

地球表面有一个由气体组成的大气层，气体质量对地球表面产生压力，这个压力就是大气压。一般来说，陆地上空的气体越多，大气压就越大。也就是说，气压随着海拔高度的变化而变化。例如，在海平面的大气压要比在山顶上的大气压大。为了描述这种差异，使得在不同高度的大气压便于比较，通常把大气压换算到以海平面的大气压为基准，这种调整后的压力称之为绝对大气压，通常也简称为大气压。气候站测得的就是绝对大气压。

　　大气压随着当地气候情况的变化而变化，因此大气压成为一个非常重要和有用的天气预报工具。高压地区一般天气晴朗，而低压地区一般天气不好。为了达到预测的目的，一般要观察大气压力的变化，大气压的数值一般没有大气压的变化值重要。一般来说，大气压上升表示天气状况好转而大气压降低表示天气状况恶化。如图 2-5-13 所示的电子气压计表有助于跟踪气压的变化，并且会比市场上购买的无液气压计要好用。可以用数字量来显示 0.01in 精度的汞柱来表示大气压值，这比用模拟量来显示大气压值要好。

　　气压计测量绝对环境大气压力，一般以 in 汞柱为单位。根据世界气象组织制定的标准，在海平面的的绝对压力为 29.91216in 汞柱，这等同 14.6961bf/in 的绝对压力。实际上大气压一直在变化，这种改变给预测天气提供了一种很好的方法。一般情况下大气压值在 29~31in 汞柱之间变化。

　　观察大气压读数的一个重要方面就是观测气压改变的方向，即气压是上升或下降。这里描述的电子气压计既可以保持读数，也可以使当前读数固定，过一会儿又会得到一个新的读数。如果气压上升或下降的话，气压变化的方向就会显示出来。新的读数会被锁定，直到再次读数。

1. 关于电路

　　电子计的核心部分是绝对压力探头，它的探测范围是 0~151bf/in2。该设备由构筑在硅基底上的 4 个电阻组成，硅基底就是作为一个半导体薄膜，基底的一面暴露在一个小室中，该小室的气压几乎等同于真空；基底的另一面暴露在周围的大气压下。

　　连接到探头上的四个电阻阻值都是一样的，它们以惠斯通电桥的形式连接起来。基底的一面承受周围的大气压力，而另一面承受着小室的零压力，这使得 4 个电阻中的两个阻值增加，而另两个电阻的阻值减小，从而在探测头的引脚 2 和引脚 4 之间产生一个非平衡电桥的输出电压，该电压代表实际的大气压力值（和大气压的读数）。

　　压力探测头是一个线性输出的设备，该电路由一块 5 V 的稳压芯片供电。在通常的大气压力环境下，引脚 2 和引脚 4 之间输出 20 μV 的电压，它对压力变化的灵敏度大约为 0.678 μV/mmHg。(图 2-5-13)。

2. 模拟放大器

　　压力探测头电桥电路由一块 5 V 的稳压芯片供电，该探测头提供一个大约 20 mV 的输出电压，大气压力变化每英寸汞柱，相应地输出电压变化。电桥输出电压的微小变化必须变大，才能变为有用的信号。放大信号由一块双通道的放大器芯片 U_2 完成。

　　U_2A 和 U_2B 作为差分放大器使用。放大器的放大倍数由 R_7 到 R_{13} 的阻值确定，即 GAIN $= 2 \cdot (1 + 100 \text{ k}\Omega/R)$。式中，100 kΩ 是 R_9、R_{12} 和 R_{13} 的阻值；R 是 R_{10} 和 R_{11} 串联一个分压电路，给放大器提供 1.5 V 的直流补偿电压。

　　利用上面的公式和图中所示的电阻阻值，可以算得放大器的放大倍数为 1.48。用一个空气压力没变化输出电压变化。实际上加上 R_7，R_8 提供的补电压和经过放大以后的电桥差分电压，放大器的实际输出电压为 1.5 V。正常情况下 U_2 的引脚 7 输出约为 1.8 V。

3. 模-数转换器

　　集成芯片 U_2 和它的外围电路形成了一个完整的 3 位半电压测量系统，并驱动一块液晶显示屏(LCD)显示测量电压。实际上系统只用到了低三位，没有用到最高位的半位 1，因为该气压计中要求显示的气压值的最高位为 2 或 3，所以用一块特殊的驱动芯片(U_4)显示气压

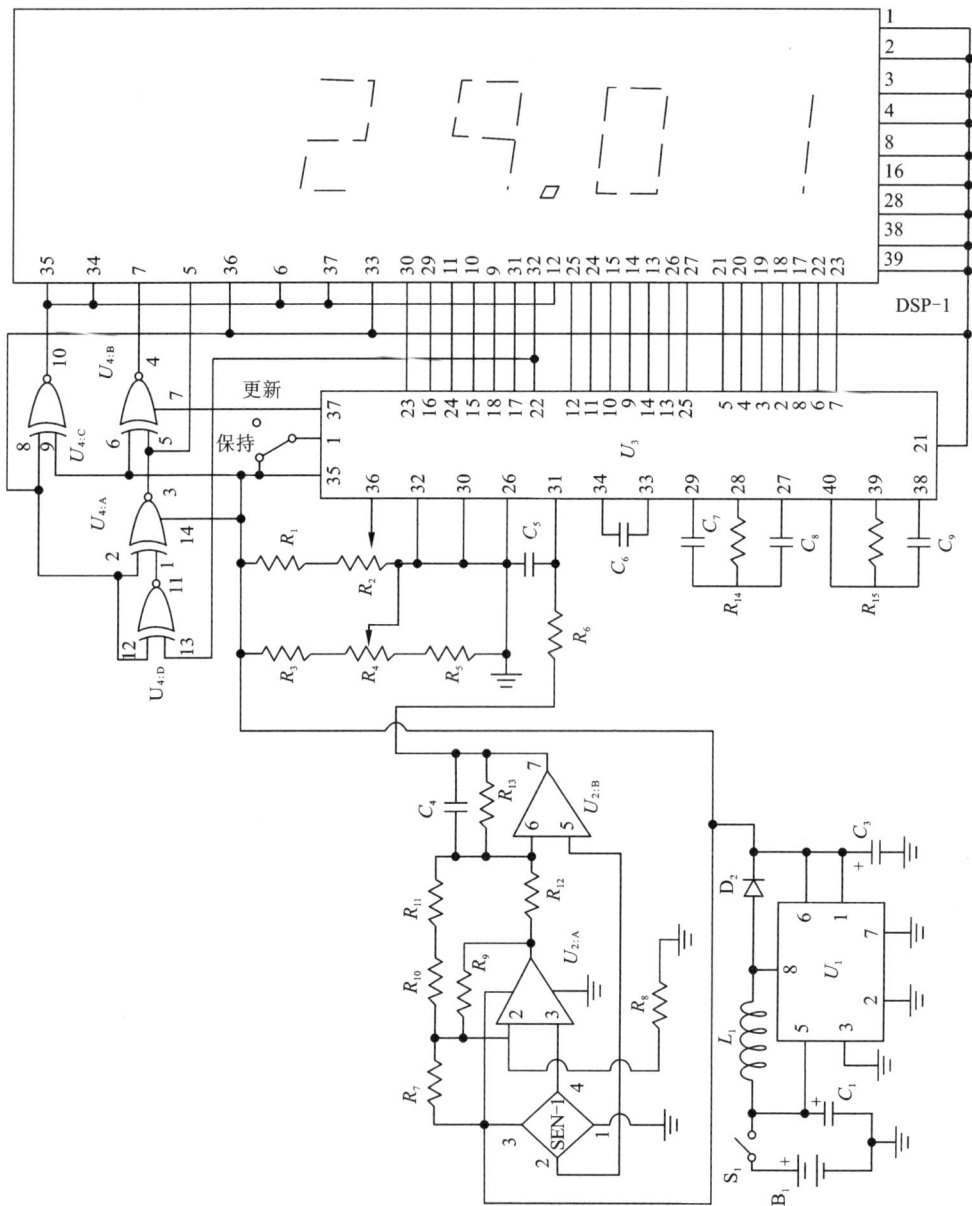

图 2−5−13　电子气压计电路

值的最高位，如 2 或 3。

　　经过放大以后的模式电压由电阻 R_6 耦合到 U_3 的正相输入端引脚 31 上。电位计 R_4 经过分压后，给 U_3 的反向输入端引脚 30 提供一个比较电压。连线是考虑到压力探测头的数值波动，使 LCD 能够正确地显示出大气压大小。

　　A/D 转换器的灵敏度由引脚 32 和引脚 36 之间的参考电压决定。该电路中，A/D 转换器的分辨率为 199.9 mV 是很必要的，可以通过调节电位计 R_2，把参数电压设置成 100 mV 来达到这个分辨率。

　　参考电压调节为 100 mV 时，如果模拟输入电压为 100 mV，U_3 将会使显示数值为 1000。

196

大气压力每变化 1 mm 汞柱导致气压计电路发生上下 10 mV 的电压变化，使 LCD 的数值变化为 1100 或是 900。

大气压从 28in 汞柱 2 每秒以 1 mm 的增长率变化到 31 mm 时，LCD 低三位分别显示为 8.00、9.00、10.00。当大气压力超过 31 mm 汞柱时，显示 1.00。

大气压力的显示值必须能够显示 28.00 mm 汞柱中的任一压力值。因此，显示值的最高位不是 2 就是 3。一种智能单通道"或"门电路(U_{40} 用来产生合适的最高位，只有当"或"门电路的输入取逻辑非电平时，才会输出逻辑 1。

每一位显示都是由七段译码器组成，每一位的每一段分别标记为 a~g。最高位产生 2 或是 3 的关键是检查次高位的 g 段。当次高位显示为 8 或是 9 时，该 g 段被激活，那么最高位就肯定是 2。如果次高位为 0 或是 1，那么次高位的 g 段就没有激活，最高位必然是 3。

LCD 由 U_3 所产生的方波驱动，U_3 的引脚 21 连接到 LCD 公共控制端，该引脚与液晶显示屏的引脚 1 相连。当液晶显示屏由 U_3 产生的波驱动时，液晶显示屏的各段位都会熄灭，这时如果把 U_3 产生的方波改变 180′，就可以激活液晶显示屏的各段位，使之点亮。U_{4C} 的引脚 10 产生的反相位方波与 LCD 的 34、35、6、37 和 12 引脚相连，来控制以上各段及小数点。

最高位的 f 段不用点亮，因此 LCD 的引脚 36 直接连接到 U_3 的引脚 21 上。U_{4D} 用来检查次高位的 g 段和方波。当次高位的 g 段被激活时，U_{4D} 的引脚 11 输出为高。否则，该引脚输出为低。U_{4A} 用作条件反相器，当次高位为 0 或 1 时，它的输出与方波的输出同相位，当次高位为 8 或 9 时，它的输出与方波的输出反相位。U_{4A} 的输出用来驱动最高位的 e 段，来点亮数字 2 的部分，同时 U_{4A} 的输出又与反相器 U_{4B} 的输出相连，U_{4B} 的驱动最高位的 c 段，所以 c 段的相位始终与 e 段相反。U_{4A} 的逻辑电路为最高位产生正确的读数，但它只能产生数字 2 后者 3。

4. 气压计存储器

U_3 根据其引脚 31 的输入电压 1 s 更新 3 次读数。然而系统设计成可以锁定 LCD 的读数不变，这使得存储器叫以存储当前读数并可随时改变读数，从而很容易地知道大气压变化的趋势，即上升、保持稳定或是下降，这个功能可以通过更新锁定开关 S_1 来完成。

用 3 节 5 号电池串联，给整个电路提供 4.5 V 的电压。U_1 是一块稳压芯片，它的输出电压要求在 0.8~5 V；U_1 引脚 6 输出 5 V 的稳定电压。该 5 V 输出的电压保持恒定并给整个气压计电压供电。

整个气压计的电路是由两块电路板组成的，一块为模拟信号板，另一块为显示电路板。模拟信号板包括压力信号放大器、模 – 数转换器和电源，显示电路板包括液晶显示单元。两块电路板安装在合适的封装盒里，封装盒上有一块矩形的槽专门用来安放液晶显示屏。电磁也装在封装盒里。唯一的按键是更新 – 锁定开关。

电路的连载没有什么特别的地方，如果需要的话，可以把导线用合适的方法固定好。当安装极性元器件时，一定要确定它们的的正、负极没有弄错。只要有一个错误，就会使得整个气压计无法工作并损坏更多的元器件。芯片 U_2、U_3、U_4 和显示模块要用芯片插座，把一个 40 脚的双列直插座切下来一半，用来安装显示模块使用芯片插座便于芯片更换，并且这也是必要的，在安装芯片时，首先要识别引脚 1，一般在芯片上的小圆圈左边即为第 1 引脚。

在完成两块电路板安装之后，仔细检查是否有短路和虚焊的地方。任何值得怀疑的焊点都应该去掉原先的焊锡，清理焊盘并重新焊接上，现在改正这些问题比以后发现气压计不能工作时再去查找问题要容易得多。

模拟信号电路包括了许多1%精度的金属薄膜电阻，这样可以保证电路的精确性和稳定性。一般的碳膜电阻对于温度的变化阻值不稳定，不能代替金属薄膜电阻。当拿着压力探测头的时候要小心，注意压力探测头的引脚1通过连线段的凹痕来辨别。

找一个足够大的封装盒，把所有元器件都封装起来。在封装盒上为显示屏开一个矩形的槽，要用螺母和螺钉将电路板固定好。更新－锁定开关可以安装在封装盒任何合适的地方。

完全组装好气压计之后，在供电之前仔细检查导线是否有短路或不适合的地方，可用万用表后数字电压表来测试和检查电路。装上电池前，测试模拟信号板上电源输入段(+2.4 V)和地线之间的电阻，确保没有短路。用万用表的正端与电容 C_1 的正极相连，一般万用表会显示为高阻抗。如果检测到为低阻抗，就要仔细地检查电路，找出错误。

安装电池时一定要小心，注意安装的方向与电路原理图上标的是否一致。测一下电池的电压，一般为4.5 V。测量一下 C_3 两边的电压，一般为5 V。如果不是以上读数，断开电源并检查 U_1、D_2、C_1 和 C_3 的引脚顺序是否正确，也要查一下 L_1。查出问题后立刻纠正。检查 U_2 引脚7的电压，该引脚的电压应该为1.8 V，如果测量不是1.8 V，那么在放大处理电路中可能存在问题。再查一下 $R_7 \sim R_{13}$ 的阻值是否正确。最后检查一下是否有虚焊的地方，再去完成下一步。

测量一下 U_3 引脚32和引脚36之间的电压，调节 R_2 使得两引脚之间的电压为100 mV。一旦 R_2 调节好了，就不要再动它。LCD显示出四位数字和一个小数点，通过调节电阻 R_4，可以清楚地看到LCD上显示为29.00～31.00间的某一个数字及小数点，调节 R_4 使得LCD的读数与天气预报中所报道的或是另一个很精确的气压计所测的读数一致。如果附近有机场的话，机场的控制塔会提供准确的大气压值。

检查一下更新－锁定开关是否正常工作，把该开关拨到更新位置时，显示的数值会随外界的大气压力而改变，要留有足够的时间使读数更新。注意：有时显示的数值波动0.1～0.02 mm汞柱是很正常的。当把 S_1 拨到锁定位置时，即使外界的压力发生变化显示屏的读数也会始终保持不变。

把 R_4 调好并检查完 S_1 后，气压计的测试和校正工作就完成了。如果显示出变形的数字，可能是连接模拟电路板和显示单元的导线有问题，导线可能短路或是断路。从发生变形数字的位置可以知道是哪里出了问题。断开电源后，仔细对照电路原理图用欧姆表检查内部导线的连接。

如果用液晶显示屏全是空白的话，检查 U_3 的引脚方向及其附属单元器件。如果可以的话，用示波器检查 U_4 的引脚21和引脚1，以确保有方波信号产生。通过测量引脚36和引脚32间的电压来验证 U_3 的参考电压是否存在，一般这两个引脚间的电压为0.1 V，如果不是0.1 V的话，检查 R_1 和 R_2。如果数字显示的最高位既不是2也不是3，那就要检查 U_4 的引脚方向，检查电路是否有短路或是断路，然后接着做余下的工作。

一般来说开关 S_1 置于更新挡，这样气压计可以显示当前的气压值。但是，可以随时把 S_1 转换到锁定挡来锁定当前读数，直到把 S_1 又转换到更新挡来更新数据。用这种方法可以确定气压变化的趋势是上升还是下降。

电子气压计元器件表如表2－5－12。

表 2 - 5 - 12　电子气压计元器件表

元器件	说明
R_1	22.1 kΩ，1/4W，1% 精度金属薄膜电阻
R_2	1 kΩ 金属陶瓷电位计
R_3	10 kΩ，1/4W，1% 精度金属薄膜电阻
R_4	500Ω 金属陶瓷电位计
R_5	3.74 kΩ，1/4W，1% 精度金属薄膜电阻
R_6	1MΩ，1/4W，碳膜电阻
R_7	332 kΩ，1/4W，1% 精度金属薄膜电阻
R_8	143 kΩ，1/4W，1% 精度金属薄膜电阻
R_9，R_{12}，R_{13}	100 kΩ，1/4W，1% 精度金属薄膜电阻
R_{10}	15.4 kΩ，1/4W，1% 精度金属薄膜电阻
R_{11}	220Ω，1/4W，碳膜电阻
R_{14}	100 kΩ，1/4W，碳膜电阻
C_1，C_3	68 μF，25 V 电解电容
C_2，C_6	1 μF，50 V 陶瓷电容
C_4	1000 pF，50 V 陶瓷电容
C_5	0.001 μF，50 V 陶瓷电容
C_7	0.47 μF，50 V 陶瓷电容
C_8	0.22 μF，50 V 陶瓷电容
D_1，D_2	1N5817 肖特基二极管
U_1	MAX856CSA 稳压芯片
U_2	LM358N 运算放大器
U_3	CD4030BE 双入门"或"门
U_4	ICL7116　CPL 模 - 数转换器/LCD 驱动芯片
L_1	47μ HDIA 电感
S_1，S_2	单刀单掷开关
SEN - 1	MPX2100A Motorola15 Psi 绝对压力探测头
B_1	2 节 5 号电池
DSP	3 位半液晶显示屏

项目六
振动传感器

振动传感器可以用来解决诸如探测地层深处发生地震这样的实际问题，用于长时间监测发动机的振动也可以发现潜在的机器问题。在第一个单元中将搭建一个振动计时器。这是一个简单却又奇特的电路，借助时间偏移表可以记录机器或自然事件发生的时间长短。只要振动持续刺激计时器，它就会持续记录事件的发生时间。

第二个单元是制作地震传感器，它用气体压电点火装置作为地震传感器。最后介绍的是压电式地震探测器。

单元一　振动计时器

振动计时器有一个简单却又特别的电路，通过计时器偏移，它可以记录机器系统或自然事件的时间。

振动计时器电路如图 2 – 6 – 1 所示，电路的开始部分是一个压电传感器 X_1，该传感器是一个气体点火器的元件。压电传感器直接接在 CD4069UB 反相器的输入端。如果需要的话，还可以通过减小 R_1 的阻值来降低计时器的灵敏度。U_{1A} 连接二极管 D_1。R_2 和 C_1 组成脉冲发生器，它产生的脉冲或振动信号输入到反相器 U_{1B} 中。

振动的刺激下，会产生一个下降沿脉冲输入到计时器 M_1 中。随着传感器持续不断地振动，计时器不停地工作，从而记录下时间长度。按下开关 S_1 可以复位计时器来记录下一个事件。需要注意的是，没有用到的 CD4069UB 输入引脚要接到 3 V 电源上。

可以用两个 5 号电池串联成 3 V 电源给计时器供电，用一个 10 μF 的电容并联在电源两端。电源通过开关 S_1 的切换给计时器供电。传感器作为探测装置，其输出信号用同轴电缆引入电路板或其他部分，这取决于实际应用。

有些器件在安装的时候需要特别注意，如在安装硅二极管时要注意极性。大多数二极管在它的一端都要有黑色或红色的镶边，那代表二极管的阴极。图 2 – 6 – 1 中，面对 U_{1B} 的那根垂直线代表阴极。一些电容也有极性，在安装时也要注意。在本电路中，用到了一个电解电容 C_2，电解电容的正极要接到电池的正极上。计时器电路在 U_1 处用了一个简单的积分电路，建议安装一个集成电路插座，以便电路损坏时更换芯片。集成电路芯片要注意其方向，其上一般都有指示方向的标志。大多数的集成芯片或者在其左边有一个圆圈或者在包装顶部有一个缺口，引脚 1 就在标记的左边。计时器有两个装配标志,用来指示安装方向,并且它有四根引线,红线和白线是电源线和地线,绿线和黑线用来外接复位按钮。

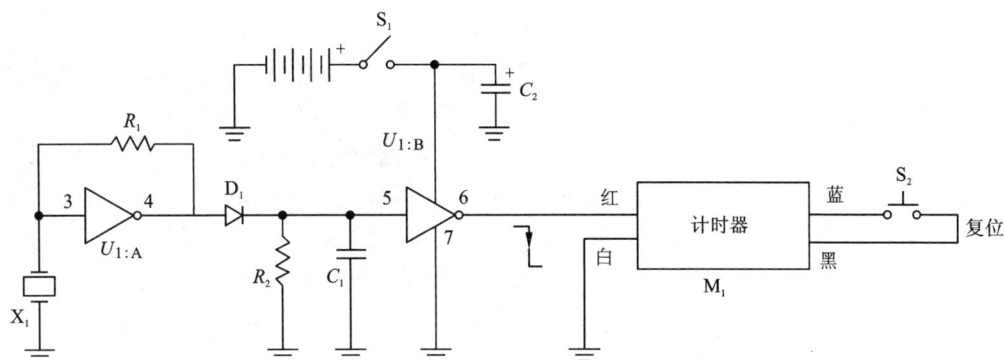

图 2-6-1 振动激活的计时器

如果需要的话,计时器电路可以用金属盒封装起来。计时器和两个开关可以放在盒的顶部。一个 2 节 5 号电池盒可以放在金属盒的底部。可以把压力传感器作为一个遥控探测器,探测引线应该用细的同轴电缆的连接,可能的话,探针引线的长度应该短于 10-12 m,以避免距离过长引起的信号衰减。在金属盒里装一个两针 RCA 插座,RCA 插头连接在探测器电缆的末端。

借助 1/4 m 的支座和 1/2 m 的螺钉,可以把计时器电路固定在金属盒底部。一旦电路板安装完毕,要确保电源开关是断开的,然后安装电池。接着,可以打开电源,并按下复位开关 s_1,振动计时器开始工作。把探测器放在硬质物体表面上,轻敲传感器,计时器就开始计时了。

振动计时器元器件表如表 2-6-1。

表 2-6-1 振动计时器元器件表

元器件	说明
R_1, R_2	22 MΩ, 4.7 MΩ, 1/4W, 5% 精度电阻
C_1, C_2	0.1 μF, 35 V 陶瓷电容, 10 μF, 35 V 电解电容
D_1, U_1	IN4148 硅二极管, CD4069UB CMOS 反相器
M_1, X_1	计时器, 压电感应装置
S_1, S_2	单刀单掷开关, 常开按钮开关(复位)
B_1, B_2	5 号笔形手电筒电池
其他	电路板, 集成电路插座, 电池盒, 硬件等

单元二 地震传感器

如图 2 – 6 – 2 所示地震报警器由简单的传感器、直径 2 mm 且改良过的扬声器功率放大器构成，这个系统元件是扬声器和接在 U_1 处的推挽功率放大器 CA3094 构成，该放大器又由一个接在达林顿三极管上的可编程放大器构成。这个电路里达林顿管与 Q_1 处 PNP 三极管相连，形成一个单稳态的定时器，从而控制蜂鸣器的发声时间。当地震时，振动传感器产生一个小的电位差，经过放大在放大器引脚 1 和功放中的达林顿三极管产生电压，同时 2N4403 三极管导通，驱动 BZ 点的蜂鸣管发声，直到单稳态振荡计时器使其复位才停止发声。

地震报警电路由 6~9 V 的电源供电。一个 9 V 的电池可以提供电源使其工作，但工作时间不会太长。要长时间工作需要一个 6C 型电池组来 9 V 的电压或者用一个外部电源。

这个地震报警电路驱动的是一个压电式蜂鸣器，如果需要的话可以很轻松地用一个继电器来控制更大的电流负载，也可以用继电器控制远距离发射器、接收器来发现不速之客。

正如前面提到的，这个地震报警器装置的核心是 2 mm 的扬声传感器。为了降低扬声器的固有频率来感应低频的人和动物的振动，可以在扬声器锥形口外装一个附加物体。因此我们在扬声器的锥形口粘一个婴儿奶瓶的瓶盖，这个瓶盖的质量加到扬声器上，可以让扬声器感应到较大的动物或人类脚步的振动。

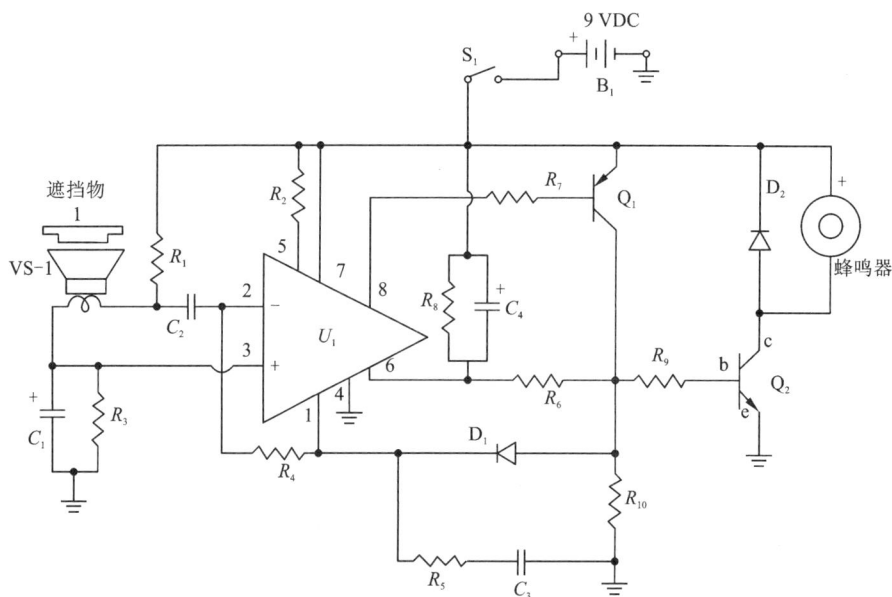

图 2 – 6 – 2 地震报警电路

如果需要的话，地震传感器的构建可以在试验板或印刷电路板上完成。在这个工程里用一个 1/2 mm × 2 mm 的小电路板来搭建电路样机。为防止电路振荡，与运算放大器相连的器件要尽可能靠近功放，并且导线要越短越好。这个电路需要一个集成芯片和晶体管插座，以便电路损坏时更换器件。晶体管有 3 个引脚分别是发射极、基极和集电极或 EBC。在老式的壳封装的晶体管通常没有凸起的一边，新式的塑料封装的晶体管通常设有凸起标志，但可能会有一个小口，并且通常朝向晶体管扁平的一侧。安装晶体管前要确保已经熟悉了各个引脚的位置。集成芯片通常有两种方式来辨认，一般在集成芯片封装的顶端有一个塑料缺口，缺口的左边就是引脚 1，或者在芯片的引脚 1 附近有一个小圆圈，小圆圈的左边就是引脚 1。

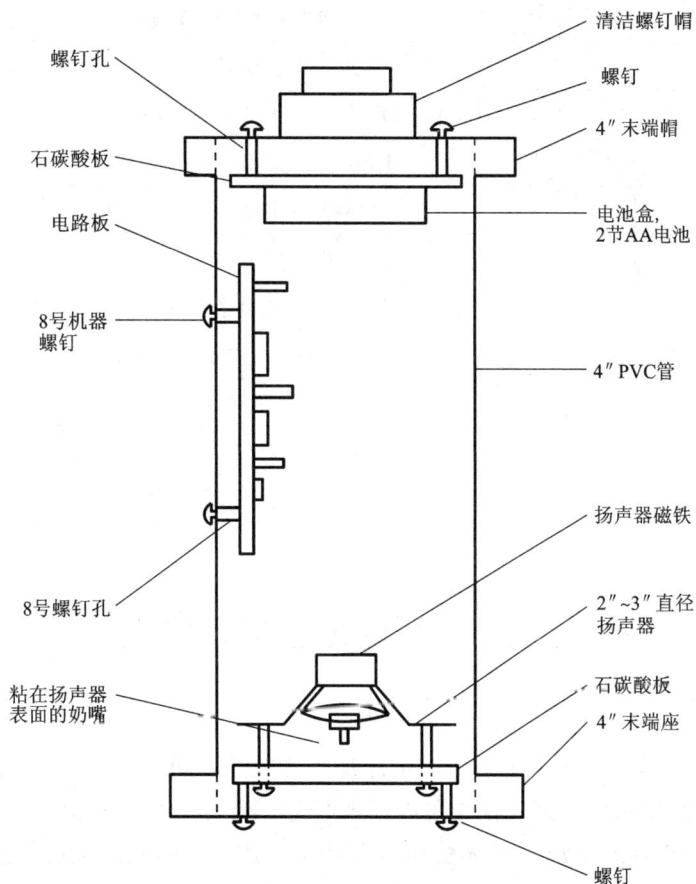

图 2 - 6 - 3　地震报警器装配图

　　压电蜂鸣器和扬声传感器都装在电路板外，其他所有器件都放在电路板上。这个地震报警电路可以放在一个 PVC 管里面。如果你希望压电蜂鸣器防水，并放在 PVC 管的外面或者放在 PVC 管里面，并在 PVC 管里面开一个小孔让声音传出来。从原理上来讲，放在管中之前在蜂鸣管表面安装一层聚酯薄膜可以保护蜂鸣器。一个 3 节的电池盒可以放在 PVC 管里但要注意靠近清洗端，这样方便下次更换电池。
　　振动报警器元器件表如表 2 - 6 - 2 所示。

表 2 - 6 - 2　振动报警器元器件表

元器件	说明
R_1, R_3, R_4	22 MΩ, 1/4W 电阻
R_2, R_5	1 MΩ, 1/4W 电阻, 10 Ω, 1/4W 电阻
R_6, R_7, R_8	680 kΩ, 1/4 W 电阻
R_9, R_{10}	4.7 kΩ, 1/4 W 电阻
C_1, C_4	1 F, 35 V 电解电容, 22 pF, 35 V 电解电容
C_2, C_3	0.1 pF, 35 V 瓷片电容, 220 pF, 35 V 电容
D_1, D_2	1N91 硅二极管, 1N4001 硅二极管
Q_1, Q_2	2N4403 晶体管, 2N4401 晶体管
U_1	CA3094 跨导放大电路
BZ	压电蜂鸣器
VS - 1	直径 2in, 8Ω 的扬声器
S_1	单刀单掷开关
B_1	6C 型的电池或 9 V 的电池
其他	电路板, 插座, 导线, PVC 材料及配件, 硬件等

单元三　压电式地震探测器

　　该压电式地震探测器由一个压电发声器由一个运算放大器构成。这个压电发生器内有一个压电晶体, 这里用作地震传感器。当有电压加在压电晶体两端时, 它会发出声音。压电晶体是一个两用装置(既可以用来发声也可以用来产生电流), 它像石英晶体一样。可以用振荡器来驱动晶体产生声音或电压。晶体受压时会产生电压, 本单元的地震传感器感应到震动时, 利用压电晶体的这个特性来产生一个低电压。

　　我们从改装 Radio Shack 的压电式发生器 273 - 060A 开始来完成这个项目。改装后, 发生器用来作为振动传感器。观察压电发生器的背面, 会注意到在底盖上有两个切口。用旋具把底盖拆下来, 打开底盖, 会看到一个貌似黄铜的盘子, 这就是压电元件, 同时还会看到电路板就在底盖上。剪断电路板上的红导线和黑导线, 把 3 根导线从压电元件上拆下来, 接着把黑导线焊接在压电元件黄铜环的外边缘。注意在压电盘的另一面有一个白色的橡胶环。在黑色压电元件的里面, 会发现一个与压电盘上的橡胶环相对应的中心圆筒。这个圆筒是压电元件的压力点, 用来对压电元件施加压力。千万不要动那个橡胶环。盖上底盖并缠上绝缘带, 在电路板部分缠上绝缘黑胶带并剪断伸出来的带头。

　　接着找一个直径为 5/16 mm, 长为 2 mm 的黄铜双轴联轴器。用环氧树脂把联轴器固定在黄铜盘中间的那个橡胶环上(图 2 - 6 - 4)。在固定联轴器前确保压电盘的表面是干净且干燥的。把环氧树脂用一整晚时间晾干。

环氧树脂晾干后。把黑色塑料压电扬声器放在一个木盒的小圆底上(图2-6-5)。在塑料头接触木盒的地方做标记,然后为每个塑料安装头钻孔。找一个直径与联轴器内径大小一样的钢条(1/8 mm~5/32 mm),把钢条切成8 mm长,钢条的一端做成锥形,另一端需要磨到能够与联轴器的自由端配合良好。环氧树脂干燥后,拧开联轴器外围的螺母,把钢条插入联轴器的开口端。确定塑料压电盘的位置并把它的中心孔做大一些,以配合黄铜联轴器,然后可以把它放在压电盘上了。当重新装上压电扬声器的时候,首先要确保钢条已经放在孔中,然后把压电盘放回塑料装置里,这样橡胶环会与装置上的凸起很好地吻合。压电扬声器固定在塑料装置上后,再把垫片贴在压电

图2-6-4 压电传感器和安装柱

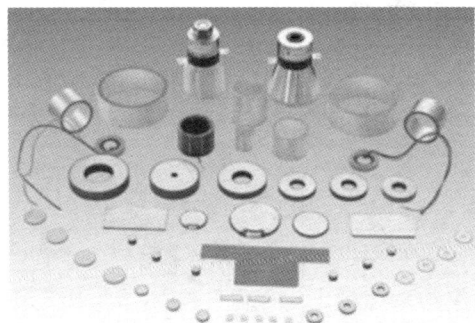

元件上来稳定这个装置。接着把压电扬声装置用螺钉固定在圆柱小木盒上(图2-6-6)。找一个20 m长且有屏蔽的话筒电缆或同轴电缆,把压电装置的导线焊接到话筒的电缆上,并用热缩管使每个电线接头绝缘,最后用一个长的热缩管从头到尾地覆盖导线,保证导线的长期干燥。

图2-6-5 压电传感器和安装组件

图2-6-6 安装好的传感器机架

来自压电晶体的振动会产生一个微小电压,这个电压反馈到连接在 U_1 处的运算放大器,如图2-6-7所示。压电晶体连接包括一些电阻和电容的调整电路。通过调整电路后,信号再输入到OPA124P运算器放大。运算放大器的输出连接到测量电路和一个LED指示灯。测量电路把交流的地震信号转换成直流信号来驱动直流毫安表。测量显示电路的输出连接了一个10 kΩ的分压电阻,这样输出信号可以送到数据记录器或是A/D转换电路。A/D转换电路可以有自己的数据记录器,像整套迷你型HOBO数据记录器或在PC里的A/D转换卡。

压电式地震探测器可以在面板、试验板或是传统的印制电路板上搭建。搭建时元器件布局要合理,元件之间的导线要尽可能短。搭建完成后,电路前端的压电传感器和运算放大器电路要保护起来。

搭建电路时,要给运算放大器使用集成电路插座,这样一旦电路出现故障,可以节省维修时间。集成电路要正确安装以便电路能正常工作。集成电路封装的一端有一个矩形或小圆

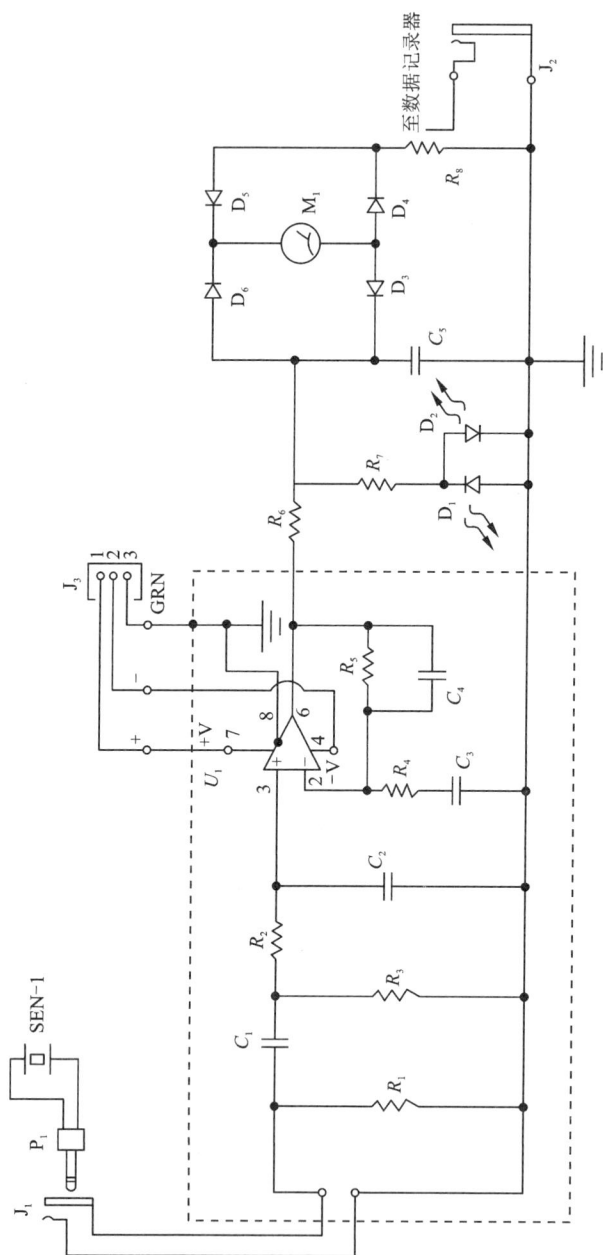

图 2 − 6 − 7   高频压电地震传感器电路

形的切口，如果其顶端是一个矩形切口，那么引脚 1 就在切口的左边，如果集成电路顶端是一个小圆圈，那么引脚 1 正好在圆圈左边。安装电容、二极管和毫安表时，注意极性要安装正确。为了让电路正常工作，连接到毫安表的二极管要正确安装，箭头指向的是二极管的阴极，通常用黑色条纹来标识。两个 LED 指示灯要在两个方向都安装，极性怎样安装都不重要，只要两个 LED 方向相反即可。毫安表正接线端和负接线端都有标识。

当电路搭建完成后，需要检查一下电路板的镀铜面，确保没有线头遗留在电路板上。把搭在电路板上的线头移开。给电路板供电以前，要检查电路是否有短路。注意这个压电式地震探测电路需要用 12 V 的直流电源来供电。图 2 - 6 - 8 给出了双电源供电模式，双电源供电的情况下，一个 +12 V 的稳压器 78L12 和一个 -12 V 的稳压器 78L12 通过开关 S_1 连接到电池的两端，或者接一个 115 VAC 转 DC 双 12 V 电源或两个 12 V 的电池。为了便于携带，可以用两个 12 V 的电池来供电。这个压电式的地震探测仪在空闲时耗很少，所以用一个 12 V 的便携电池也可以用很长时间。

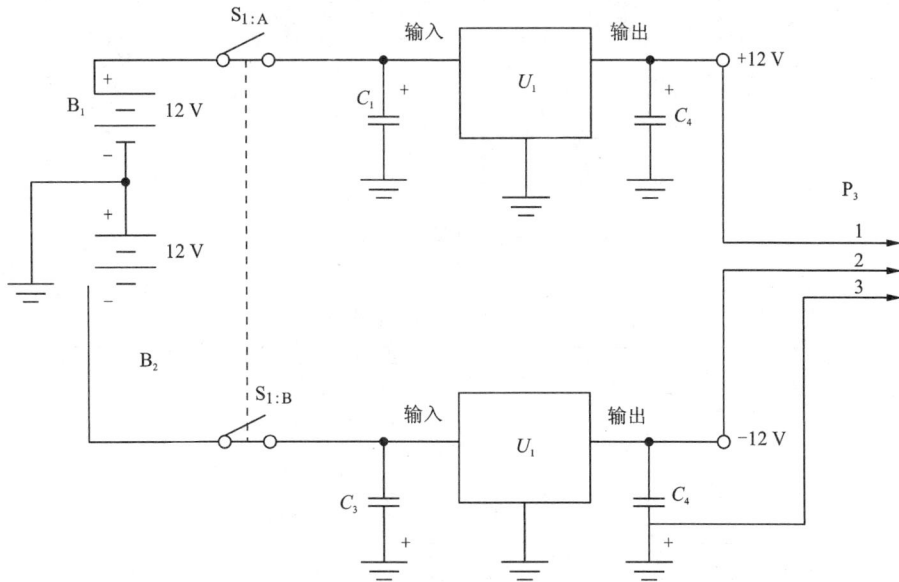

图 2 - 6 - 8　+12/ -12 V DC 电源

为了消除噪声和无线源的干扰，压电式地震探测仪的供电装置在一个小金属盒里。毫安表和 LED 要同电源开关 S_1 一起安装在盒子的上面。压电传感装置内的导线通过外壳后面的 RCA 孔 J_1 引出盒外。数据记录器的输出线接到盒后面的 RCA 插座 J_2 上。为了连接外部 12 V 电池，需要在盒后面设计一个三线传声器插孔 J_3。图 2 - 6 - 9 给出了如何安装压电晶体才能把振动最大限度地从地面传到压电晶体。

振动传感器现在已经完成并可以安装使用了，接下来需要准备一下来安装你的振动传感器。找一块远离房子并且没人频繁经过的地方来安装传感器，挖一个大约 10 mm 深的细筒状小洞，把金属探针放在洞中，探针稳固后把土填回洞中并夯实，传感器应突出地面 1 ~ 2 mm。传感器安装完成后，最后一步是把盒子里装满铅粒或沙粒来增加盒子的质量。把话筒电缆延长到电子监控电路并连接在上面，这里可以用公或母的连接头。

最后，用话筒电缆把压电振动传感器连接到压电放大电子盒中，把模 - 数转换器连接到振动放大器的输出上。连接电源即可使用

压电地震探测器元件表如表 2 - 6 - 3 所示。

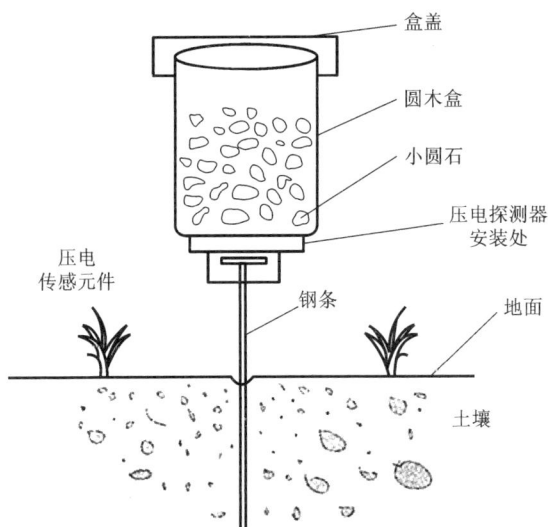

图 2 - 6 - 9　压电地震/振动传感器安装

表 2 - 6 - 3　压电地震探测器元器件表

元器件	说明
R_1, R_3, R_5	100 MΩ, 1/4W 电阻
R_2	3.3 MΩ, 1/4W 电阻
R_4	56 kΩ, 1/4W 电阻
R_6	2.2 kΩ, 1/4W 电阻
R_7	6.8 kΩ, 1/4W 电阻
R_8	10 kΩ 电位计
C_1	10nF, 630 V 聚酯电容
C_2	22 pF, 100 V 聚酯电容
C_3, C_4	100 pF, 50 V 聚酯树胶电容
DC5	6.8 μF, 50 V 电解电容
D_1, D_2	红色发光二极管
D_3, D_4, D_5, D_6	SB140 肖特基二极管
U_1	OPA124R 运算放大器
M_1	0~1 毫安表
J_1, J_2	RCA 插座
J_3	三线话筒接头
SEN - 1	压电式扬声器(radio shack 273 - 060)
其他	电路板, 插座, 导线, 五金器具, 硬件等

参考文献

[1] 吴建平. 传感器原理及应用[M]. 3 版. 北京：机械工业出版社，2016.

[2] 郁有文. 传感器原理及工程应用[M]. 西安：西安电子科技大学出版社，2019.

[3] 李林功. 传感器技术及应用[M]. 北京：科学出版社，2018.

[4] 李艳红，李海华，杨玉蓓. 传感器原理及实际应用设计[M]. 北京：北京理工大学出版社，2012.

[5] 吕俊芳，钱政，袁梅. 传感器调理电路设计理论及应用[M]. 北京：北京航空航天大学出版社，2010.

[6] 尼曼. 电子电路分析与设计[M]. 4 版. 北京：清华大学出版社，2018.

[7] 徐淑华. 电工电子技术[M]. 北京：电子工业出版社，2017.

[8] 吴麒铭. 电子电路基础[M]. 北京：科学出版社，2018.

[9] 王兆安. 电力电子技术[M]. 北京：机械工业出版社，2010.

[10] 王晓鹏. 面包板电子制作68例[M]. 北京：化学工业出版社，2012.

[11] 王建，祁和义. 电子制作实训[M]. 北京：机械工业出版社，2008.

[12] 徐根耀. 电子元器件与电子制作[M]. 北京：北京理工大学出版社，2009.